EL TIEMPO Y EL SER EN JAVIER MARÍAS

FORO HISPÁNICO 45

COLECCIÓN HISPÁNICA DE FLANDES Y PAÍSES BAJOS

Toda correspondencia relacionada con la redacción de la colección debe dirigirse a:
María Eugenia Ocampo y Vilas – Foro Hispánico
Universiteit Antwerpen
CST – Departement Letterkunde (Gebouw D – 113)
Grote Kauwenberg 13
B – 2000 Antwerpen
Bélgica

Administración:

Editions Rodopi B.V.
Toda correspondencia administrativa debe dirigirse a:
Tijnmuiden 7
1046 AK Amsterdam
Países Bajos
Tel. +31-20-6114821
Fax +31-20-4472979

Diseño y maqueta:

Editions Rodopi

ISSN: 0925-8620

EL TIEMPO Y EL SER EN JAVIER MARÍAS

EL *CICLO DE OXFORD* A LA LUZ DE BERGSON Y HEIDEGGER

Heike Scharm

Rodopi

Amsterdam - New York, NY 2013

The paper on which this book is printed meets the requirements of "ISO 9706:1994, Information and documentation - Paper for documents - Requirements for permanence".

ISBN: 978-90-420-3622-2
E-Book ISBN: 978-94-012-0893-2

Printed in The Netherlands

Für Justin, Caity und Meghan

Y para José Antonio

Agradecimientos

Este libro no habría sido posible sin las muchas conversaciones (reales e imaginadas) con otros. A todos ellos les doy mis mas sentidos agradecimientos: a mis profesores de la Brown University, Enric Bou, Geoffrey Ribbans, Julio Ortega, Antonio Carreño, Mercedes Vaquero y Nicolás Wey-Gómez por enseñarme y guiarme. A los compañeros de la facultad, Ángel Otero-Blanco, Chad Leahy, Natalia Matta, Carmen Saucedo, Carmen Granda y Jorge Terukina-Yamauchi por las muchas risas y alguna lágrima compartidas. A Elide Pittarello por su lectura. A Maarten Steenmeijer por sus comentarios, correcciones e inmensa paciencia. A Henri Bergson y Martin Heidegger por haber escrito. A Javier Marías por seguir escribiendo. A mis hijos, Justin, Caitlin y Meghan por su amor, apoyo y tiempo. A José Antonio por lo mismo y más.

Índice

Introducción
Escribir, leer para el siglo XXI

i. Una aproximación filosófica al *Ciclo de Oxford*

Este estudio propone explorar el tiempo narrativo y sus implicaciones filosóficas en tres novelas de Javier Marías. Más que novelas autónomas, consideraré *Todas las almas* (1989), *Negra espalda del tiempo* (1998) y *Tu rostro mañana* (2002, 2004, 2007), una serie de obras entrelazadas que denominaré el *Ciclo de Oxford*. No es arbitrario destacar este ciclo dentro de la obra novelística de Javier Marías, a pesar de que casi todas sus novelas, sobre todo a partir de *El monarca del tiempo* (1978) y hasta *Los enamoramientos* (2011), se podrían considerar ecos de una sola obra, parecida a los volúmenes que constituyen la *Búsqueda del tiempo perdido* de Proust. Lo que otorga continuidad al universo ficticio de Marías, aparte de la temática y el estilo inconfundiblemente suyos, es la misma voz narrativa —una voz semi-confesional— que se prolonga como una sombra insistente a través de sus 'falsas' y 'reales' ficciones. Sin embargo, el hecho de que la ciudad de Oxford se encuentre en el centro de los acontecimientos de estas tres novelas, y la reaparición y reevaluación de los mismos personajes, de un mismo narrador en diferentes grados de distanciamiento con el autor, numerosos pasajes intertextuales (que casi podríamos considerar 'auto-plagios'), más la notoria preocupación existencial a raíz de estas obras, invitan a tratarlas como una sola reflexión sobre lo que significa existir, es decir, 'estar' en el mundo y 'ser' en el tiempo.

El propio Javier Marías considera su estilo, marcado por rupturas y digresiones laberínticas, "mi mayor prerrogativa y quizá mi mayor interés como novelista", y añade que "explorar este tiempo existente y a la vez inexistente, en el que quizá nos ocurren cosas más importantes sin que a menudo nos enteremos, es, supongo, uno de mis motivos para escribir libros" (Citado en Grohmann 2005: s.p.). Durante los años de la aparición de las tres entregas de *Tu rostro mañana*, Marías habla en numerosas entrevistas de su gran interés por temas filosóficos, como "la búsqueda de la esencia de las personas" (García 2002: s.p.), la importancia de "elevar el tiempo a categoría de personaje, dar existencia al tiempo que no percibimos" (García 2004: s.p.), es decir, del ser y el tiempo, o bien, del ser en el tiempo.

Desde luego, explorar la dimensión filosófica de las novelas de Marías no significa entrar en terreno virgen. Elide Pittarello y Ana Rodríguez Fischer, por ejemplo, se cuentan entre las pocas voces que se han interesado por los aspectos filosóficos de la obra de Marías. En sus lecturas, ambas hacen referencia, directa o indirectamente, a Martín Heidegger. En su artículo-ponencia, "Haciendo tiempo con las cosas" (2005), Pittarello compara al narrador de las novelas de Marías con el *ser arrojado* de Heidegger. Asimismo, Rodríguez Fischer, en una reseña de *Tu rostro mañana*, llama a la novela "una brillante indagación existencial", calificando la obra como una elaboración novelístico-filosófica del

> Tiempo y ser, o de los modos de ser en el tiempo y hasta en el espacio y en una lengua-pensamiento, como indagación permanente en una novela profundamente existencial que examina la naturaleza del conocimiento, el pensamiento y su dinámica, la duda avanzando: 'de cuanto cesa y no persiste puede uno dudar siempre, luego de todo, porque nada es nunca presente interminablemente'. (Rodríguez-Fischer 2005: s.p.)

Más que filosofía tradicional, en el sentido de una metafísica de sistema, se trata en Marías de lo que él mismo ha bautizado como 'pensamiento literario', un ámbito híbrido en que se funde lo mejor de ambos terrenos: la invención literaria a base de reflexiones filosóficas que se nutren tanto de la contemplación, real e imaginada, como de la creación artística misma. Marías no 'traduce' a filósofos en novela, ni escribe novelas de tesis. Más bien, y muy en el espíritu de la defensa heideggeriana de una nueva forma de pensar, el autor de *Tu rostro mañana* y *Negra espalda del tiempo* logra demostrar cómo el lenguaje y la invención poética —narrar y pensar literariamente— generan una nueva filosofía poética, que ni es metafísica ni simple trama novelística. Es esta simbiosis armónica entre literatura y filosofía, entre forma y contenido, entre lenguaje y pensamiento, lo que será objeto de este estudio.

En los capítulos que siguen se exploran varias facetas del autor, algunas de las cuales no se han destacado todavía, o, según mi modo de ver, no de manera del todo satisfactoria: sea la del autor cosmopolita influenciado por el bergsonismo de Juan Benet o la del novelista-filósofo siguiendo las huellas del padre-filósofo (aplicadas siempre al mundo de la ficción) que atribuye a la literatura un poder de trascendencia y fuente de conocimiento. Partiendo de mis lecturas de Henri Bergson y Martín Heidegger, intentaré explicar las técnicas narrativas de Marías, tales como la manipulación y detención del tiempo, la interconectividad de su universo novelístico, la circularidad e intertextualidad (sus llamadas 'errabundias' y 'retornillos'), como un reflejo lógico y necesario del pensamiento literario del autor. De esta manera quiero no sólo elucidar la profundidad y la gran relevancia actual de su obra; espero, además, ofrecer una alternativa de cómo leer literatura en una época en que las herramientas postmodernas nos han dejado a muchos lectores insatisfechos. Las particularidades innovadoras de la obra de Marías brindan una oportunidad ideal para demostrar la gran afinidad que existe entre literatura y filosofía, y cómo estas dos disciplinas, leídas de una forma dialogante entre ficción y reflexión, se enriquecen mutuamente. En cierto sentido, la presente propuesta de una lectura interdisciplinaria no implica mucho más que volver a los orígenes de la invención literaria, cuando no existía todavía una separación tan pronunciada entre literatura, pensamiento y vida, como la que creó la cosmovisión del siglo XX. Sin embargo, el acercamiento que propongo aquí no es una mirada nostálgica hacia el pasado, ni tampoco pretende ser signo de un optimismo desaforado hacia el futuro. Más bien, se podría entender como una suerte de manifiesto de un nuevo (o antiguo) lector que busca recuperar de las cenizas del posmodernismo algún sentido o —¿me atreveré a decirlo?— una verdad profunda y trascendental sobre el ser humano en su camino por el tiempo.

El capítulo 1, "De camino al tiempo", presenta un breve recorrido de la carrera de Marías, desde su época novísima hasta su maduración como pensador literario. Lo que distingue esta visión panorámica de otros estudios genéticos de su obra es que se concede un lugar privilegiado a *El monarca del tiempo*, novela casi por completo desatendida por críticos y lectores de Marías. Me interesa sobre todo ofrecer una interpretación de la evolución de su obra que demuestra cómo el escritor experimenta su propia 'transición' de una consciencia literaria sumamente nacional (evidente, paradójicamente, en el supuesto rechazo de la misma), a una concepción de la escritura como un ámbito transnacional e híbrido. Con y en *El monarca del tiempo* nacen todos los temas filosóficos tratados posteriormente en la obra de Marías. Acompañados de su propia teoría literaria, estos temas determinarán la estructura, el meollo y el estilo de sus grandes novelas de ahí en adelante.

Los dos capítulos que siguen se enfocan en la madurez del escritor y, sobre todo, en cómo esos temas filosóficos se desarrollan plenamente en el *Ciclo de Oxford*: en *Todas las almas*, *Negra espalda del tiempo* y las tres entregas de *Tu rostro mañana*. Con las teorías bergsonianas sobre tiempo y memoria, analizaré en detalle la estructura de estas novelas. El tercer y último capítulo ofrece un estudio a fondo y de síntesis, basado en las ideas de Martín Heidegger sobre el tiempo y el ser, manifestadas, según mi lectura, en la obra de Marías. Mis reflexiones sobre Marías y Heidegger se dividen en dos partes, tomando en consideración también el desarrollo, la maduración y los cambios de enfoque de la obra del filósofo alemán mismo. Una de las características inherentes de la obra de Heidegger es su parentesco con la literatura y, en especial, con la poesía (Hölderlin, Trackl, entre otros) y la narrativa (Rilke). Como consecuencia de su notorio hermetismo, inseparable de su pensamiento, las lecturas que la crítica ha hecho de su obra, en contextos históricos y nacionales diferentes, son una fuente valiosa para este estudio, no sólo para *des-ocultar* el sentido de las ideas del filósofo alemán, sino, y sobre todo, para comprender mejor el *Zeitgeist* que surge de esta posmodernidad agotada a la que pertenece igualmente la obra y el pensamiento de Marías. En este sentido, el tercer capítulo es mucho más ambicioso y quiere ofrecer algo más que una simple lectura heideggeriana de las novelas de Marías. Me interesa leer a Marías como una reflexión y manifestación de los cambios profundos de una nueva modernidad e incluirlo en este diálogo entre la obra original del filósofo y sus lectores actuales.

La primera parte del capítulo retoma comentarios previos de la crítica de Marías, como los de Pittarello, Rodríguez Fischer o Luis Verés, que mencionan muy acertadamente, aunque de paso, algunos aspectos heideggerianos de la obra de Marías, todos en relación con

Sein und Zeit. La extensión y el marco de este estudio me permite ir al fondo de estas afinidades ya comentadas. La segunda parte de mi lectura de Marías a la luz de Heidegger se enfocará en la fase madura de ambos. Los ensayos tardíos de Heidegger, de un enfoque muy diferente a *Sein und Zeit*, me permitirán destacar lo que yo considero la mayor riqueza de la obra de Marías: un pensamiento poético renovador, centrado en la inseparabilidad de la invención y el conocimiento, cuya relevancia actual se ve reflejada en el *Ciclo de Oxford*.

ii. Marías y Bergson. La cuestión de influencias

La naturaleza del acercamiento presentado aquí evocará necesariamente la cuestión polémica de fuentes. No pretendo, desde luego, llevar a cabo una crítica de fuentes o probar influencias, sino ofrecer nada más una lectura enfocada en la cuestión del tiempo, desde una perspectiva filosófica y dentro de un contexto contemporáneo. Mi selección de estos dos filósofos, Henri Bergson y Martín Heidegger, no ha sido gratuita. En el caso de Marías, como lector hipotético de Bergson, hablar de influencias directas es problemático, ya que no se dejan ni negar por completo ni establecer con certeza. El autor mismo comenta en una carta que "As for Bergson, never read him directly, but funnily enough, Juan Benet was a great admirer of his work, and acknowledged his having been influenced by him. So, perhaps my Bergson is 'via Benet'" (carta del 28-XI-2003). Varios comentarios de Marías en sus ensayos literarios que se citarán a lo largo del segundo capítulo demostrarán la extensión de dicha influencia en la estructura de sus novelas y el tratamiento del tiempo, determinados por el modelo bergsoniano de memoria, tiempo y percepción. Tanto Bergson como Marías son dos fenómenos literarios fin de siglo (XX/XXI). El uno premio Nobel de literatura, el otro en camino de serlo, ambos revelan un innegable parentesco de espíritu: en pensamiento y *Weltanschauung*, en la temática y el estilo de sus obras, en su visión ética, en el desafío de géneros y de la separación tradicional de 'campos' (su *interdisciplinariedad*, si se quiere) y, más importante, en la valoración de la creación artística –literaria, visual, musical— como vía alternativa al conocimiento. Tanto Bergson, en su oposición al positivismo de su época, como Marías, en su reacción contra el realismo social en las letras, rechazan la supuesta superioridad del intelecto. Sin caer en el idealismo o misticismo o irracionalismo, los dos pensadores apuestan por un conocimiento intuitivo guiado por la observación empírica del mundo que les rodea. El tiempo, pilar central de su obra, forja para ambos la experiencia vital del ser humano. Otro aspecto que acerca tanto a Marías y Bergson es la importancia de la percepción visual en su pensamiento.[1] Como admite Marías en más de una ocasión,

> mis personajes [...] son observadores [...]. Y si ven el mundo a través de una ventana, es porque en realidad esa es la principal manera que tenemos todos de mirar el mundo, sea en sentido literal o metafórico. Nunca sabemos mucho de los demás, ni siquiera de los más cercanos, y nos pasamos la vida mirando e interpretando. De hecho, los narradores de mis últimas cinco novelas [...] son sobre todo eso, observadores e intérpretes, incluso en las profesiones que desempeñan. (Vásquez 2001: 14)

Ver, en ambos casos, tiene un valor más allá de lo metafórico para percibir, interpretar y comprender el mundo, reflejando la compleja consciencia humana y su experiencia del tiempo. Por esta razón, una coincidencia obvia entre la obra de Bergson y las novelas de Marías es la construcción de la memoria y su intervención constante en la percepción del presente.[2] En la misma entrevista citada en Vásquez, Marías explica que su aversión contra los ordenadores viene justamente porque desnaturalizan el proceso de la construcción de la memoria, la cual define de acuerdo con la concepción de la memoria bergsoniana. Para Marías, escribir con la ayuda de un ordenador implicaría

> una frecuente renuncia a la propia, *verdadera* memoria, que es la que *elabora a posteriori, reconsidera, interpreta, 'se cuenta' a sí misma lo ocurrido o vivido, da lo mismo que sea falseado* o no, eso es trivial. (Vásquez 2001: 15, énfasis mío)

En relación a las particularidades de la memoria, se entiende también la relevancia de la musicalidad en la obra de ambos, cuya consideración, tanto temática como formal, va mucho más allá de una valorización meramente estética. En ambos casos, la música sirve de inspiración y/o metáfora para la construcción de la memoria.

Sabemos que la filosofía de Bergson, intrínsecamente interdisciplinaria, ha servido de arranque teórico para varios estudios en el campo de la música, sobre todo durante las últimas décadas.[3] Marías, igualmente, compara el ritmo y la estructura de sus obras con una sinfonía. Respecto a la musicalidad y el ritmo de la escritura mariesca, Maarten Steenmeijer asemeja la prosa del autor a la poesía en el sentido de que "el ritmo no es sólo materia prima del significante sino también lo es del significado" (2009: 140). Las repeticiones, o retornillos, de temas, frases, expresiones o citas (propias o de obras ajenas) derivan, como explica Marías mismo, de una técnica narrativa que

> está sobre todo, ya digo, en la música, y causa especial emoción el reconocimiento de un tema o un motivo o una melodía, que primero escuchamos sólo al piano, luego a la cuerda, luego a la orquesta entera, siempre reconocible pero nunca idéntico, siempre con variaciones, o con iluminaciones, por así decir, de las anteriores veces, como si uno aprehendiera mejor y más cabalmente el motivo al escucharlo de nuevo, y no sólo en esa su nueva aparición, sino también en las anteriores. (Vásquez 2001: 15)

Dadas las considerables características bergsonianas de la obra de Marías, no sorprende que muchos de sus lectores se hayan referido, aunque siempre de paso, al tiempo bergsoniano en *Tu rostro mañana* (José María Pozuelo Yvancos 2005; Steenmeijer 2009).

Este estudio es un intento de explorar la temática, el estilo musical y el pensamiento de Marías a la luz de Bergson, para demostrar a qué se debe esta ya muy comentada, pero nunca antes explicada, afinidad entre la obra del filósofo y la del novelista. La afinidad entre la actitud crítica de Marías hacia el realismo y la crítica de Bergson de modelos tradicionales en las ciencias permite establecer un paralelismo interesante entre ambos, en cuanto al tratamiento y la valoración de lo 'posible' en el proceso de la creación,[4] tanto como valor retrospectivo (dirigido hacia el pasado: lo que pudo haber sido), como teleológico (proyectado hacia el futuro: la posibilidad como pre-existencia). El ensayo *Le possible et le réel*, texto clave en el pensamiento de Bergson, podría servir de texto teórico útil para aclarar y relacionar temática y estilo literarios del *Ciclo de Oxford*. Los puntos centrales de este ensayo, de gran interés para una lectura de Marías, giran alrededor del azar, de la reevaluación de lo posible y lo real, y de la realidad como espacio de creación artística.

iii. El nuevo Bergson

Hace relativamente poco que Henri Bergson renació de las cenizas. Después de más de medio siglo de silencio y olvido, el filósofo francés, considerado un revolucionario a principios del siglo pasado, ha sido redescubierto como profeta literario del nuevo milenio. De las muchas contribuciones importantes del filósofo sobrevivían nada más que algunos *clichés* asociados a su pensamiento; sobre todo en literatura en relación con el monólogo interior, la ruptura con la espacialización y el orden cronológico del tiempo. Bergson seguía mencionándose, reducido en muchos casos a una fuente secundaria, en obras que se consideraban más al día, como la de Deleuze y otros, o como influencia menor y hasta discutida en la obra de Marcel Proust, o en el ámbito hispánico, como modelo de la arquitectura estructural de la obra de Juan Benet. Como consecuencia de un cansancio general de acercamientos posmodernos, y gracias a la conmemoración del centenario de algunas obras de Bergson, las celebraciones académicas han desenterrado la obra del filósofo, con resultados verdaderamente sorprendentes y productivos. Se habla del nuevo Bergson (Mullarkey 1999, Lawlor 2006, entre otros). Mientras que el centenario del nacimiento del filósofo en los años 50 produjo nada más que textos académicos tipo necrológico, 100 años después de la publicación de *Évolution créatrice* la reevaluación de Bergson como pensador relevante para el siglo XXI, en particular para el ámbito literario, es decisiva. Como lo expresa muy bien un crítico, "it might well be that we are only now able to appreciate its far-reaching insights [de la obra de Bergson]" (Kolkman 2007: 3). Lejos de estar pasado de moda, Kolkmann sugiere que el filósofo estaba demasiado adelantado a su tiempo y, por tanto, considera la falta de su popularidad a partir de los años 30 el resultado de un malentendido acerca de su obra. Puesto que el presente estudio de la obra de Marías tiene como objetivo de trascender el paradigma posmoderno, rescatar —y actualizar— las teorías bergsonianas nos sirve para demostrar igualmente la innovación y relevancia actual del escritor madrileño, sobre todo en cuanto a la significativa interconexión entre pensamiento, estructura y estilo de su obra.

iv. Heidegger hoy día

Al igual que Bergson, Heidegger ha sido desdeñado por la crítica literaria,[5] sobre todo, como explica Palmer, desde el surgimiento del estructuralismo francés. Adoptando primero las ideas del filósofo, los estructuralistas pronto las descartan, ya que su "poetical and 'expressionistic' exegeses have little to do with the disciplined procedures and fine distinctions one finds in structuralism" (Palmer 1976: 411). En un artículo que enfatiza el aspecto posmoderno del pensamiento de Heidegger, Richard Palmer lamentaba ya hace más de dos décadas la ausencia de la voz del filósofo alemán en el ambiente literario estadounidense, la cual explica a través de un fallo de los lectores a la hora de reconocer su potencial como teórico de la literatura actual:

> A major problem in the American reception of Heidegger's contribution is the need to make clear its radicality. Heidegger's significance does not lie in contributing a new technique or method to literary interpretation [...]. Rather, *Heidegger calls into question the underlying view of language, the model of knowing and interpretation, the character and goals of thinking, and the definitions of truth that literary critics are assuming as axiomatic.* (Palmer 1976: 412-3, énfasis mío)[6]

Palmer propone varias rutas, las cuales se explorarán también en este estudio, para enriquecer el ambiente literario con las ideas del filósofo. Situado en nuestro contexto de postmodernismo tardío, o post-posmodernismo si se quiere, Heidegger abre el camino hacia nuevas formas de lectura que permiten trascender las negaciones de la metafísica y subjetividad posmoderna. Útiles y apropiadas para el ámbito posteórico, las ideas de Heidegger, más que teorías científicas en sí, con sus métodos y fórmulas aplicables a un texto literario, ofrecen una vía válida hacia la redefinición urgente e inevitable de conceptos y construcciones como "time, truth, language, being, history, art, thinking, experience, understanding, interpretation, communication, etc." (*ibíd.* 414). Mi lectura de Marías a la luz de Heidegger es un ejemplo de estos caminos sugeridos por Palmer.

En una época marcada por el cansancio de las teorías posmodernas, un pensamiento como el de Heidegger brinda muchas de las herramientas necesarias para encontrar un escape de este callejón sin salida o, en términos de filosofía, también una posibilidad de superar el nihilismo que dominó el siglo XX. Heidegger ya aspiraba a ser, antes de que existieran los términos, post-teórico, post-sistema, o post-posmoderno. Y a su pensamiento se le puede atribuir, sin más, todos los *inter-* y *trans-* tan en boga al principio de este nuevo milenio que nace bajo el signo de la hibridez.

v. Marías y Heidegger

El pensamiento de Heidegger es tan idóneo para una lectura de las novelas de Javier Marías porque el filósofo, al igual que Bergson, es esencialmente interdisciplinario y transnacional. No existe en el pensamiento de Heidegger, quizá aun menos que en Bergson, una separación entre literatura y filosofía, o una distinción entre lo figurativo y lo literal. La misma característica determina estilo y temática de la obra de Marías, donde pensamiento y *Dichtung* (término híbrido en Heidegger para redefinir la invención poética como un descubrimiento filosófico) son también inseparables. La siguiente explicación de la filosofía de Heidegger por Rosenfeld pone de relieve esta inseparabilidad de artificio y pensamiento que forma también la base del pensamiento literario de Marías:

> Heidegger alludes, [...] that criticism can have a role today in helping to ease that quarrel by making poetry and thinking more compatible with one another. By defining their common domain as within the sphere of language —language understood in the Heideggerian terms of opening up and access to being— criticism can render discussion of the relationship between poetry and philosophy less suspect. Both would profit from a rapprochement [...]. (Rosenfeld 1976: 212)

La manera particular de pensar de Heidegger, su desconfianza en el lenguaje y, a la vez, su valoración como una fuente inagotable de sabiduría, son otros aspectos más por los cuales encaja a la perfección en las tendencias literarias recientes. A lo que aspira

Heidegger, en términos muy generales, es a una vuelta a la comunicación, a la vida, a la ética (todos rasgos del supuesto pensamiento post-posmoderno que está surgiendo), a la creación como vía alternativa de conocimiento, al cruce de fronteras disciplinarias y a la creación de espacios abiertos (horizontes) por medio del arte (sobre todo literario). El objetivo de este pensamiento consiste en reemplazar los viejos sistemas de valores y verdades, destruidos de forma definitiva en el siglo XX.

Leer a Marías a la luz de Heidegger permite una interpretación de su obra en clave filosófica que va más allá de cuestiones literarias o meras estrategias narrativas. La esencia o identidad concebida como una noción inestable e imprevisible es un tema clave en las tres novelas analizadas en los siguientes capítulos. Coincide, en gran medida, con la definición de *Dasein* en la que Heidegger basa sus reflexiones sobre el ser en el tiempo. También la actitud escéptica hacia una verdad única y absoluta es otro foco central en ambas obras. Por lo tanto, la redefinición de la verdad en Heidegger como *αγηδεια*, la verdad como des-ocultamiento, nos ofrece una alternativa más productiva que la deconstrucción posmoderna, a la hora de analizar las implicaciones, tanto estéticas como filosóficas, de la percepción de la verdad en la obra de Marías. Es en este sentido heideggeriano que la obra de Marías constituye también una vuelta a una literatura ética y humanística. Para Heidegger, la ética, en su sentido original, se define como el ámbito de reflexión sobre la existencia humana, y el humanismo como la vuelta del ser a su ser o, en otras palabras, la vuelta del arte a la vida. En "Carta sobre el humanismo", Heidegger define justamente *ética* como una reflexión sobre "la estancia del hombre" y sobre "la verdad del ser como elemento inicial del hombre en cuanto existente" (Hitos 291, 356). En Marías esta misma idea de ética definida como un reenfoque en la cuestión de la existencia humana se manifiesta en una escritura que él mismo, sobre todo a partir de *Tu rostro mañana*, ha calificado de 'moral'. Después de la publicación de *Baile y sueño*, por ejemplo, admite en una entrevista que "es posible, en efecto, que por mi parte sea cada vez más moral mi manera de abordar la escritura, pero lo sería en un sentido opuesto a [sermones y jeremiadas]" (Marías 2002: s.p.).

vi. El (doble) beneficio de un acercamiento interdisciplinario

Para resumir, este estudio quiere cumplir varios objetivos. Primero, explorar la faceta filosófica de la obra de Marías y demostrar su gran capacidad de envolvernos en sus mundos de ficción para animarnos a pensar y, de esta forma, permitirnos vivir nuestra propia vida más plenamente. Segundo, como este libro es un trabajo interdisciplinario, intenta construir puentes entre literatura y filosofía. Del mismo modo que las reflexiones de Bergson y Heidegger abren nuevas posibilidades de interpretación del *Ciclo de Oxford*, las mismas novelas de Marías, leídas en diálogo con la filosofía, pueden facilitar la accesibilidad a los ensayos de ambos filósofos y demostrar su relevancia para los nuevos contextos (literarios, críticos) del siglo XXI.

Desde el punto de vista de un final o agotamiento del postmodernismo, la perspectiva que propongo con mi lectura interdisciplinaria de las novelas de Marías se podría considerar 'post-teórica'. Desde la primera década del siglo XXI han surgido nuevas teorías, mayormente interdisciplinarias, que se agrupan bajo la idea de 'post-postmodernismo'. El *performatismo* de Raoul Eshelman o el *mileniarismo* de Eric Gans, por ejemplo, proponen un nuevo "monismo" que intenta recuperar la unidad de signo, autor y receptor (Eshelman 2008: 162-3). El *performatismo* supone el intento de preservación de la integridad del sujeto, le permite al protagonista retomar control sobre tiempo y espacio, y, sobre todo, propone acercarse de nuevo al lector:

> The new notion of performativity serves neither to foreground nor contextualize the subject, but rather to preserve it: the subject is presented (or presents itself) as a holistic, irreducible unit that makes a binding impression on a reader or observer. [...] For this reason the new subject always appears to the observer as reduced and 'solid', as single- or simple-minded and in a certain sense *identical with the things it stands for.* [With this subject] is created a refuge in which all those things are brought together that postmodernism and poststructuralism thought definitively dissolved: the *telos*, the author, belief, love, dogma and much, much more. (Eshelman 2001: s.p.)

También López y Potter en *After Postmodernism* (2001) apuestan por un intento de la recuperación de valores, como una vuelta de la literatura a un realismo que ellos denominan *realismo crítico* o *realismo trascendental*, para distanciarlo del realismo positivista (representacional, mimético). Aunque estas teorías post-posmodernas en ciernes no pretendan una clara ruptura con el paradigma posmoderno, ya que siguen acogiendo elementos posmodernos, sí defienden la necesidad de un cambio de rumbo en la teoría literaria. López afirma que

> a new and different intellectual direction *must* come after postmodernism, simply because postmodernism is inadequate as an intellectual response to the times we live in. The realisation of this has been growing for some time now without it yet being clear just what this new perspective will be. (López 2001: 4)

Aunque estoy de acuerdo con López en que hace falta un nuevo rumbo en la teoría literaria, dudo que el camino ideal consista en la supuesta recuperación, como quiere Eshelman, de "*telos*, the author, belief, love, dogma". No obstante, me agrupo en las filas de López y Potter en cuanto a su afirmación de que las teorías posmodernas se han vuelto inadecuadas para nuestra época y las obras de arte que surgen de ella.

Según mi modo de ver, Bergson y Heidegger —sobre todo las lecturas de su obra que se han llevado al cabo dentro de este nuevo siglo— son dos pensadores idóneos para este contexto "post-posmoderno", ya que nos pueden ofrecer una alternativa crítica, sin caer en los extremos de un optimismo ingenuo o utópico. Muchas de sus ideas que se explorarán en estos capítulos toman como punto de partida algunos elementos que para el posmodernismo constituyen callejones sin salida. Sobre todo en el pensamiento de Heidegger, la posibilidad de recuperar un sentido tangible, de descubrir verdad(es), existe y es válida, y hasta los abismos (posmodernos) y la nada vuelven a ser fuentes de significado, motor de la creación artística y vía al conocimiento. El acercamiento a la obra de Marías propuesto aquí se basa, pues, en la convicción, compartida con López, de que "meaning is understandable, meaning is communicable. This is so because meaning exists. [...] meaning is communicable and possesses both a transitive and intransitive dimension" (2001: 13).

El lector de este libro notará que una parte de referencias y ejemplos teóricos de la obra de los dos filósofos no se citan directamente de su obra. Mientras que el enfoque principal sigue siendo el diálogo entre Marías-Bergson-Heidegger, basado en sus obras, estas fuentes secundarias —nuevas lecturas críticas de Bergson y Heidegger surgidas en los últimos años— son un soporte imprescindible, puesto que permiten la actualización de los filósofos para el siglo XXI y recalcar la relevancia de Marías para el contexto post-posmoderno.[7]

En los capítulos que siguen espero resaltar, con el mismo entusiasmo que me inspiran sus obras, la profundidad de la obra de Marías, el carácter actual de la filosofía de Bergson, y la belleza y el ingenio de las ideas de Heidegger. Se trata, efectivamente, de un fértil y productivo triángulo de escritores y pensadores, relevantes y necesarios para nuestra época, cada uno en su manera particular, para la búsqueda de un sentido en este nuevo siglo que arranca, como nos recuerda Salvador Pániker en sus *Apuntes para sobrevivir en la era de la incertidumbre* (2008), bajo el signo de la hibridez y el fin de la posmodernidad.

vii. Ediciones citadas y abreviaciones

Las obras de Marías se abrevian del modo siguiente:
El monarca del tiempo (MT)
El siglo (Siglo)
Negra espalda del tiempo (NET)
Corazón tan blanco (CTB)
Todas las almas (TLA)
Literatura y fantasma (LF)
Tu rostro mañana I (TRM I), II (TRM II), III (TRM III).
Los enamoramientos (LE)

Las obras de Bergson, con la excepción de los ensayos "La personalidad", conferencia pronunciada en España, y "Philosophical Intuition", publicado en inglés, se citan de *Œuvres*, Paris: Presses Universitaires, 1959. Se indica entre paréntesis en primer lugar la página de dicha obra y en segundo la página oficial. Los títulos de sub-ensayos se indican con cada cita. Se usan las siguientes abreviaciones:

Essai sur les données immédiates de la conscience (ED)
Matière et mémoire (MM)
L'Évolution creatrice (EC)
L'Énergie spirituelle (ES)
La Pensée et le mouvant (PM)

Todas las traducciones de Heidegger son mías y se citan a partir de la *Gesamtausgabe* de Vittorio Klostermann, Frankfurt am Main (1976; 2004), a menos que se indique otra edición u otro traductor.

Los volúmenes citados se abrevian del modo siguiente:

Wegmarken [*Hitos*] (WM)
Die Grundbegriffe der Metaphysik [*Los conceptos fundamentales de la metafísica*] (GM)
Sein und Zeit [*Ser y tiempo*] (SZ)
Grundprobleme der Phänomenologie [*Problemas básicos de la fenomenología*] (GP)
Einführung in die Metaphysik [*Introducción a la metafísica*] (EM)
Aus der Erfahrung des Denkens [*De la experiencia del pensar*] (ED)
Holzwege [*Caminos del bosque* o también traducido como *Sendas perdidas*] (HW)
Was heisst Denken [*¿Qué quiere decir pensar?*] (WD)
Vorträge und Aufsätze [*Conferencias y ensayos*] (VA)
Die Technik und die Kehre [*La técnica y la vuelta*] (TK)

Todos los subrayados en las citas son míos.

Notas

[1] Véanse al respecto también apartados 2.3 y 2.4., ambos dedicados a la percepción y construcción de la imagen como reflejo de la estructura temporal bergsoniana.

[2] Este aspecto se desarrollará sobre todo en 2.3.3., "Imagen y memoria. *Tiempo recuperado.*"

[3] Véase, por ejemplo, Jonathan Bernard (1995) o Philip Alperson (1980).

[4] Bergson se refiere a la evolución. En Marías, las ideas bergsonianas corresponderían, desde luego, siempre a la creación literaria.

[5] Me refiero sobre todo a la prosa. En poesía, aunque de manera algo modesta, las ideas de Heidegger sí han dejado huella. Para un breve estudio sobre la recepción del filósofo en la crítica literaria, véase Ziarec (1989). Otra obra que deja constancia de la potencialidad del pensamiento de Heidegger para la literatura es la colección de ensayos de William Spanos (1976). En el ámbito de poesía hispánica se puede mencionar el artículo de Nataly Tcherepashenets (2002). William Egginton (2001) también analiza la poesía de Lorca basándose en las ideas de Heidegger de Dasein y Ser-hacia-la- muerte. Entre los estudios de literatura alemana vale mencionar la tesis doctoral de Doris Kiernan (1978). En su caso, sin embargo, le interesa probar una influencia directa de Heidegger en Frisch. Hans Jäger (1952), por otro lado, se sirve de las ideas de Heidegger, derivadas de *Ser y tiempo*, como si fueran teoría literaria, para analizar, de una forma muy generalizadora, obras de Hauptmann, Kafka, George, Hesse, Rilke.

[6] No sorprende, por lo tanto, que Heidegger sea uno de los filósofos del que los críticos literarios más renombrados se apropiaban una buena parte de sus ideas. Aunque el grado de 'influencias' se debate y discute, concuerdo con George Steiner en que Gadamer y Derrida "draw copiously on Heidegger" y que "Heidegger's doctrines on the nature of language and poetry have marked literary theory in Germany, in France, in the United States, where the current debate over the 'nature of a literary text', over the dialectical interactions between poet, reader, and language are thoroughly Heideggerian" (1978: 5).

[7] No es éste el primer intento de situar a Javier Marías en un contexto de superación del posmodernismo. Véase el artículo de Karen Margrethe Simonsen, "'Corazón tan blanco': A Post-Postmodern Novel by Javier Marías" (1999).

1. De camino al tiempo

Nec nisi lusura novimus arma manu[1]

1.1. De la estética novísima hacia un pensamiento literario[2]

Una gran mayoría de artículos dedicados a los llamados *novísimos* y su contexto histórico–literario se puede reducir a unos pocos temas centrales. Ante todo, salta a la vista la muy discutida ruptura "sin discusión": si los *novísimos* representaban un esfuerzo colectivo de ruptura, como anuncia Castellet en 1968, o bien, si detrás de sus supuestos intentos de desmitificación y reinvención de una tradición literaria yacen nombres y obras –oportunamente callados– de precursores de la misma España castiza de la que pretendían deshacerse.[3] Segundo, si su uso de extranjerismos, neologismos y frecuentes escapes literarios al mundo hollywoodiense son pruebas inequívocas de una voluntad de distanciamiento de la literatura social, o si detrás de la propuesta estética de los *novísimos* se encubren a menudo mensajes de denuncia, resultados de una preocupación latente por la situación socio–política de su país y época. Y si era, por lo tanto, su llamada "deserción de la realidad" española sino un reflejo de la misma.

Desde la publicación de sus primeras novelas en los setenta, muy en consonancia con la estética novísima, hasta su –por ahora– última novela, *Los enamoramientos* (2011), Javier Marías ha sido acusado de extranjerizante, escritor anglosajón y anti–español. Aunque el debate en torno al "carácter nacional" de una obra literaria no parezca tema fecundo para abordar la obra de un escritor, en el caso de Marías, y por extensión el de los *novísimos*, reevaluar su proclamada herencia puede permitirnos reconciliar algunas de las corrientes opiniones contradictorias y abrir nuevos caminos para una relectura de su generación, como es el objetivo de este estudio, desde la perspectiva del siglo XXI. Tomando como punto de partida la supuesta anti–españolidad y el rechazo de la literatura comprometida, propongo en este capítulo recorrer en tres etapas el desarrollo de la novelística de Javier Marías, desde sus primeros pasos en un contexto llamado *novísimo*, hasta su gran obra de madurez, *Tu rostro mañana*, publicada tres décadas más tarde.

La primera etapa, la que constituye *Los dominios del lobo* (1971), novela–pastiche cuya materia prima la constituyen ochenta y cinco películas de Hollywood de los años 30–50,[4] parece el prototipo de obra de los nuevos bardos que anunciaban que "hem de fer foc nou" (Blesa 2001: 12). Según los jóvenes escritores de la generación de Marías, la tarea del escritor consistía en cultivar "una escritura liberada de los lastres del pasado" y era un acto necesario de la desmitificación de la cultura oficial (*ibíd.* 12). Pertenece a esta época de deserción ante la realidad española también *Travesía del horizonte* (1972), homenaje–parodia de las novelas de aventuras de "Joseph Conrad y Henry James, con unas gotas de Conan Doyle" (LF 58). Ambas novelas han sido comentadas ya en estudios valiosos dentro del contexto de los *novísimos* (Grohmann 2002, 2003; Cuñado 2004; Berg 2006).

En la reevaluación de la obra de Marías desde las dos perspectivas históricas, el contexto (pos)franquista y el principio del siglo XXI, me interesa sobre todo *El monarca del tiempo* (1978). Esta obra, casi por completo desatendida por la crítica, ocupa un lugar de singular importancia para entender el desarrollo de su narrativa hacia un pensamiento literario. Dándole la razón a un crítico suyo de aquella época, Marías admite que tras la publicación de *Los dominios del lobo*, "si bien estaba [...] en posesión de un buen y sólido esqueleto, ahora [me] aguardaba la tarea más ardua, a saber: la búsqueda de la propia carne" (Marías 1989b: 79). *El monarca del tiempo* dará los primeros frutos de esta búsqueda. Esqueleto de *Tu rostro mañana*, sirve de puente hacia la fase madura del escritor madrileño. En su etapa plena, marcada por su pensamiento literario, se reconcilian ruptura y tradición, estética y ética: *novísimo* en cuanto al escepticismo lingüístico y elementos paródicos, universal en la exploración de los grandes temas de la literatura vía la auto–contemplación, y comprometido en la defensa de una postura humanística para el escritor del siglo XXI.

1.2. Entre tradición y ruptura

1.2.1. Del no querer decir nada al querer decir *nada*

La necesidad de construirse una imagen de un lector y escritor universal les lleva a menudo a autores como Marías a disminuir —o directamente callar— a sus predecesores o influencias connacionales. Miller cita varios ejemplos de escritores de la misma generación que seguían esta práctica. Uno de ellos es el caso de Juan Benet, considerado por Marías y otros como uno de los iniciadores de la novela moderna en España.[5] Miller quiere reconocer en el ensayo–libro de Benet, *La inspiración y el estilo*, obras de Ortega y Gasset, Torrente Ballester y Martín–Santos como intertextos, a los que el autor, sin embargo, nunca hace mención. Miller interpreta este silencio como un acto consciente de un escritor que "simply opted for writing as if he were the first Spaniard ever to make the aesthetic arguments he forwards" (Miller 2001: 55). Insistir en este adanismo literario constituye una práctica extendida entre estos escritores a fin de poder forjar una imagen pública desasociada de la tradición literaria de su país; y lo hacen a menudo, como Benet, "in a way that simply dismisses without explanation the quarter century of creative production upon which his claim to a place in the canon rests" (*ibíd.* 55). Marías, quien proclamaba que admiraba tanto a Benet que evitaba imitarlo,[6] le imita no obstante en más aspectos de lo que a primera vista parece o él admite, y le sigue también en esta vía. Sus proclamados modelos literarios han sido, con pocas excepciones, extranjeros –anglosajones, alemanes, austriacos, franceses– y abarcan autores desde Shakespeare a Sterne, Stevenson a Faulkner, Henry James, Thomas Browne, Hölderlin, Thomas Bernhard, Sebald, etc., mientras que ha calificado de "escasa y pobre" la tradición literaria de su país, como en tantas ocasiones ha declarado (LF 55: 79).

La presencia de las obras teatrales de Shakespeare en las novelas de Marías es obvia. No sólo varios de los títulos de sus obras más exitosas son versos del poeta inglés. Además, una buena parte de su pensamiento y hasta descripciones de sus personajes se alimentan directamente del teatro shakespeariano. A partir de *El monarca del tiempo*, Enrique V, Ricardo III, Otelo o Macbeth son presencias veladas y referencias constantes en sus novelas. Sin embargo, tanto la teoría que le sirve de base para su novela–ensayo *Negra espalda del tiempo* (1998), como el concepto filosófico del tiempo expresada en el título mismo, aparecen ya como ideas aplicables a la literatura en el ensayo de Benet, "La seriedad del estilo," un texto ciertamente leído por Marías y escrito tres décadas antes de la publicación de *Negra espalda del tiempo*. En esta obra Benet explica, a partir de la cita de Shakespeare, "'la negra espalda y abismo del tiempo'" (Benet 1999: 200), cómo

> la configuración de la imagen del tiempo [...] está en gran medida dictada por la analogía del móvil en un medio ambivalente y por la asimilación psicológica, nacida de la simetría *rostro–espalda*, del futuro con la vista y del pasado con la ceguera de la espalda. (*ibid.* 203)

En esta frase genial de Benet está ya condensada la concepción mariesca del tiempo narrativo y filosófico, el que será el gran protagonista de *Negra espalda del tiempo* y también de *Tu rostro mañana*. Igualmente, la colección de ensayos literarios *Las semanas del jardín* (1974) de Sánchez Ferlosio brinda otro ejemplo que demuestra la vinculación estrecha de Marías con los escritores de su país. Más allá de una innegable coincidencia de ideas entre el ensayo de Sánchez Ferlosio y *El monarca del tiempo*, se reconocen claramente en el primero las semillas de las obras posteriores de Marías. Respecto a Ferlosio, Marías ha opinado que, aunque le interese, no le concede mucha importancia como renovador de la literatura española (Cortanze 1995: 27). Sin embargo, Sánchez Ferlosio, como veremos, ha sido decisivo en la puesta en marcha de algunos de los temas más importantes –la carne si se quiere– de la obra novelística de Marías.

No pretendo, desde luego, llevar a cabo un trabajo de "excavación arqueológica" para establecer el carácter nacional de la obra de Marías.[7] Pero sí me parece relevante reevaluar el mito de Marías como escritor extranjerizante y anti–español, y recordar el contexto histórico–literario en que el autor empieza a construir su imagen, muy consciente de cómo quiere ser percibido dentro y fuera de su país. Por lo tanto, más que aislarlo de la tradición literaria de su país, o presentarlo como un caso extraño, habrá que situarle dentro de esta misma tradición literaria. A mi modo de ver, es justo en este afán de liberarse del estigma de escritor nacional donde se le reconoce como un escritor enraizado en la problemática de su país, una circunstancia que resalta la *diferencia* con otros escritores europeos cuyo carácter nacional en relación con su obra ni siquiera entraba en discusión. Azúa explica bien esta aparente paradoja cuando admite que esta discusión en sí era una cuestión exclusivamente española, ya que "un problème de ce genre n'aurait pas la moindre chance d'effleurer un jour l'esprit d'un écrivain français, anglais ou allemand" (Azúa 1995: 20). Y, dirigiéndose al público no–español de la revista francesa *Magazine littéraire* añade, casi con un tono apologético, "Qu'ils se réassurent donc: on ne les aura entretenus ici d'un problème exclusivement espagnol, en tout point authentique et garanti issu de ce qui nous rend autres, de ce qui fait notre différence" (*ibíd.*).

Las influencias extranjeras en la obra de Marías son innegables, como las hay, insisto, en cualquier escritor de categoría, y sin que ello sea motivo en sus respectivas patrias para disociarlo de la tradición literaria de su país. Un autor o un lector entusiasta no lee según países, sino según el interés de la obra, cualquiera que sea la nacionalidad de su autor.[8] Como recuerda Azúa muy acertadamente al final de una entrevista en la que recapitula el ambiente literario de los años 70–90 en España:

> Je ne sache pas que les écrivains suédois, belges ou hollandais suscitent de telles attentes en raison de leur origine: qui s'inquiète de vikings, de kermesses ou de tulipes avant d'ouvrir leurs livres. (Azúa 1995: 19)

A lo que aspiraban escritores como Marías era a escribir y ser leídos como escritores suecos, belgas u holandeses, y no como testigos de una realidad que no existía, para muchos lectores, más allá de los Pirineos.

1.2.2. *Los dominios del lobo*: *cowboys* y *gangsters* contra toreros y gitanos

Uno de los objetivos principales de los escritores de la generación de Marías radicaba en la desinstrumentalización de la literatura en forma de la "superación de cualquier implicación de valor (de cambio), y, por lo tanto, de poder, que supone, en última instancia, una liberación del medio" (Lanz 2002: 11).[9] El mundo de Hollywood desempeña un papel notable en esta empresa. Incorporar el cine americano a sus novelas les da la oportunidad, sin recurrir a la política o seguir el rastro de los escritores–mártires, de expresar indirectamente su rechazo a la vida política y cultural propagada por la España oficial. Si pensamos que la construcción de la imagen de la España folclórica, útil para propagandas políticas desde Napoleón hasta el franquismo, ha sido en gran parte la labor de la literatura extranjera ya desde comienzos del siglo XVIII (Azúa 1995: 18), la publicación de *Los dominios del lobo* constituye en sí un evento literario y cultural cargado de ironía. Marías recurre a tópicos nacionales para escribir una obra exótica, apoyada en una imagen mítica de la cultura estadounidense igualmente "folclórica" y alejada de la realidad como lo era en su momento la de la España de Merimée. Para Marías, los *cowboys* y *gangsters* proveerán un antídoto contra los toreros y gitanos novelados, como lo serán para los poetas de la antología de Castellet los mitos de la galaxia *rock* a los que dedican algunos de sus poemas. Enric Bou explica que estos escritores reaccionaron ante una nueva sensibilidad que respondía a la colonización cultural de los EEUU, aprovechándose del mundo de Hollywood y de los *mass media* para desmitificar la cultura franquista a través de la cultura *camp,* y para democratizar el arte. Bou recuerda que para los novísimos "vivir en los medios" se equiparaba a vivir "una proyección lejana, de unas vidas en mayúscula, como unas hagiografías por lo civil"; y concluye que

> estos personajes míticos consagrados en unas imágenes estereotipadas, que difunden por todas partes los medios de comunicación de masas, se erigen como héroes ejemplares, sustitutorios de los mitos clásicos, religiosos o laicos. (1992: 198)

En un artículo publicado en 1964, los años de formación de los nuevos escritores, Durant da Ponte explica el tipo de imagen cultural de América que reinaba en España en aquella época. Aunque no es el enfoque de su artículo, da Ponte elucida indirectamente la importancia de la cultura estadounidense para jóvenes escritores como Marías, tanto como el sentido de rechazo que provocaba en la España ultra-conservadora. Al destacar el muy difundido sentimiento anti–americanista del franquismo, se explica la seducción que ejerce el país del celuloide sobre una generación harta de la monopolización del tema de España en el arte.[10] De repente,

> to the Spaniard steeped as he is in an ancient culture, America seems a youthful nation –strong, vigorous, materialistic, technically superior, but lacking a true philosophic tradition and almost shockingly naive. (Ponte 113)

La imagen de la joven América y lo que significaba para el autor de *Los dominios del lobo* evoca la atracción que ejerce Lolita sobre el europeo Humbert Humbert, con la diferencia de que Marías no sólo se sentía atraído por esta cultura *nínfula* de Hollywood y la galaxia *rock*, sino que aspiraba a *ser* Lolita, es decir, a eliminar de su memoria artística cualquier relación de sangre con la España castiza, folclórica y política. En esta resolución absoluta de eliminar cualquier rasgo o referencia a su país, Marías se distingue de otros de la época que apostaban por una feliz y desacralizante convivencia de elementos castizos y de la cultura pop. Más bien, Marías incorpora referencias castizas con fines paródicos a novelas escritas décadas más tarde, como en *Mañana en la batalla piensa en mí* (1994), donde se describe al rey Juan Carlos jugando al futbolín, o en *Tu rostro mañana* con la personificación del macho ibérico, ignorante de otras culturas, racista y autocomplaciente, en el personaje casi costumbrista De la Garza.

Todo lo que se consideraba razón de desprecio para la España conservadora podía ser fuente de inspiración para su generación disidente. La ingenuidad y la falta de una tradición filosófica de la cultura estadounidense les proporcionaría el modelo deseado para su pretencioso adanismo literario: la misma "ingenuidad chocante" garantizaría la ausencia de paternalismo, a la vez que la inexistencia de una verdadera tradición filosófica les ahorraría a los *niños expósitos* la necesidad de primero destruir para luego poder inventarse, con chicle en boca y felizmente irresponsables de los cargos del pasado, su propia tradición literaria. Pero no sólo era para ellos la cultura "lolita", provocadora, rebelde e ingenuamente seductora, sino que ella les ofrecía una salida del aislacionismo cultural, "una manera de conectar con los mitos que compartía toda una generación del planeta" (Bou 1992: 200).

Escritas *à la Lolita*, "desde la irresponsabilidad absoluta y desde la casi absoluta inocencia" (Marías 1989b: 79), *Los dominios del lobo* y *Travesía del horizonte* son novelas que hay que evaluar en el contexto de esta estética llamada *novísima*, ya que ante todo son encarnaciones del deseo de "disengagement with Spain and Spanishness, realism, mimesis, and 'seriousness'", tanto como emprenden "the ensuing adoption of foreign traditions" (Grohmann 2002: 36). Como novelas de ruptura, pretenden sobre todo hacer caso omiso de la herencia del realismo social de la posguerra, sin seguir la literatura experimentalista defendida por escritores como Goytisolo, la cual, aunque rompiera con la España castiza, alejaba al lector demasiado del texto. Por lo tanto, las novelas de juventud de Marías son tanto protesta como una defensa del arte de novelar. La novela, denuncia el autor en 1995, había sido valorada en España casi siempre, y sobre todo entre 1950 y 1970, según su utilidad y función "à mieux comprendre notre idiosyncrasie, notre histoire, le fait d'être espagnol" (Marías 1995: 26). Como respuesta, las primeras novelas de Marías simbolizan un acto literario epicúreo: no cumplen una función social, ni histórica, política o filosófica, sino que señalan una decisiva vuelta a la literatura y al placer de la lectura como su único fin, libres de la obligación de hacer referencia a la realidad de su país. *Los dominios del lobo* y *Travesía del horizonte*, aunque existan en ellas ya futuros rasgos mariescos,[11] no representan obras que dejan todavía prever el nivel de escritor que iba a alcanzar su autor; más bien, dejan relucir un ardor juvenil para prender *fuego nuevo* y hacer surgir de las cenizas una nueva forma de escritura cuyo punto de partida se sitúa, como juzga Lanz el de esta generación, "entre el no querer decir nada y algo que quiere decir *nada*" (2002: 12), y cuyo punto de llegada es, como intentaré demostrar en los capítulos siguientes, un nuevo humanismo universal.

El propio autor comenta sobre sus primeros pasos de novelista que

> cuando empecé a los diecinueve años, ya hice novelas artificiosas como ejercicio literario, con parodia y mimetismo de otras. [...] ahora me siento vacunado y hace muchos años que no escribo sobre algo que no me importe a mí también. (Iborra 2001: 161)

Los dominios del lobo y *Travesía del horizonte* cumplen en la trayectoria del novelista la función de hacer tabula rasa, y de liberarse de lo que los escritores de su generación consideraban el estigma del escritor español, con la esperanza de reclamar, al final del camino, un sitio legítimo dentro de la narrativa, como escritor europeo, universal. Y digo al final del camino, porque, irónicamente, son estas novelas que se generan bajo el lema de la extraterritorialización, las que revelan a sus autores, si no como aldeanos vanidosos, sí como propietarios avergonzados de sus aldeas nacionales. Si bien es cierto, como escribe Marías, que estas novelas eran únicas "por no reflejar ninguna circunstancia de la vida de mi país" (LF 60), es precisamente por esta auto–impuesta tiranía estética que traicionan su idiosincrasia española. Y quizá sea por esta razón –si recordamos el comentario de Félix de Azúa– que para un lector de hoy la fase llamada *novísima* puede resultar *a pesar* y *por* su afán de negar su herencia, la menos universal de los escritores de su generación.

1.3. *El monarca del tiempo*: hacia una filosofía del tiempo

1.3.1. De la imposibilidad del decir

Si las dos primeras novelas de Marías eran fruto de la seducción, fuego de sus entrañas, como diría Humbert, bastante divertido y bueno para la piel, como diría Lolita, *El monarca del tiempo* constituye el preámbulo verdadero de un escritor a la altura de Nabokov. Aunque revele, al igual que las dos novelas precedentes, "his preoccupation with the strange and exotic world contained within the text, rather than the social and political realities on the outside" (Berg 2006: 46), *El monarca del tiempo* será el primer gran paso hacia la concepción de la novela mariesca como terreno de un pensamiento literario que desafía cualquier limitación de género o de lógica positivista. Para apreciar la importancia de esta tercera, llamémosla "novela", vale recordar también la opinión del propio autor, quien la calificaba tanto de punto de transición como de partida, y como la obra con la que "había cruzado por fin la línea de sombra y alcanzado la madurez y la osadía necesarias para ser intérprete de mí mismo" (Marías 1989b: 82).

El monarca del tiempo lo constituyen tres relatos, "El espejo del mártir", "Portento, maldición", "Contumelias" —germen estos últimos dos de *El hombre sentimental* y *El siglo*—, una obra de teatro, "La llama tutelar" y, de singular importancia, un ensayo sobre *Julio César*, "Fragmento y enigma y espantoso azar". Esta interpretación de la obra de Shakespeare forma el núcleo del libro, el cual "vincula [las] diferentes partes [de la obra] y pretende dotarlas de sentido" (LF 62). Se podría extender la función e importancia de este ensayo considerándolo como un primer manifiesto literario del autor, donde empieza a desarrollar y articular teorías filosófico-literarias sobre la verdad y el tiempo que forjarán su narrativa posterior. En cierto sentido, las novelas que siguen serán la elaboración y profundización de estas mismas teorías introducidas ya en "Fragmento y enigma y espantoso azar".

De lo poco que se ha comentado hasta ahora sobre *El monarca del tiempo*, destaca el comentario de Elide Pittarello, quien quiere reconocer en esta obra la presencia de un nihilismo que se extenderá a la futura obra del autor y que, según ella, será una de las características más reconocibles de su narrativa. Para un lector de hoy, como afirma Pittarello en el prólogo,

> produce vértigo comprobar que el nihilismo de las más célebres novelas de Marías no es un fruto de madurez. Ya estaba ahí, aunque tratado con un distanciamiento que cohíbe toda participación emotiva. (MT 19)

Esta presencia determinaría sus futuras novelas, marcadas éstas por "el colapso de la razón y el sinsentido de la vida", y en las que "cualquier biografía, ficticia o real, será un tránsito insondable de la nada a la nada" (*ibíd.*). Aparte de la presencia de Shakespeare, la cual será a partir de este momento una constante en la obra de Marías, aparecen dos referencias breves a lecturas del autor que inspiraron las reflexiones realizadas en *El monarca del tiempo* y, en particular, en este ensayo. En una nota a pie de página el autor indica que le debe a Sánchez Ferlosio "en última instancia la puesta en marcha de estos comentarios [...]" (*ibíd.* 89), mientras que de Nietzsche cita un pasaje de "Sócrates y la tragedia" (*ibíd.* 94). Estos dos nombres, Sánchez

Ferlosio y Friedrich Nietzsche, tienen una importancia esencial para esta y para la futura obra del novelista. Mientras que Cuñado modifica la percepción de nihilismo en la obra de Marías, para reconocer en *El monarca del tiempo* un primer "intento tímido de explorar esa dimensión de lo inefable" (Cuñado 2004: 18), la referencia a Nietzsche permite hasta rectificar la calificación de su obra como nihilista. Más que de nihilismo, en el caso de Marías se trata más bien de un escepticismo nietzscheano, y los "tránsitos de la nada a la nada" establecen un punto de partida para lo que será una fuente inagotable de creatividad en sus novelas. De forma muy nietzscheana, y también heideggeriana, la obsesiva exploración de la nada pone en marcha un tránsito a posibilidades ilimitadas desde este "siempre habrá nunca". No se trata tampoco de una exploración de la nada en un sentido nihilista –mucho menos le parece preocupar al autor lo que no *es* verdad que lo que no es *de* verdad– ya que, como escribe el narrador de *Negra espalda del tiempo*, "así en el territorio que no es de verdad todo sigue pasando y pasando siempre y allí la luz no se apaga ahora, ni se apaga luego, ni quizá nunca se apaga" (NET 291). Justo después de la publicación de *El hombre sentimental* en 1986, Marías explica cómo el concepto de una verdad eludible en su obra no constituye una negación nihilista de la verdad misma, sino que su carácter eludible sirve más bien como un motor de creación en sus novelas, justamente porque "fuera del presente no hay verdad. No hay verdad ninguna. Entonces hay verdad en tanto que se la sigue afirmando, pero, por así decirlo, necesita ser renovada una y otra vez" (Castellanos 1989: 27).

La vinculación con el escepticismo —o si se quiere también con el posmodernismo—[12] parece fecunda a la hora de tratar la obra de Marías, sobre todo a partir de *El monarca del tiempo.* Tanto el pensamiento posmoderno, empezando con Derrida, como la filosofía escéptica de Nietzsche rechazan la suposición nihilista de que la existencia carece de sentido absoluto, ya que esa misma suposición caería en el mismo pecado que el positivismo, es decir, de pretender establecer una verdad absoluta, aunque sea en forma de negación. Marías niega quizá menos la *posibilidad* misma de una verdad o de un sentido universal; más bien, noveliza la idea de que la facultad racional no tiene el poder de acceder a este tipo de conocimiento y que las limitaciones del lenguaje impedirían cualquier intento de reconstruir o articularlo, sobre todo en el terreno de la realidad. Ya desde las primeras páginas de *Negra espalda del tiempo* se proclama la "desconfianza última de la palabra", por lo que "relatar lo ocurrido, dar cuenta de lo acaecido, dejar constancia de los hechos y delitos y hazañas, es una mera ilusión o quimera" (NET 10). Sin embargo, a esta negación nihilista añade una frase que demuestra que su concepción de la verdad como invención se acerca más a la del *Dichter* heideggeriano que al escepticismo de Nietzsche, ya que la verdad "es sólo posible como invención" (*ibíd*).[13]

La insuficiencia de la razón y la desconfianza en el lenguaje como instrumento de reproducir la realidad abren la posibilidad de llegar a otra forma de conocimiento a través de la creación artística, lo que sería incompatible con el pensamiento nihilista. El nihilismo se define como "the rejection of all notions of reality", o también como "a complete rejection of the existence of human knowledge and values or denial of the possibility of making any useful distinctions among things" (Oxford Dictionary). El nihilista niega, mientras que el escéptico duda. Y en Marías es este "quizá" que se convierte en el principal motor de la creatividad. De este escepticismo mariesco se cristalizan varios hilos conductores en *El monarca del tiempo* que se extenderán al resto de su narrativa posterior: la relación entre verdad y tiempo, el enigma y la incertidumbre como alimento de la creación y el fetichismo de la identidad, tanto en forma de utopía deseada como mito por destruir. La base de estos temas surge de ideas presentadas en *Las semanas del jardín* de Sánchez Ferlosio y en el ensayo de Nietzsche, *El origen de la tragedia*, sobre todo en el capítulo "Socrates y la tragedia". Mientras que en el primero las teorías expuestas se aplican a la literatura, el segundo las dedica a la filosofía y la creación artística universal. Ambos campos se fundirán en la obra de Marías, serán primero su esqueleto y luego su carne.

1.3.2. El arte contra el nihilismo: el surgimiento de la negra espalda del tiempo

Objeto de parodia en las dos novelas anteriores de Marías, el concepto de la verdad se convierte a partir de *El monarca del tiempo* en una cuestión filosófico-literaria y en un fenómeno estético. Y, más que negarse, se re–inventa continuamente. En “La huella del animal”, uno de los primeros artículos de Marías sobre su propia teoría literaria, el autor estima la ficción o invención como la única opción válida para llegar a una forma de conocimiento. Con fuertes resonancias de su maestro Juan Benet, Marías explica que el verbo inventar “viene del latín *invenire*, que no quiere decir otra cosa que ‘encontrar’, o más bien ‘descubrir’” (LF 158). Del mismo modo, sólo una década antes de la publicación de *El monarca del tiempo*, Benet escribía en *La inspiración y el estilo* (1999), “¿Qué barreras pueden prevalecer contra un hombre que en lo sucesivo será capaz de inventar la realidad?” (Benet 1999: 233).[14] Recordemos, en este contexto, la diferencia fundamental entre la valoración occidental de la nada como un espacio nihilista de esterilidad y la concepción oriental, muy presente tanto en Nietzsche como en Heidegger y, en cierta medida, también en la escritura de Marías, de la nada como el ámbito ilimitado de posibilidades, libre de las limitaciones del racionalismo.

En el epígrafe de “El espejo del mártir” podemos ver ya el papel importante que cumplirán la invención y el azar como métodos de descubrimiento y vía de conocimiento en el pensamiento literario de Marías. Para este cuento, recogido en *El monarca del tiempo*, Marías escoge los versos 71–77 del cuarto libro de *Tristia* de Ovidio: “Aspera militiae iuventis certamina fugi, / Nec nisi lusura novimus arma manu”. Es llamativo notar que Marías elige una versión del manuscrito poco corriente, la cual establece el verbo *noscere* y no, como las ediciones en general, *movere.*[15] De “huí las ásperas contiendas bélicas, y la mano nunca *movió* las armas excepto en juego”, Marías cita “huí las ásperas contiendas bélicas, y la mano no (re)conoció las armas excepto en juego” (traducciones y énfasis míos). Es decir que mientras que la primera versión expresa acción e inacción conscientes (“huí y la mano no movió”), los versos citados por Marías cambian drásticamente de sentido, otorgándoles un distintivo tono trágico. “Huí [...] y la mano no (re)conoció las armas” implica un precipitarse a ciegas y expresa —tan importante en Marías— la omnipresencia de lo imprevisible, siempre dispuesto a convertir la mano del héroe en un instrumento del azar y, leitmotif en *Tu rostro mañana*, en mano potencial de asesino o traidor, de cobarde o mártir, sin anticipar o quizá ni siquiera quererlo su dueño.

El relato que sigue, y también las futuras novelas de Marías, son justamente elaboraciones y exploraciones de estos versos de *Tristia.*[16]

Marías encuentra más estímulo y apoyo teórico para su visión del héroe trágico en "Sócrates y la tragedia". En "Fragmento y enigma y espantoso azar" cita un pasaje de Nietzsche que será clave para entender a sus anti–héroes futuros: "El héroe de la tragedia no se evidencia", le cita Marías al filósofo, "como cree la estética moderna, en la lucha con el destino, tampoco sufre lo que merece. Antes bien, se precipita a su desgracia ciego y con la cabeza tapada [...]" (MT 94). Lo mismo vale para Deza en *Tu rostro mañana* cuando se pregunta "qué hago yo aquí con una pistola en la mano" (TRM III 465), como para el militar Louvet, de *El monarca del tiempo*, cuyo destino final decide no un acto heroico consciente, sino un precipitarse a ciegas, ya que

> no supo o no quiso distinguir las voces de alto y creyó que se encomendaba la galopada final; y que cuando se dio cuenta de lo que sucedía [...] cuando deslumbrado y perplejo le cupo la duda de si el acto de indisciplina, la contravención, el error, lo habían cometido los otros al retroceder o él mismo al no frenar y avanzar, prefirió la embestida furiosa y la muerte (petulante, retorcida, ampulosa, que no se deja buscar) a volverse atrás. (MT 52)

El actuar desde la sombra es un rasgo típico de los personajes de Marías, a los que Pittarello nombra quizá por esa razón en el prólogo de la novela

> criaturas fantasmales que [...] irán atendiendo a lo incógnito a través de esas alternativas a la praxis racional llamadas, por ejemplo, 'presentimiento de desastres en *Corazón tan blanco* o 'encantamiento' en *Mañana en la batalla piensa en mí*. (MT 19)

La aparente pasividad de sus protagonistas encuentra una posible explicación en el mismo ensayo de Nietzsche, donde se compara el hombre dionisiaco con Hamlet, esencialmente escéptico, contemplativo más que activo, trágico más que lúcido. Pero tampoco se trata de una ceguera como la del rey Edipo. Al igual que el narrador de "El espejo del mártir", Nietzsche declara que el hombre teórico, motivado por el afán del saber, llega a sus límites justamente "donde mira fijamente en la oscuridad [wo er in das Unaufhellbare starrt: literalmente, "donde mira fijamente en lo *inesclarecible*"]"

(Nietzsche 1967: 72). Y es por esa misma razón que Valerio resiste las enseñanzas de Lemarquís, el preceptor positivista de "La llama tutelar", ya que ha entendido "el sino que me espera, negrura y horror y negrura y llanto, por buscar el saber en lugar de aguardarlo" (MT 162). Este "aguantarlo," es decir el sumergimiento en lo inesclarecible de los límites del conocimiento vía la contemplación pasiva, no señala el final del camino, como implicaría una visión nihilista, sino más bien su principio. En Marías resuena la idea de Nietzsche de que

> cuando se da cuenta, lleno de espanto, cómo la lógica en estos límites se tuerce alrededor de sí misma hasta por fin morderse la cola —entonces irrumpe una nueva forma de conocimiento, un conocimiento trágico, el cual, para ser soportable, necesita como protección y remedio, el arte. (Nietzsche 1967a: 72)[17]

La prueba de que en Marías no se explaya una visión nihilista es que cada admisión de la imposibilidad del saber suele modificarse con un adversativo y rebelde "*y sin embargo*", un "*si bien*" o un "*y no obstante*". La observación pasiva e intensa, aunque sea dirigida hacia la oscuridad, vale más como vía de un conocimiento real que la persecución de la luz por la razón. Así pues, como anuncia Valerio triunfante dirigiéndose a su maestro, cuando "su saber se ha apagado", "mi fe [en lo que mis ojos ven] crece" (MT 163). Del mismo modo, el narrador y representante de la autoridad militar de "El espejo del mártir", al reflexionar sobre el destino del militar Louvet admite que "nada sabemos, nada en efecto sabemos, y *no obstante* fíjese en que gracias a ello y a no averiguar nos es dado conjeturar, cavilar, incluso decidir sobre lo que fue de Louvet con la máxima libertad" (MT 51). La invención de lo que pasó o, lo que tendría el mismo valor en Marías, de lo que pudo haber sido, se emprende desde la sombra del *no novescere*, pero sí, *nisi lusura*, excepto en *juego*, es decir que la ficción, el juego último de la palabra, construye, reconstruye y afirma *una* verdad válida, mientras que la verdad oficial nunca admite dudas ni contradicciones y, por lo tanto, resulta sospechosa, estéril, *nada*:

> Consulte, vaya a mirar en los libros: le mentirán tanto como yo le pueda mentir; tan equivocada al respecto y a todo se encuentra la Historia como lo pueda estar yo, porque su saber es idiota, irrisorio, parcial,

> consanguíneo del mío, con el agravante de que no se sabe contradecir ni modificar, traicionarse ni negarse a sí mismo, apuñalarse como yo me apuñalo una y otra y aun una vez más. (MT 51)

En esta confesión del narrador encontramos la esencia de futuras novelas como *Corazón tan blanco* o *Negra espalda del tiempo*, donde el tiempo se resiste a reconstruirse, pero en esta resistencia se cristaliza, por medio de la ficción, la negra espalda del tiempo, nunca como una realidad positivista, sino como una posibilidad hipotética, plausible, creíble y, por lo tanto, verdadera o *de* verdad. "El espejo del mártir" se cierra con las palabras del general: "no sé si sabiendo ya no quise saber más" (MT 53). Y es ese "sabiendo" lo que provoca la esterilidad creativa, lo que impide para siempre la "una y otra y aun una vez más". Marías no rechaza la certeza por inalcanzable. La rechaza porque paralizaría la escritura. La aislaría, la encerraría, y volvería superflua la comunicación, el fundamento de toda obra de arte.

1.3.3. La cebolla de Sánchez Ferlosio: la estructura del tiempo

No se ha comentado mucho acerca de la conexión entre Sánchez Ferlosio y Javier Marías, a pesar de un reconocimiento de deuda en una breve nota a pie de página de "Fragmento, enigma y espantoso azar".[18] Una excepción es Ana Rodríguez Fischer, que al destacar puntos de conexión entre *El monarca del tiempo* y la subsiguiente obra de Marías, recuerda que "siguiendo un apunte de Ferlosio en *Las semanas del jardín*, lo allí expuesto por Marías versa sobre el orden temporal en que se relatan los acontecimientos y sobre la convención de que lo último en ser contado equivalga a lo verdadero" (Rodríguez Fischer 2004: 65). Sin embargo, una relectura del ensayo de Sánchez Ferlosio a la luz de novelas como *Tu rostro mañana* revela el impacto que debe haber tenido en Marías, y demuestra además que la extensión de la presencia de Sánchez Ferlosio en su obra va mucho más allá de "un apunte".

Comparando la estructura narrativa con una cebolla, Sánchez Ferlosio define la narración como una progresión desde la superficie al fondo. Al igual que un cuchillo que corta primero las capas exteriores, "también los primeros episodios del relato serán interpretados como contactos con la superficie, y los postreros como contactos con el fondo" (Sánchez Ferlosio 2005: 24). Asumir que se trata de una narración que posee superficie y fondo implica necesariamente que existe como una cosa entera. No obstante, no se trata de una unidad de historia en el sentido convencional, ya que, como en las novelas de Marías, la idea de unidad no parte del objeto penetrado ("la historia narrada"), sino del objeto que penetra ("el que la narra"), el cual, a diferencia del objeto penetrado, "puede estar compuesto de hechos contradictorios entre sí" (*ibíd.* 24-5). Sánchez Ferlosio formula así una característica de la narrativa de Marías donde la verdad sólo existe como término abarcativo, donde "nada es nunca sin mezcla", como se insiste tanto en *Tu rostro mañana* citando a Yeats, y donde la unidad del relato prevalece sin excluir contradicciones, ni tiene por qué reposar sobre el fundamento de una verdad única. El penetrar de las capas exteriores hacia las interiores no significa tampoco un constante avanzar hacia un fin, "una penetración por su espesor", sino más bien "de una excursión por su extensión" (*ibíd.* 24), una excursión parecida a su errar con brújula, un avanzar a través de idas y vueltas. Recordemos también que Marías, al escribir *El monarca del tiempo*, su primera obra realmente mariesca, traduce a *Tristram Shandy*; es decir, Nietzsche le otorga la dimensión filosófica, Sánchez Ferlosio parte de su teoría literaria, mientras que Sterne le brinda a Marías un ejemplo de teoría y pensamiento hechos práctica: son escritores que reconceptualizan la idea de unidad y de verdad a través de elementos inherentemente incompatibles con los mismos términos: un narrador, "que puede estar compuesto de hechos contradictorios entre sí", una narración que avanza retrocediendo o retrocede avanzando, y que demuestra que la totalización o unidad es el resultado de "un acto de lenguaje" (*ibíd.* 25) y de una verdad plurívoca, la cual, "para serlo, necesita, en todo caso, no ya que se la posea ni se le pertenezca" -cosa imposible- "sino que se la mire" (*ibíd.* 26). Así se entiende cómo, a partir de *El monarca*, la verdad en Marías será siempre veredicto, y su juez, el tiempo.

Es cierto que las teorías literarias de Sánchez Ferlosio hasta ahora mencionadas no son únicas en aquella época; por lo tanto, y a pesar de la referencia directa a Sánchez Ferlosio en *El monarca del tiempo*, sería imposible afirmar o negar exactamente cuánta presencia tienen en la obra de Marías y hasta qué punto son simplemente coincidencias con otras lecturas del autor. Sin embargo, de la redefinición de la verdad como un acto de lenguaje, que cambia de valor con el orden cronológico de su enunciación (suponiendo que la superficie corresponde a un *antes*, y las capas sucesivas a un *después*), Sánchez Ferlosio llega a una conclusión que será esencial para mi lectura del Ciclo de Oxford. En *Las semanas del jardín* leemos:

> en lo que atañe la verdad sobre la cosa, el postrero de los hechos viene a adquirir, por su sola aparición en semejante lugar privilegiado, la viciosa virtud de desustantivar y convertir en apariencia todo hecho contradictorio que le haya podido preceder. [...] el último hecho no se añade a los anteriores, sino que tiene poder para anularlos, pero la anulación de un hecho implica ya su reducción, a dato, su desfactificación; la facticidad se vuelve ilusión [...]. (Sánchez Ferlosio 2005: 29)

De la correlación que Sánchez Ferlosio establece entre verdad y tiempo, Marías deriva el título de su obra, encontrando en ella la clave del poder de convicción del novelista. En "Fragmento y enigma y espantoso azar", Marías escribe que "sólo puede haber una verdad, y esa verdad es siempre lo que aparece como *último* en el tiempo de que consta, en el tiempo que le ha adjudicado a esa unidad temporal determinada" (MT 89). En *su* presente, al tomar la palabra, Brutus convence al público de la necesidad del asesinato de César, pero Marco Antonio, en su discurso posterior, igualmente convence de la culpabilidad de Brutus. Así, "cada nuevo giro se desvanecerá con tanta facilidad como se asentó para ser suplantada por otra convicción distinta que a su vez correrá la misma y efímera suerte" (*ibíd.* 91). Como consecuencia, cualquier acto ya ocurrido carece de esencia —y se podría hasta inferir lo mismo a la esencia de los personajes—, ya que es el tiempo o, mejor dicho, el contarlo o el contar*los* en *última* instancia, lo que les otorga sentido y dibuja su rostro. El presente se convierte en el monarca del tiempo y de la verdad (*ibíd.* 109), en el ámbito más eficaz de la convicción, ya que "actúa como sustitutivo o representante de *lo presente*" (*ibíd.* 105).

Ahora bien, si pensamos en las características de las novelas de Marías, se nos plantea una aparente incongruencia entre las teorías defendidas en "Fragmento" y su propia manera de novelar. Recordemos que el meollo de todas las novelas que siguen a *El monarca*, sobre todo *Tu rostro mañana*, gira alrededor de la capacidad de la persuasión, no sólo como tema interno. Al igual que el protagonista Jacobo o *Yago*, casi todos los personajes o se salvan o se pierden según su don de persuasión. Y la novela misma, en cuanto artefacto, se mantiene gracias al oficio del novelista, si logra convencer lo suficiente para enganchar al lector y hacerle, dentro de este presente compartido de la lectura, partícipe (el *persuadido*) de la ficción. Así pues, siguiendo la lógica de los argumentos de Sánchez Ferlosio, Marías debería narrar en el presente, pero siempre prefiere el tiempo verbal del pasado.[19] La respuesta está en la predilección del autor por encasillar las narraciones en conversaciones entre los personajes y convertir al narrador, al igual que al lector, en un interlocutor y testigo inmediato de la narración, más que en narrador. Así se evita narrar en el "huidizo" presente, el tiempo verbal de "la transitoriedad, de la inestabilidad" (MT 106), "impropio de la narración" (LF 82). Y en vez de narrar, *cuentan*, preservando la ilusión de la inmediatez, como si los personajes subieran a un escenario teatral para confesarnos desde ahí sus episodios del pasado De esta forma, el presente crece dentro de la narración en el pasado y, como explica Marías, "podrá ser un siglo, un año, un acto, un discurso" (MT 115). El discurso de un personaje en el escenario, aunque cuente en el pasado, se sitúa en el ámbito del presente, por hacerlo *presente* ante el público. Es este efecto que producen las largas conversaciones que vertebran novelas como *Tu rostro mañana*, ya que más que narración (leída), son discurso (escuchado) o hasta, en un sentido zambraniano, confesiones.[20]

1.3.4. Los rostros de Sánchez Ferlosio: el protagonismo del tiempo

Puede que la "deuda" más evidente de la obra de Marías con *Las semanas del jardín* se cristalice sobre todo en *Tu rostro mañana*. Se trata de la teoría elaborada por Sánchez Ferlosio sobre la correlación rostro-identidad y de la tendencia en el mundo del arte de inscribir en la fisonomía de una persona su rostro mañana. Sánchez Ferlosio, al igual que Marías en *Tu rostro mañana*, se sirve de cuadros del Prado para hacer una suerte de análisis literario de los personajes pintados. Sobre *El martirio de San Esteban*, el autor de *Las semanas del jardín* escribe, por ejemplo, que "ya el propio Saulo [...] lleva en su rostro las señales de la bienaventuranza" (Sánchez Ferlosio 2005: 45). Estas inscripciones descifrables, como demuestra Sánchez Ferlosio con ejemplos en la pintura, son reflejos del mito cristiano de la salvación o condenación divinas, como una forma de predestinación al revés. Ferlosio llama estas inscripciones *índices escatológicos*, puesto que

> caracterizan a los personajes como signos valorativos, que son verdaderos juicios de valor escritos en sus rostros y en sus movimientos y actitudes, de modo que prefiguran y anuncian su destino final [...]. (*ibíd.* 49)

Por lo tanto —y se ve aquí la correlación con el tiempo cronológico como catalizador de la verdad—, el último acto cumplido de una persona desempeña el papel de ejecutor de un asumido destino ya pre-trazado —o su confirmación, si se quiere— que determina y fija no sólo lo que uno es, sino también lo que ha sido, anulando cualquier rasgo anterior. Una novelización filosófica de esta idea reaparece también en *Corazón tan blanco*, cuando el narrador contempla el contenido del cubo de basura de Berta:

> había visto [los preservativos] en la basura, dos, al tirar la bolsa, quedaron tapados por ella, ya no resultarían visibles en la próxima visita al cubo, la aceleración del olvido, a veces no hay que acelerarlo, unas cosas van tapando a las otras exactamente como en la basura, los minutos que van llegando no sustituyen tan sólo, sino que *niegan* a los que se fueron. (CTB 312)

La idea de Sánchez Ferlosio, elaborada en *Las semanas del jardín*, sobre el avance del tiempo que labra el rostro y el ser de una persona irreversiblemente y hasta retrospectivamente es fundamental en *Tu rostro mañana*, como ya indica el mismo título, y le sirve al autor de plataforma para las reflexiones —literarias, filosóficas— centrales a la novela. Primero, el trabajo del protagonista Deza consiste en "leer" los índices escatológicos en la cara de los demás para averiguar su rostro mañana, para saber lo que se puede esperar de ellos en el futuro —si lealtad o traición, cobardía o valor— y, en consecuencia, para saber lo que ya *son* ahora y, en consecuencia, siempre han sido. El don de Deza se evidencia justamente en esta capacidad de descifrar lo que Sánchez Ferlosio denomina el *sino o signo* "que el allende, abstraído e interiorizado en el aquende, busca, con ojos implacables, en la frente de todo personaje" (Sánchez Ferlosio 2005: 36). Muy parecido al "complejo Kennedy-Mansfield" elaborado en *Tu rostro mañana*, Sánchez Ferlosio articula en *Las semanas del jardín* la teoría que el último acto cometido en la vida marca, retrospectivamente, toda la vida anterior:

> así como la felicidad final tiene poder para desvirtuar y hacer inesenciales todas las desventuras anteriores y aun éstas –ya por contraste, ya por ser concebidas bajo la idea mercantil de precio –incrementan en vez de ensombrecerlo, el valor de la primera ("Ende gut, alles gut", "Rira bien qui rira le dernier"), así también en lo que atañe a la verdad sobre la cosa, el postrero de los hechos viene a adquirir, por su sola aparición en semejante lugar privilegiado, la viciosa virtud de desustantivar y convertir en apariencia todo hecho contradictorio que le haya podido preceder. (Sánchez Ferlosio 2005: 29)

Al igual que un pintor que fija la marca en la cara de sus personajes para la eternidad, borrando de la memoria del espectador todo lo que hubiera sido antes del acto determinante, la muerte deja la última marca, y puede ser "el mal paso último que los defina", parecido al desenlace que le otorga a la historia "injusto y falaz sentido" (TRM III 14). El énfasis aquí debe reposar en *historia* más que *acto*, o en el *acto hecho historia*, porque en Marías no es el acto en sí que marca, sino el contarlo y de esta forma el *hacerlo presente*.

Al final de la primera entrega de *Tu rostro mañana,* el mentor de Deza, Wheeler, al revelar detalles sobre su pasado, se pregunta si "soy yo el mismo de entonces" y si "¿No resulta esa posibilidad, esa idea, esa verdad asumida, no resulta incongruente en exceso, por ejemplo con el que después he sido? ¿O con los actos que cometí más tarde [...]? ¿y cómo puedo yo ser el mismo?" (TRM I 470). La auto-examinación del personaje juzgado a través del tiempo parece una elaboración del fetichismo de la identidad, que se expone en la *Semana primera*, consecuencia inminente, según Sánchez Ferlosio, de la "retroproyección de las postrimerías". Siempre en referencia a la verdad como veredicto subyugado a la cronología del tiempo, el autor concluye que

> si hemos de ser nosotros, nuestras acciones [...] vendrán a convertirse en meras señales de reconocimiento, puros indicios que solamente aluden a ese ser y permiten a otros inferir [...] sus verdaderos atributos. (Sánchez Ferlosio 2005: 32)

Y si la verdad no admite la contradicción, cada presente sólo admite *una* verdad, y aquélla anula necesariamente la precedente, del mismo modo que la María Magdalena arrepentida, en su presente, anula a la María Magdalena pecadora, y, aún así, ambas existen como verdad plurívoca en el tránsito del tiempo, y son a la vez única en cada momento.

Una consecuencia de estas reflexiones sobre la verdad como un acto de lenguaje que vacila entre el confirmar y anularse según avanza el tiempo, es la insustancialidad ontológica, tema ya presente en Marías desde *El monarca del tiempo*. De las (auto-)citas muy repetidas en las novelas del autor, resaltan afirmaciones como "no somos de fiar las personas que por [el tiempo] aún transitamos, tontas e insustanciales e inacabadas todas, sin saber de qué seremos capaces ni lo que al final nos aguarda, tonto yo, insustancial, yo inacabado, tampoco de mí debe nadie fiarse" (TRM III 4), o que "nunca nada está fijo ni a salvo, ni es seguro ni tampoco es cierto" (*ibíd.* 140), alternadas para mayor impacto con citas de *Enrique IV* como "Presume not that I am the thing I was", o "I have turn'd away my former self" (TRM III 454).[21] En Marías, el escepticismo se extiende a la realidad externa para cuestionar la posibilidad de una esencia fija de la persona. Esta duda constante viene de la percepción de que nada, como se repite tantas veces en *Tu rostro mañana*, es nunca puro o sin mezcla. Los resultantes juegos lingüísticos de los múltiples nombres de personajes en Marías encuentran una explicación detallada en *Las semanas del jardín*. Sánchez Ferlosio escribe en *Semana segunda* que

> todo nombre es idéntico al ser de la persona que lo lleva, porque su ser no es sino ese nombre mismo. He aquí como tras la 'consubstancialidad' entre el significante y el significado [...] se revela, a través del caso de los nombres propios, escondido el espejismo de la tautología. (*ibíd.* 258-9)

El espejismo de la tautología nombre-identidad, o nombre-rostro, le lleva a Sánchez Ferlosio a la misma conclusión: que la conversión de Pablo que deja de ser Pablo para devenir Saulo de Tarso, igualmente "le exigirá un cambio de nombre" (*ibíd.* 45). Esta insustancialidad de la esencia a través del tiempo se expresa en Marías en una inestabilidad onomástica que en la última novela roza ya la parodia: su jefe Tupra o Reresby o Ure o Dundas cambia de nombre según lugares; Deza o Jaime o Yago, Iago, Jago o Jack o Jacobo o Jacques según su interlocutor, tantos otros según la época, el país, según guerras, amores o traiciones, cometidas o sufridas, y todos según la cronología de los actos que determinan su rostro.[22] Cabe añadir que para Sánchez Ferlosio el rostro, por la tautología identidad-rostro, "vendría a ser, por lo tanto, una categoría del presente" (*ibíd.* 217).

Se podría inferir, recapitulando lo antes dicho, que el nombre igualmente es categoría del presente, y así encontramos otra respuesta a las preguntas de Wheeler. La asociación del cambio de nombres según la cronología del tiempo (conversión) y las variaciones de nombres según lugar o interlocutor en Marías no constituyen una contradicción, ya que el concepto del tiempo en Marías no tiene un sentido espacial, en forma de línea. El o *lo presente* puede producirse como ámbito de un tiempo compartido con otro personaje, o asociado a un lugar (el tiempo con Luisa, el tiempo en Oxford). Aunque existan separados el uno del otro, cada uno con su propio tiempo y esencia y sentido, no se suceden cronológicamente sino más bien existen (aunque no *co-existen*) simultáneamente y a la vez separados, el uno como paréntesis del otro, sin ser ninguno de los dos subordinado al otro.

1.3.5. La mirada del *Urkünstler* y la ilusión de la subjetividad

Aunque el escepticismo será un aspecto central a partir de *El monarca del tiempo,* el cruce decisivo de la línea de sombra, como indica su autor en referencia a Joseph Conrad, ocurre en otro terreno. Si la tercera novela significa un punto de partida, es porque el autor se forja en aquella obra según el modelo del *Urkünstler* nietzscheano, cuya definición será esencia y característica inconfundibles de toda la futura obra mariesca. Entre la crítica abundan comentarios sobre la obra de Marías parecidos al de Amago, que "Marías's narrator flaunts his narratorial omnipotence and never relinquishes the narcissistic pleasure that he takes in the *contemplatio* of his own text and his own appearance therein (Amago 2006: 127). Nietzsche diría más bien que el afán del autor de hacerse intérprete de sí mismo es el resultado de una vuelta a la concepción originaria del artista presocrático quien "se parece maravillosamente a la imagen siniestra del cuento de hadas, que puede girar los ojos y mirarse a sí mismo" hasta devenir "a la vez sujeto y objeto, poeta, actor y espectador" (Nietzsche 1967: 34).[23] Lejos de ser mera contemplación narcisista, se trata de un subjetivismo engañoso, una alternativa viable al objetivismo (engañoso) del realismo social. Intérprete de sí mismo, el escritor logra escaparse de la mera representación mimética de las cosas y las penetra, desde el "abismo del ser", según Nietzsche, o desde "el abismo del tiempo", según Shakespeare, o desde el "incesto negro del yo", según Marías. Por lo tanto, "su subjetividad en el sentido de los nuevos estetas es una ilusión" (Nietzsche 1967a: 32).[24] Sin embargo, encima de esta ilusión de la subjetividad, esa aparente quimera, se construye por fin la solidez de una realidad creíble. Es esta misma ilusión de la subjetividad, tema central sobre todo de *Negra espalda del tiempo* y ya muy presente en *El monarca del tiempo*, la que remplazará la desacreditada objetividad del realismo social en cuanto a objetividad auténtica, sólo que ahora, como escribe Nietzsche,

> la esencia de ese *Yo* [*Ichheit*] ya no es la misma que la del *Yo* del hombre empírico–real y despierto, sino la del único verdadero y eterno *Yo* que yace en el fondo de las cosas, y a través de cuyos reflejos [...] penetra hasta este mismo fondo de las cosas. (1967a: 32-3)[25]

La definición nietzscheana del *Urkünstler* no sólo captura a la perfección la nueva concepción del escritor, de la que la escritura de *El monarca del tiempo* será la realización. Reconocemos además en su imagen rasgos importantes del narrador de sus novelas futuras. Hasta se puede considerar *Negra espalda del tiempo* una elaboración novelada del héroe dionisiaco, quien, al igual que Hamlet, sustituye la acción por la contemplación y remplaza el auto–conocimiento por una "esencia que a nosotros nos huye... cuanto se pueda saber, cuanto es imposible saber; *y sin embargo* [...]" (MT 52). La importancia de *El monarca del tiempo* como piedra fundamental de la obra de Marías se confirma una vez más en el diálogo entre el preceptor Lemarquís, hombre empírico-real, y Valerio, hombre dionisiaco, en

"La llama tutelar". La 'querelle' entre los dos antagonistas se puede leer como un tratado metaliterario y hasta como un manifiesto del autor (*ibíd.* 163-5). Valerio encarna la concepción que tiene Marías de escribir novelas siguiendo el modelo de Sterne, como un "errar con brújula". Del mismo modo, Valerio, para quien los conceptos como juicio, pensamiento y verdad absoluta no forman sino "un prisma de errores, falsedades y artificio" (*ibíd.* 164), prefiere quedarse en la sombra y así "deambula errabundo por la estancia [y] aguarda una iluminación [...] aguarda sin saberlo, [...] deambula por la habitación sin rumbo fijo", y sin embargo, es él quien se convierte en "luz, nada más", en la *llama tutelar* (*ibíd.* 167).[26]

En "Guardar la distancia", el prólogo al *Hombre que parecía no querer nada* (1996), Pittarello destaca la pasividad y la distancia que mantienen los personajes principales de Marías con la vida. Afirma que "estén donde estén, los antihéroes de Javier Marías tratan ahora de rechazar habitualmente la acción, como transformación de la realidad en vista de un resultado". El rechazo a la acción y al saber, según esta lectura, sería prueba de un no querer "producir eventos y no participar en el ciclo de la existencia humana", como consecuencia de la voluntad de "sustraerse a la vida, para no encaminarse hacia la muerte" (Pittarello 1996: 25). Quizá la aplicación de ideas expuestas en *El origen de la tragedia* pueda permitir otra lectura. Nietzsche explica que la acción le inspira ridículo, asco y hasta vergüenza al hombre dionisiaco. Este asco por la acción es la consecuencia de haber vislumbrado la indiferencia del orden universal ante la acción individual. En este sentido, el hombre pasivo, dionisiaco, se equipara a Hamlet, ya que "los dos reconocieron el ser verdadero de las cosas, lo comprendieron, y les da asco actuar" (Nietzsche 1967a: 41).[27] La inacción no es consecuencia de un *ignorar*, sino de un inminente *(re)conocer*. Y es este "(re)conocimiento que mata la acción" (*ibíd.*).[28] La consiguiente inacción misma, como escribe Marías en *El monarca*, deviene un "desconsolado pero noble gesto con que se detiene ante ese mundo de espanto que acaba de conocer" (MT 94). Por lo tanto, en vez de substracción a la vida, la inacción podría ser entendida como un acto de desesperación en el intento de vincularse con el mundo. Pasividad y contemplación en Nietzsche no implican un rechazo, sino un querer penetrar al fondo de las cosas, y brindan la única posible respuesta a preguntas tan repetidas en Marías, como "*So how shall I resume*" y

"*Do I dare disturb the universe?*". La aparente inacción se revela, pues, como campo activo de la contemplación, del observar y del contar. No implica renuncia sino un intento de agarrarse a la vida. Y aunque parezcan guardar distancia, los narradores de Marías se tejen por el texto como un hilo entre los muertos y los vivos, pasivos y omnipresentes, como escribe Juan Benet en *La inspiración y el estilo*, para contarlos y contarse:

> [...] el escritor, cuando presiente que ha llegado el trance se recoge en esa reservada, dolorosa y supina actitud que Hamlet recomienda a su amigo, al despedirse con los versos de más solemne ternura que es posible escribir: "Si alguna vez me llevaste en el corazón/ olvídate por un momento de la alegría/ y en este áspero mundo/respira con dolor/ para contar mi historia" (Benet 1999: 207)

Y los narradores de Marías cuentan. Cuentan la historia de Louvet, de Casaldáliga, de Gawsworth, de Wheeler, de Rylands; cuentan la de un hermano, de un tío, de una madre, de padres muertos, a fin de aspirar a devenir su "cerco, como lo que se resiste a salir y a borrarse y a desaparecer, lo que se aferra a la loza o al suelo y más cuesta sacar" (TRM III 688). Y aún así, lo cuentan quizá menos para hacerse testigo del otro y rescatarlo del olvido, sino para hacernos *su* testigo y mantenerlo en nuestro presente, para repetir con él su afirmación, "una y otra y aun una vez más" (MT 51), de novela a novela, que "soy aún, luego es seguro que he sido; tú me ves y tú me has visto" (TRM III 688).

Marías concluye su ensayo con la implicada sugerencia de trasladar sus interpretaciones de *Julio César* –y en general del teatro de Shakespeare- a la novela. En esta sugerencia misma se encuentra una clave importante para entender la teoría del tiempo a base de su obra novelística, cuya semilla germina en *El monarca del tiempo* y llega a su esplendor en su gran novela escrita 30 años más tarde, *Tu rostro mañana*:

> Y uno no puede por menos de pensar en la posibilidad de que quien supiera y quisiera sacar todo esto de un escenario y trasladarlo a otros terrenos y campos, más espaciosos, amplios y abiertos; quien se atreviera a abandonar la atmósfera cargada de la sala y saliera a pasear con el ánimo aún sobresaltado por los aspavientos y gritos de la función a través de extensiones en las que el aire es más limpio pero más imponente; quien

> asimismo creyera que en ello algo podía haber de verdad y ya en la calle o la senda le dedicara dos pensamientos, uno no puede por menos de pensar, digo, que tal vez se encontrara a la postre con mundos, como el de *Julio César*, de fragmento y enigma y espantoso, magnífico azar. (MT 116)

Estos mundos serán el Oxford, el Madrid, el Todas las almas de Marías, novelas-mundos que, más que escritos o inventados, son *encontrados*, que lejos de ser mentiras albergan verdades pobladas de presentes, siempre rebeldes, y en que reina, sin embargo, con absoluta soberanía, su autor: Javier Marías, el monarca del tiempo.

1.4. *Tu rostro mañana*: hacia una literatura universal

1.4.1. El estilo del mundo

Si la literatura de los años setenta hasta el fin del milenio se concebía y valoraba como artificio, como un alejamiento de la realidad a favor de un acercamiento al arte, la última novela de Marías constituye en cierto sentido una vuelta de la literatura a la vida, no en el sentido de escritura mimética, sino en una función híbrida que quizá podamos valorar como "artificio comprometido". Mientras que en *Los dominios del lobo*, "the instances of relative violence and cruelty of the action have a playful and comic rather than serious effects" (Grohmann 2003: 165), en *Tu rostro mañana* Marías replantea la violencia como un problema ético y universal, y, muy en unísono con escritores como Sebald o Coetzee, también como una responsabilidad literaria.[29]

Al discutir el componente ético en Marías, hay que recordar siempre la importancia de su escritura como artificio. Prueba son pistas constantes en forma de elementos paródicos, para recordarle al lector de que se trata de una construcción ficticia que se distancia siempre de cualquier realismo moralizante. Evitando la caída en el melodrama, estos guiños del autor aparecen sobre todo en escenas de tono y contenido serios. Un ejemplo, entre muchos, nos brinda la escena de confrontación entre Deza y Custardoy en el portal de la casa del rival en *Tu rostro mañana*. Mientras que le clava la pistola en la columna y le amenaza con la muerte, el protagonista autoanaliza la elección de sus propias palabras y se pregunta si el otro en este momento estaría apreciando el nivel sofisticado del uso de su vocabulario, algo impensable en una situación con mera intención realista (TRM III 462). El efecto que parece buscar Marías es el mismo que admira tanto en las novelas de Thomas Bernhard. Como explica el autor

> un rasgo de Bernhard que cada vez he visto más en sus escritos y que precisamente parece pasar inadvertido para la mayoría de los bernhardianos, quienes se lo toman con una solemnidad de espanto y una literalidad propia de párvulos: su sentido del humor [...]. Lo que hay en él es sobre todo la desolación de la farsa, o si se prefiere, la farsa de la desolación. (Marías 1996: s.p.)

El tratamiento particular de la violencia como una cuestión ética y también literaria en Marías es una característica compartida por varios autores recientes. Junto con Marías, J. M. Coetzee es uno de los escritores de los últimos años que más ha apostado por una literatura transformadora. Duque de Deshonra del reino mariesco de Redonda, el escritor surafricano reexamina en novelas como *Waiting for the Barbarians* (1980) o *Age of Iron* (1990) la sociedad civilizada, denunciando la violencia y opresión institucionalizadas. Un tema recurrente en sus obras es el papel que desempeñan la literatura y los intelectuales en nuestra época actual, la cual denomina la nueva edad de hierro: una época marcada por la violencia, el miedo, la manipulación y el interés propio. Sus protagonistas son profesores o escritores, enfermos, debilitados o desilusionados que viven, aislados de la sociedad, en un exilio auto-impuesto por la indiferencia personal o la incapacidad de conectar con la vida. Contra estos intelectuales fracasados se levantan a menudo voces desamparadas (los "invisibles"), como la del joven negro en *Age of Iron*, acusando la ciudad letrada (la profesora de lenguas muertas) de pasividad e impotencia. En su novela metaliteraria *Elizabeth Costello*, Coetzee resucita la *querelle* del siglo pasado entre la literatura comprometida, *bête noir* para escritores como Marías desde hace casi medio siglo, y la concepción sacralizada de la escritura defendida desde las posiciones estetizantes del *arte por el arte*. Coetzee replantea lo que se ha tomado como asentado en los últimos 50 años sobre la condena y el rechazo absolutos de la literatura comprometida para redefinir una nueva literatura *engagée*: una literatura de vuelta a la vida y con un reenfoque ético, sin abandonar, sin embargo, el compromiso con el arte. Dentro de este contexto son de singular importancia los capítulos seis, "The Problem of Evil" y ocho, "The Gate", donde se narra la ¿onírica o postmortem? experiencia kafkiana del juicio final de la escritora, haciendo balance crítico frente a un tribunal de su profesión y de la literatura en cuanto a su "utilidad" o "responsabilidad" o "humanidad".

La diferencia entre la literatura *engagée* del realismo social y lo que proponen Marías y Coetzee como nuevo compromiso del escritor se evidencia en la relación entre autor y mensaje. Mientras que para los seguidores del realismo comprometido la literatura servía de vehículo para trasmitir un mensaje, en Coetzee, como explica en "At the Gate", el autor se declara "secretario de lo invisible", es decir que es él quien se convierte en vehículo, y no su texto. Ayuda recordar un comentario de Juan Benet para interpretar plenamente esta visión del nuevo escritor comprometido como secretario de lo invisible. En "Incertidumbre, memoria, fatalidad y temor", Benet habla de la necesidad de la ocultación del escritor en el texto, para poder remplazar su presencia por

> cuantas doctrinas, puntos de vista, concepciones y situaciones antagónicas tenga a bien presentar al público. Así pues, es posible que ese hombre que se ha propuesto hacer un arte [...] del proceso de exposición de las muchas doctrinas que existen en el mundo que le rodea, carezca de toda doctrina para sí mismo [...]. (Benet 1976: 44)

De esta forma, la escritura se "compromete" independientemente de la posición social-política del autor. En Coetzee, tanto como en Marías, el objetivo no es moralizar, sino *representar* e impactar. Por ejemplo, a través de la representación de la violencia, se denuncia el crimen mismo, y no al criminal, indicando quizá, como advierte Fernando Savater, que los crímenes "jamás dejarán de ser, que a lo más pueden variar de sujetos, pero no de sustancia" (Savater 1981: 177). Marías aclara la diferencia entre una literatura moralizante y una literatura con carácter moral del modo siguiente:

> La literatura que busca y procura [enseñanzas morales] suele ser muy mala. Ahora bien, a cualquier lector le interesa una literatura que, aparte de distraerlo o divertirlo, lo haga reflexionar, sobre sí mismo, sobre el mundo, viene a ser lo mismo. Y uno mismo, y el mundo, están atravesados

> continuamente de actitudes, o de dilemas, o de perplejidades, o de dudas morales. Y, en este sentido, casi toda la mejor literatura suele encerrar, de una forma u otra, un 'carácter moral'. (Vásquez 2001: 15)

La cuestión del "carácter moral" de la literatura que también se examina en los dos capítulos ya mencionados de *Elizabeth Costello*, resuena sobre todo en *Tu rostro mañana* III, lo que confirma, a mi modo de ver, un reenfoque en forma de "intención" o "compromiso" o "mensaje" éticos –valgan las palabras prohibidas– del autor. En "The Problem of Evil" la escritora Costello expresa la frustración y cansancio parecidos a lo que sentía la generación posrealista, al darse cuenta de la impotencia de una literatura de denuncia ante las injusticias del mundo. Por esa razón, la escritora-personaje de Coetzee "has lost what appetite she ever had for disputation, and anyhow what hope is there that the problem of evil [...] will be solved by more talk?" (Coetzee 2003: 157).

En la ponencia que presentará al día siguiente, Costello denuncia la novela (inventada) *The Very Rich Hours of Count von Stauffenberg*, en la que el narrador Paul West describe la ejecución de los asesinos fracasados de Hitler, juzgando las imágenes gráficas de obscenas (ob-scenas, o *off-stage*, declaradas por ella como no apropiadas para una escena) y peligrosas,

> because such things ought not to take place, and then obscene again because having taken place they ought not to be brought into the light but covered up and hidden for ever in the bowels of the earth [...] if one wishes to save one's sanity. (*ibíd.* 159)

Sin embargo, las numerosas contradicciones entre el contenido de la ponencia, de la narración y los paréntesis comentando su ponencia, convencen al lector justamente de lo contrario: que la responsabilidad del escritor consiste en mojarse de nuevo con la vida real, en recrear imágenes obscenas, aunque incomoden, escandalicen y hasta horroricen, con el fin —ya no de anestesiar la consciencia con la diversión artística—, sino de hacer visible, de manera esperpéntica,[30] la realidad del mundo en que vivimos. Al igual que Sebald en *Bombardeos y literatura* (1999), Coetzee y Marías proponen una literatura que despierta, que abre los ojos, a pesar de que, o justamente *porque* hace sufrir a través de imágenes cargadas de violencia. En una entrevista comentando la publicación del segundo volumen de *Tu rostro mañana*, Marías denuncia la actitud fría del público moderno tan acostumbrado a ver imágenes de la violencia, y que hoy día "se pierde la noción de lo que es la violencia verdadera" (García 2004: s.p.). Por lo tanto, el objetivo de *Tu rostro mañana*, y lo mismo se aplica a las novelas de Coetzee, consiste no en la moralización sobre la violencia, sino en la re-sensibilización del lector al "señalar la inquietud y el temblor que produce cuando la vives" (*ibíd.*).

Muy parecido a Coetzee, W.G. Sebald, el duque de Vértigo en el reino literario de Marías, juzga el principio de nuestro siglo como una edad marcada por la violencia y sometida a un "nuevo orden mundial". En una de sus últimas entrevistas titulada "La ficción contemporánea está dominada por el vacío de ideas", Sebald declara que "la violencia, y por ende la historia, es la marca de nuestra especie", ya que "ninguna otra tiene nuestra capacidad destructiva, ni un poder mortífero semejante" (2002: s.p.). De hecho, la marca física como signo de violencia en el rostro de los personajes es un elemento recurrente a través de los tres tomos de *Tu rostro mañana*. De la Garza marca la mejilla de Flavia Manoia, y es esta misma marca que desencadena la escena violenta en el retrete de la discoteca. Custardoy lleva una cicatriz en la mandíbula, y Wheeler otra cicatriz en el mentón. Luisa tiene la cara marcada como consecuencia del abuso o de su supuesta inclinación masoquista.

"El estilo del mundo", según Marías, "la marca de nuestra especie", según Sebald, la violencia es, para este grupo de escritores, un índice escatológico determinante de la humanidad. Así pues, la violencia como el gran espectáculo humano puesto en escena (*on-stage*, hecha *presente*) se despliega en *Elizabeth Costello* y *Tu rostro mañana* como problema ético y también estético. En ambas novelas prevalece una tensión latente pero constante, entre la omnipresencia de la violencia en todas sus facetas, desde sus manifestaciones banales hasta las más aborrecibles, sean íntimas o colectivas, y la fachada de la sociedad civilizada. Salta a la vista un obvio paralelismo entre la secuencia de imágenes de los vídeos del servicio secreto, el efecto que producen en Deza, y la lectura de escenas igualmente impactantes y la consiguiente reacción de la protagonista de Coetzee. Ambos personajes funcionan como intermedio entre lo visto o leído y el lector. Mientras que el lector de *Elizabeth Costello* asiste a la tortura y ejecución detalladas de los colaboradores de von

Stauffenberg, el lector de *Tu rostro mañana* se somete a la narración gráfica del sadismo más abyecto inmortalizado en los vídeos de Tupra. En ambos casos, las imágenes de la violencia funcionan como un veneno, una inoculación, como advierte Deza, la cual entra "por los ojos o por los oídos, no hay manera de extirparlas, ahí se instalan y no hay remedio y reaparecen mezclándose con cualquier cosa o persona y contaminado, y diciendo en cada ocasión, repitiendo, insistiendo: 'Pese esto sobre tu alma'" (TRM III 699).

No es casual que las imágenes de la violencia se trasmitan en ambas obras a través del filtro de la representación. Coetzee no nos hace testigos de una realidad histórica inminente, sino que las escenas de ficción son leídas y comentadas por la protagonista del autor. Deza tampoco asiste en directo al espectáculo del sadismo, sino que narra lo que ve en una pantalla. De este modo se les exime a los personajes de la responsabilidad de la intervención. Sin embargo, la "inoculación" de la violencia a través del filtro de la representación tiene el efecto de la abstracción de la violencia a través del espectáculo. Así la violencia puesta en escena (lo *ob-sceno* devuelto a la escena) adapta una dimensión universal e intensifica el sentimiento que provoca en el lector-espectador. Ferlosio explica este fenómeno a fondo en *Las semanas del jardín* con la imagen del kimono del niño muerto. La representación, y no el acto mismo, según Sánchez Ferlosio,

> proyecta el daño como imagen y, en alguna medida, expande su opresión; podría decirse que por medio de ella nos desdoblamos en imagen ante nuestros propios ojos. La *representación presta ojos al que sufre y figura al sufrimiento.* (2005: 127)

De nuevo, la referencia a Sánchez Ferlosio es clave en Marías. Además, abundan ejemplos en sus novelas, sobre todo a partir de *Todas las almas*, como la máscara mortuoria de Gawsworth u objetos en general que persisten como testigos (representación) de un tiempo irrecuperable. El daño proyectado, en este sentido, constituye la ausencia de su propietario y a la vez la prefiguración de la propia desaparición. Es por esta razón que se explica la ya comentada predilección de Marías por la sustitución-representación.[31]

Obscenas e incómodas, las imágenes de la violencia cumplen un papel que va mucho más allá de la mera exigencia de una obra de arte. Hasta se insinúa, como en *Elizabeth Costello*, que violan las leyes del buen gusto de la estética y quizás no deberían formar parte de un texto de ficción. Por lo tanto, de igual o mayor importancia que la descripción de la violencia misma es la minuciosa narración de la reacción que las imágenes producen en el espectador. En el capítulo titulado "Silence, complicity and guilt", el cual sirve de fondo de las reflexiones metaliterarias de *Elizabeth Costello,* es justamente la reacción del espectador que empieza a ocupar el centro del escenario, desencadenando reflexiones que parecen dialogar entre una novela (*Elizabeth Costello*) y otra (*Tu rostro mañana*) sobre la responsabilidad de un escritor de callar o de contar la violencia o bien, como dice Costello, de eliminar de la representación artística "Scenes that do not belong in the light of day" (Coetzee 2003: 159).

En *Tu rostro mañana* los vídeos del servicio secreto poseen un valor de cambio, ya que garantizan la posibilidad de sobornar a las personas grabadas y así controlarlos. En este contexto se entiende la advertencia dc Tupra a Deza, antes de ver los vídeos, que "no va a gustarte su contenido, pero no los desprecies ni los condenes. Ten presente lo que valen o para lo que valen" (TRM III 163). Sin embargo, trasladadas al contexto de las reflexiones éticas y estéticas de "The Problem of Evil" en *Elizabeth Costello,* la cita de Tupra podría haber servido de respuesta a la ponencia de la protagonista, donde se cuestiona el "valor" estético y por lo tanto la justificación de la violencia como espectáculo artístico. Si las imágenes gráficas de la violencia "valen" en *Tu rostro mañana,* es porque resucitan la pregunta sobre el origen de la violencia y, sobre todo, su lugar en el mundo llamado civilizado. La vacilación e insatisfacción de la respuesta de Deza a la tan repetida pregunta a través de la novela, "por qué no se puede ir por ahí pegando y matando" (TRM III 19, 206, 219) demuestra la automatización y vacuidad de las respuestas aprendidas, las cuales todos reconocemos como el gran coro de la sociedad civilizada:

> porque no está bien, porque la moral lo condena, porque la ley lo prohíbe, porque se puede ir a la cárcel, o al patíbulo en otros sitios, porque no se debe hacer a nadie lo que no quiero que a mí me haga nadie, porque es un crimen, porque hay piedad, porque es pecado, porque es malo, porque la vida es sagrada, porque resulta irremediable y no tiene vuelta de hoja y lo hecho no se deshace. (TRM III 206-7)

Marías parte a menudo de concepciones comunes y asentadas para darles la vuelta y examinarlas a fondo. Y, sin embargo, lejos de servirse de la literatura como vehículo para la moralización, la defensa de una postura pacifista o para crear héroes-modelos capaces de salvar el mundo, Marías se sirve del poder de la palabra para recordarnos, a través de sus personajes, que la violencia más horrenda es parte de la realidad cotidiana del mundo civilizado, es su

> estilo inmudable a través de los tiempos y de cualquier espacio, y así no hay por qué cuestionarla, como tampoco hay que hacerlo con la vigilia y el sueño, o el oído y la vista, o la respiración y el habla, o con cuanto se sabe que 'así es y así será siempre'. (*ibíd.* 472)

Esta cita responde indirectamente a otro argumento de Costello en contra de la estética de Paul West, es decir del peligro del contagio de la violencia a través de su conjuración, ya que la teoría de violencia que se propone en *Tu rostro mañana* rechaza vehementemente la propagación de la violencia como una enfermedad contagiosa, sino más bien insinúa, siguiendo la visión de Sebald, que la violencia es inherente al ser humano.

En vez de centrarse en la impotencia de la palabra, como lo pretenden novelas anteriores, *Tu rostro mañana* arranca con la advertencia del narrador de que "uno no debería contar nunca nada", ya que cualquier confesión o revelación, por lo bien intencionada que sea, puede tener repercusiones catastróficas en las vidas ajenas. Por otro lado, consciente del poder de la palabra, el "compromiso" de Marías consiste en escribir para enganchar, para despertar y hacer pensar, para transformar la palabra en espada capaz de penetrar el oído como si fuera espada en pecho, para que recupere, como se plantea en *Elizabeth Costello*, la fuerza del genio de la botella liberada por el escritor, capaz de convertirse en fiebre, lanza y veneno. En *Tu rostro mañana* III, Marías escribe una de las escenas más brillantes de la novela. La noche con Pérez Nuix se puede leer como un tratado metaliterario de la penetración de la palabra en cuerpo ajeno. La descripción de las partes sexuales femeninas como "entradas sin puertas" alude igualmente a los oídos, que tampoco "hay que abrirlos para penetrar en ellos" (TRM III 144), y dada la imposibilidad de contener la palabra con un preservativo, "uno no debería contar nunca nada". La penetración, de la palabra, de la espada, se describe como una mera coincidencia del tiempo y del espacio de los participantes, al igual que la muerte sería consecuencia de una coincidencia azarosa de tiempo y espacio, de "la bala y su frente, o la navaja y su pecho, o el filo de la espada y su cuello" (147).

Según la noción de Sartre, la literatura *engagée* consistía justamente en eso, en "obrar de modo que nadie pueda ignorar el mundo y nadie pueda ante el mundo decirse inocente" (Lanz 2002: 8). Aunque sea cierto que la literatura comprometida no haya podido transformar el mundo, según el narrador de Marías tampoco es cuestión de cambiar ("ver") el mundo, sino más bien, "es cuestión de ver*se*" (472 TRM III). Si, como se insiste tanto en los tres tomos de *Tu rostro mañana*, cada uno lleva sus probabilidades en el interior de sus venas, o, como dice Yago, "t'is in ourselves that we are thus, or thus",[32] y sólo es cuestión de tiempo o de circunstancias para que se conviertan en hecho, lo mismo vale para el obrar bien que para cometer los actos más bestiales. Y aunque lamentemos con Elizabeth Costello que "I do not want to read this [...]. Let me turn my eyes away" (Coetzee 2003: 178-9), y con Deza que "no lo soporté, cerré los ojos" (TRM III 185), seguimos leyendo, con ellos, "sick with the spectacle [...], sick with a world in which such things took place" (Coetzee 2003: 158), haciendo también caso a la voz de Tupra cuando manda "'¡No los cierres!', así que desvié la mirada, '¡No la apartes!'" (TRM I 185), horrorizados a la vez que fascinados, al reconocer en la imagen de la violencia el propio rostro y en él, debajo del barniz de la sociedad civilizada, la marca de nuestra especie.

1.4.2. De camino al tiempo

En su primera fase de novelista, Marías arranca de una actitud llamemos "generacional", cuyo objetivo principal consistía en liberarse del estigma del escritor español, asociado con el realismo social, la cultura castiza y la escritura testimonial, rechazando el mimetismo de una "realidad" sospechosa, manipulada por el poder o alterada por el olvido. Al igual que los poetas de la antología de Castellet, los escritores del *nouveau roman*, de la nueva narrativa estadounidense o del *Montageroman* en Alemania,[33] el autor de *Los dominios del lobo* o *Travesía del horizonte* participa en la búsqueda de un camino nuevo, preguntándose cómo ganar de nuevo a un lector defraudado y engancharlo con esta voz de Yago desenmascarado del siglo XX. Y cómo, en una época en que la verdad había recuperado su valor nietzscheano, vestirla convincentemente con ropa inventada, sin tampoco querer negar la desnudez del empesrador. Irónicamente, no sería Hollywood o la cultura *nínfula* de la que se empaparon los *novísimos* lo que le posibilita a Marías a convertirse en un escritor universal y "comprometido". *El monarca del tiempo,* cuyo título mismo le cabría como mano en guante al futuro rey de Redonda, significa una liberación en un doble sentido: al dejar de apartarse de su herencia y volver la mirada hacia sí mismo, logra liberarse definitivamente de la sombra del estigma del escritor español, mientras que la auto-contemplación acompañada por el "colapso de la razón" le abren el camino hacia la gran aspiración nietzscheana: la superación del nihilismo por medio del arte, para Nietzsche, la maga salvadora y curadora de la nada (Nietzsche 1967a: 41). Vistos por algunos como características principales del postmodernismo, la literatura ensimismada, o vuelta hacia sí misma, y un inconfundible escepticismo, más su interés en las literaturas extranjeras y la filosofía del tiempo, le prepararán a Javier Marías —a partir de *El monarca del tiempo* actor y espectador, sujeto y objeto de sus novelas— la entrada en la escena literaria internacional. Y aunque el escepticismo, tanto hacia el lenguaje como a cualquier vía de conocimiento más allá de la imaginación propia, sigue siendo clave en su obra, Marías se ha alejado de los juegos posmodernistas centrales a *Negra espalda del tiempo* o *Todas las almas,* para acercarse al final de su trayectoria con *Tu rostro mañana* y *Los enamoramientos* a la vida y la realidad como cuestión filosófica, adaptando una postura ética según el ejemplo de escritores universales como Coetzee, Bernhard, o Sebald, y conforme con la idea de ética y de humanismo heideggerianos. En Marías se puede observar una paulatina maduración de su novelística hacia un pensamiento literario que aborda más y más la cuestión de la existencia misma y la experiencia —Heidegger diría *la verdad*— del ser en el tiempo. Desde las aventuras de *Los dominios del lobo* y *Travesía del horizonte*, la consciente búsqueda de su carne a partir de *El monarca del tiempo*, su trayectoria es una profundización y ampliación, y también universalización de sus primeras obras, más y más enfocadas en la reflexión sobre el ser en el tiempo. *Tu rostro mañana* constituye no sólo el final de aprendizaje de un gran escritor; también se trata de una obra culminante que alberga, de manera inconfundiblemente mariesca, James Bond y Ovidio, Shakespeare y *Botox*, la rebelión de Dionisio y el escote de Jane Mansfield, la parodia y la risa y, sobre todo, la gran tragedia del tiempo: la muerte, la soledad y el olvido.

Notas

[1] Ovidio. "[Y la mano] no (re)conoció las armas excepto en juego" (*Tristia*, IV 77).

[2] Partes de este capítulo se publicaron en *(En)claves de la Transición*, eds. Enric Bou y Elide Pittarello (Scharm 2009b).

[3] Véase, por ejemplo, Stephen Miller (2001). Marta Beatriz Ferrari (1996), en su artículo "Postismos/Novísimos: ¿la tradición de la ruptura", toma una posición aún más extrema, pero muy convincente: citando nombres como Juan Eduardo Cirlot, Miguel Labordeta, los poetas de *Cántico* y otros, Ferrari defiende el punto de vista de que en realidad eran los poetas de la poesía social los que se salían de la norma, mientras que los novísimos eran más bien continuadores de una tradición de ruptura con la que se iniciaba la modernidad en las letras españolas, décadas antes de la publicación de la antología de Castellet (Ferrari 1996: 97).

[4] Para una lista detallada de películas que forman el hipotexto de *Los dominios del lobo*, véase Alexis Grohmann (2003).

[5] Aunque Benet pertenece por su edad técnicamente a la generación de la posguerra, Marías y otros le consideran por su obra y actitud artística más bien parte de la empresa literaria de su generación, también porque "no empezó a publicar de forma continuada hasta dos o tres años antes de que la nuestra comenzara a hacerlo" (LF 59).

[6] En el prólogo a la edición de 1995 de *El siglo,* la novela que quizá más recuerda a Juan Benet por su estilo barroco, Marías escribe que "muchos quisieron ver en este libro en su día un fuerte influjo de Juan Benet, a quien admiré tanto que procuré no imitarlo" (Siglo 13).

[7] Es un aspecto al que la crítica ya ha dedicado bastante tiempo. Véase por ejemplo, el capítulo 1, "El extraño caso de Javier Marías", en concreto el apartado "¿Qué herencia?: la cuestión de lo español", del ya citado libro de Cuñado, donde la autora

recoge opiniones de —y sobre— Marías, sobre su herencia literaria, expresadas a través de los años (Cuñado 2004: 10–15).

[8] En muchos países europeos abundan casos que demuestran que apartar a un escritor de la tradición literaria de su país por renovar vías estancadas con lecturas y influencias extranjeras, como ha ocurrido en España con Marías, parece de lo más absurdo. Basta con recordar los ensayos de Madame de Staël, *De l'Allemagne*, donde se expresa la necesidad de buscar nuevos modelos en las tradiciones literarias nórdicas, o el de Stendhal, *Shakespeare et Racine*, donde se declara Hamlet superior a Phèdre. Y si no se cuestiona hoy día si Victor Hugo era un escritor verdaderamente francés después de publicar su *Hernani*, o si la temática de *Carmen* indica una pérdida de interés de Merimée en la tradición literaria de su país, o si Shakespeare era un poeta "italianizado" o quizá en el fondo danés y anti–anglosajón y escapista por situar su trama en Venecia o en Dinamarca, no es sólo porque resultaría descabezado a cualquier lector; ante todo, carecería del más mínimo interés a la hora de leer su obra.

[9] Estas dedicatorias a "extraterrestres" se refieren a las de los poetas de la antología de Castellet. Se trataba de buscar nuevos mitos para derrumbar los viejos mitos, los cuales tenían que originar, según Blesa, "de un mundo que no era, ni con mucho, el de la cultura oficial —no, desde luego, del de la izquierda, ni tampoco, por supuesto, del de la derecha—, sino de la galaxia del *rock*" (Blesa 2001: 10).

[10] Añádase a esta atracción el hecho de que muchos escritores de la generación de Marías se educaban desde su infancia en el cine, el cual, como demuestran novelas como *Si te dicen que caí* (1973) de Marsé, alimentaba su imaginación creativa, además de ofrecerles una salida temporal de la realidad que les rodeaba.

[11] Véase, por ejemplo, Behiels (2001). También Maarten Steenmeijer opina que "por su intriga llena de aventuras e incidentes esta segunda novela de Marías se enlaza con *Los dominios del lobo* pero la notable proporción de elementos metaficticios explícitos apunta más bien hacia las novelas que consagrarían al autor madrileño como uno de los valores más importantes de la narrativa contemporánea universal" (Steenmeijer 2001: 7).

[12] Según Berg, "postmodernism was associated with the hybrid, the parodic, the ironic, the playful, the hedonistic, the eclectic, the self-conscious, and the self-referential" (2006: 47).

[13] Este aspecto importante en la obra de Marías se analizará más en detalle en el capítulo 3.

[14] En el capítulo 3 veremos cómo se pueden asimilar o reconociliar estas ideas con "la negra espalda" en las novelas de Marías.

[15] Véase *Ovide*, la introducción de Jacques André (1968: xxxiii-lii).

---

[16] *Las tristes* de Ovidio como posible subtexto en las novelas de Marías se merece más atención en estudios futuros. No sólo porque el poema del exilio del poeta latino es uno de los ejemplos más llamativos de la autobiografía ficticia temprana. Además, el tema del exilio (físico, metafísico) es de gran importancia en novelas como *Todas las almas* o *Tu rostro mañana*. Otros hilos conductores en *Las tristes* que coinciden con elementos importantes en las obras de Marías los constituyen el azar y la mirada (el insinuado "crimen" y causa del exilio de Ovidio no es una acción, sino consecuencia del azar, el cual le convierte en un testigo involuntario. Su mirada desinteresada es también su condena) y el enigma (no se explica nunca lo que vio). Véanse Pizarro Martínez, "Ovidio y el exilio" (1997), y Fitton-Brown, "The Unreality of Ovid's Tomitan Exile" (1985). También Claudio Guillén (1995), en *El sol de los desterrados*, utiliza versos de Ovidio para desarrollar su teoría del exilio.

[17] Wenn er hier su seinem Schrecken sieht, wie die Logik sich an diesen Grenzen um sich selbst ringelt und endlich sich in den Schwanz beisst –da bricht die neue Form der Erkenntniss durch, die tragische Erkenntniss, die, um nur etragen zu werden, als Schutz und Heilmittel die Kunst braucht.

[18] "Rafael Sánchez Ferlosio, a quien debo en última instancia la puesta en marcha de estos comentarios, se ha ocupado profusa y sagazmente de esta cuestión en *Las semanas del jardín* (Nostromo, Madrid, 1974), señalando que, independientemente de la eventual tendenciosidad de la obra literaria (o cinematográfica en su caso) de que se trate, el espectador o lector tiende siempre (por no decir que da por descontado que en ello consiste su papel) a tomar lo último cronológicamente por lo verdadero y lo que va cargado de razón. O cuando menos por lo verídico, para mayor exactitud" (MT 89).

[19] Véase para una explicación detallada del autor sobre el uso del presente del indicativo "La muerte de Manur" (1988), incluido en *Literatura y fantasma* (LF 79-88).

[20] Véase al respecto el capítulo 3.

[21] Para una interpretación y elaboración filosófica de este aspecto fundamental de la obra de Marías, véase el capitulo 3, "El futuro teleológico y *Dasein.*"

[22] Este aspecto importante en toda la obra novelística de Marías se analizará en los dos capítulos siguientes, ya que tanto Bergson como Heidegger ofrecen una teoría relevante sobre el tema, cada una con un enfoque diferente, pero igualmente elucidora.

[23] [...] in jenem Zustand ist er, wunderbarer Weise, dem unheimlichen Bild des Märchens gleich, das die Augen drehn und sich selber anschauen kann; jetzt ist er sogleich Subjekt und Objekt, zugleich Dichter, Schauspieler und Zuschauer.

[24] [...] tönt also aus dem Abgrund des Seins: seine Subjektivität im Sinne der neueren Aesthetiker ist eine Einbildung.

[25] [...] nur ist diese Ichheit nicht dieselbe, wie die des wachen, empirisch–realen Menschen, sondern die einzige überhaupt wahrhafte seiende und ewige, im Grunde der Dinge ruhende Ichheit, durch deren Abbilder der lyrische Genius bis auf jenen Grund der Dinge hindurchsieht.

[26] Para una elaboración más extensa del juego de luz y sombra en relación con el conocimiento en Marías, véase también el capítulo 3, "Horizonte y *α-γηδεια*."

[27] [...] beide haben einmal einen wahren Blick in das Wesen der Dinge gethan, sie haben erkannt, und es ekelt sie zu handeln.

[28] [...] die Erkenntnis tötet das Handeln.

[29] De acuerdo con mi lectura, Isabel Cuñado considera la escritura de Marías "comprometida", en cuanto a una ética a base de la memoria en su obra (Cuñado 2009). La diferencia entre su interpretación y la lectura presentada aquí es que ella sitúa al escritor en un contexto nacional específico (la guerra civil española), mientras que mi argumentación sobre el compromiso ético en Marías se acerca más a la idea de literatura comprometida planteada en Coetzee, es decir, libre de cualquier contexto nacional y dentro de un marco universal literario-filosófico.

[30] De hecho, Valle-Inclán figura en la breve lista de autores españoles muy admirados por Marías (LF 55).

[31] Véase al respecto, entre otros, el artículo de Elide Pittarello, "Haciendo tiempo con las cosas" (2003).

[32] *Othello*, I, III, 323.

[33] No pretendo aquí establecer una influencia del *nouveau roman* en Marías, sino más bien llamar la atención a un obvio paralelismo entre tendencias posrealistas de otros países europeos y rasgos de la generación de los *novísimos* en España. Aunque los argumentos de Cooren a favor de una influencia directa de escritores como Butor en Marías parecen convincentes (1998: 223), estoy más de acuerdo con Bruce Morrissette, en que "one of the oddities of the international or comparative literary scene is that influences coming from 'foreign' sources often turn out to have their actual origins in the very literature on which they exert their force" (1970: 156). A mí modo de ver, a pesar de la influencia de la cultura anglosajona, la particularidad de la narrativa de Marías hasta los años ochenta surge de una necesidad cuyo origen hay que buscar en las circunstancias literaria y social de su propio país.

2. Hacia una estructura del tiempo: *durée*, percepción, imagen-memoria

To-morrow and to-morrow, and to-morrow,
Creeps in this petty pace from day to day,
To the last syllable of recorded time.[1]

On ne peut pas dire: il était. Il n'existe plus, il n'existe pas,
mais il insiste, il consiste, il est.[2]

Cuando muera se me pondrá cara de muerto.
¿Cómo será? ¿Seguirá siendo la mía?[3]

2.1. Introducción. Bergson y el pensamiento literario

Uno de los objetivos principales de este capítulo es demostrar cómo el *Ciclo de Oxford* de Javier Marías acoge, desarrolla y también actualiza la filosofía de Bergson en un contexto del siglo XXI. Primero, propondré reconsiderar algunas particularidades del pensamiento literario de Marías dentro del marco filosófico bergsoniano, como la primacía de la intuición sobre el intelecto, la valorización de lo posible sobre lo real y el afán de traducir el mundo más que representarlo miméticamente. Segundo, mi análisis de la estructura del tiempo bergsoniano del *Ciclo de Oxford* aclara algunos términos básicos del filósofo francés, como su redefinición del tiempo como *durée*. Interpretaré la presencia de los varios ríos en Marías como metáfora que ejemplifica el tiempo como un espacio fluido que refleja la estructura digresiva de estas novelas. Veremos que estas bifurcaciones en el tiempo, tan notorias en la obra de Marías, concuerdan con el modelo de tiempo y consciencia ilustrados en el cono bergsoniano de la memoria. La tercera parte de este capítulo está dedicada a la importancia de la interconectividad del mundo novelístico en las novelas de Marías, aspecto que nos interesa sobre todo en un contexto post-posmoderno. Veremos cómo la interacción o interpenetración de pasado y presente construye imágenes complejas, a partir de la memoria, de la contemplación e imaginación de la voz narrativa. El objetivo de incluir citas de Juan Benet en la discusión sobre el tiempo bergsoniano en Marías no radica en establecer una lista de elementos para comprobar los orígenes del pensamiento de Bergson, en cuanto a influencias, en Marías. Los nexos bergsonianos y benetianos servirán más bien para demostrar el significado de Benet en Marías como modelo o arranque inicial para la construcción del ser y el tiempo en sus novelas. En este contexto, se da consideración a Benet no tanto como 'puente', sino más bien como 'puerta' al bergsonismo de la obra de Marías.

2.1.1. Intelecto versus intuición

Será de gran utilidad, antes de adentrarnos en la estructura del tiempo en la obra de Marías, considerar el papel privilegiado de la intuición en la filosofía bergsoniana y en el pensamiento literario del escritor. Íntimamente ligada a *durée*, es a través de la intuición, en oposición al intelecto, que se accede al tiempo real en Bergson, aspecto que el novelista comparte con el filósofo. Como veremos más adelante, en Bergson tanto como en Marías, la búsqueda del tiempo equivale a la búsqueda del sentido y de la (o una) verdad. Desde esta perspectiva, el llamado 'don' de Deza se explica como una facultad intuitiva de descifrar el tiempo y de acercarse a un conocimiento inaccesible al intelecto. Como explica el filósofo en varios de sus ensayos y conferencias, la memoria, siempre ligada a la observación, juega un papel significativo en la percepción del presente. Para Bergson, el tiempo presente y pasado conviven en una sola imagen observada. Sin embargo, el cerebro, o intelecto, no sólo impide reconocer la presencia del pasado en esta misma imagen, "mais à le masquer d'abord, puis à en laisser transparaître ce qui est pratiquement utile" (ES 858; 57). Este mecanismo del intelecto, de filtrar toda información no inmediatamente relevante para una acción inminente, nos permite ser agentes más eficientes. Para facilitar la acción, el intelecto interpone un velo necesario entre pasado y presente, a fin de solicitar de forma más eficaz una (re)acción adecuada, ya que "la vie, elle, regarde en avant", y "*Vivre, pour l'esprit, c'est essentiellement se concentrer sur l'acte à accomplir*" (ES 858; 57). Poulet, en su comentario crítico sobre la obra de Proust, enfatiza también este aspecto central de la *Recherche du temps perdu*, el cual opone la acción al estado de sueño, único ámbito propicio a la intuición. En el contexto de la novela de Marías, tiene interés la interrelación que establece Poulet entre acción y rostro auténtico. Según su interpretación, la acción impide llegar a un conocimiento más profundo, "puisque, loin d'être la sœur du rêve, l'action est le geste même par lequel la vérité se voile et que le visage authentique du moi devient inaccessible au regard" (Poulet 1963: 162).

Puesto que la acción se considera en Bergson incompatible con la contemplación intuitiva, se explica en este contexto bergsoniano el don de observación y la pasividad del narrador del *Ciclo de Oxford*, más su repetida afirmación de que "mi don o mi maldición no es nada del otro mundo" (TRM I 31). Más bien, el personaje ve, de forma intuitiva y renunciando a la acción, lo que está a la vista: la acumulación de tiempo en el rostro ajeno, sin velo interpuesto entre pasado y presente. Es llamativo, cuando pensamos en el tema y título de *Tu rostro mañana*, que el rostro, dentro del pensamiento de Bergson, igualmente funciona como la metáfora y representación del tiempo. Como explican Deleuze y Guattari, el rostro refleja tanto el pasado ("the virtual upon which experiences can be actualized") como el futuro ("an externalized template of possibilities", Rushton 2002: 227-9). El trabajo de Deza consiste justamente en interpretar, por medio de la intuición, el rostro como acumulación de tiempo y plantilla de posibilidades. El rostro, para retomar un término bergsoniano que se explorará a fondo más tarde, es también imagen-memoria, actualizada a través de la percepción o "lectura" de Deza. Y así lo define el personaje desde las primeras páginas de la novela:

> Todo está ahí a la vista, en realidad todo es visible desde muy pronto en las relaciones como en los relatos honrados, basta con atreverse a mirarlo, *un solo instante encierra el germen de muchos años venideros y casi de nuestra historia entera* [...] Pero nadie quiere ver nada y así nadie ve casi nunca lo que está delante, lo que nos aguarda o depararemos tarde o temprano. (TRM I 52)

Es esta motivación de querer acoger el tiempo en su totalidad a través de la intuición, la que Clare Bayes le reprocha al narrador de *Todas las almas*, calificándola de "imbécil". Y en *Energie spirituelle*, Bergson le daría toda la razón. La percepción en Marías —generadora de asociaciones incesantes— no es práctica para la vida, ni es, según Bergson, producto del intelecto. Aunque profunda y plena, la percepción no avanza la acción y, para el filósofo, obstaculiza la vida práctica y, en vez de acercarle al observador a la vida que le rodea, le aleja, le aísla. Asimismo, la percepción en las novelas de Marías está ligada a la reflexión e inacción, tanto como los narradores son observadores pasivos, distantes, inmersos en su pensar circular que conecta y asocia, al desconectarles y desasociarles del mundo. Es, por lo tanto, un observar y percibir ajeno al intelecto y propio de la intuición bergsoniana, guiada por la *imaginación* más que por la *imagen*. El narrador de *Tu rostro mañana* logra quitar el velo entre pasado y presente para ver que el pasado

> tout entier est là, subconscient, -je veux dire présent à nous de telle manière que notre conscience, pour en avoir la révélation, n'ait pas besoin de sortir d'elle-même ni de rien s'adjoindre d'étranger: elle n'a, pour apercevoir distinctement tout ce qu'elle renferme ou plutôt tout ce qu'elle est, qu'à écarter un obstacle, à soulever un voile. (ES 858; 57)

Esta idea de Bergson de considerar la acción obstáculo de la observación meditabunda subraya además una característica importante de los protagonistas de Marías, la cual radica en la diferencia entre *vivir* y *existir*. El *vivir* se define en este ensayo de Bergson como un "centrarse en el acto", mientras que *existir* implica estar conscientemente sujeto a la *insistencia* del pasado, y sentirla intuitivamente como ser contemplativo más allá de la utilidad para la acción.[4] La búsqueda del tiempo perdido, en este sentido, se reconoce como búsqueda de la verdad, la cual queda consagrada al ámbito del arte y de la creación imaginativa, y no de la acción.

2.1.2. Lo posible y lo real

La afinidad entre la actitud crítica de Marías hacia el realismo y la crítica de Bergson de modelos tradicionales en las ciencias permite establecer un paralelismo interesante entre ambos, en cuanto al tratamiento y la valoración de lo 'posible' en el proceso de la creación;[5] tanto como valor retrospectivo (dirigido hacia el pasado: lo que pudo haber sido), como valor teleológico (proyectado hacia el futuro: la posibilidad como pre-existencia). El ensayo *Le possible et le réel*, texto clave en el pensamiento de Bergson, podría servir de soporte teórico para aclarar y relacionar temática y estilo literarios del *Ciclo de Oxford*. Los puntos centrales a este ensayo, de gran interés para una lectura de Marías, giran alrededor del azar, de la reevaluación de lo posible y lo real, y de la realidad como espacio de creación artística.

Bergson critica la supremacía de lo real sobre lo posible, tanto en la ciencia como en el pensar común. En contra de las ideas de Darwin, el filósofo propone que

> remettons le possible à sa place: l'évolution devient toute autre chose que la réalisation d'un programme; les portes de l'avenir s'ouvrent toutes grandes; un champ illimité s'offre à la liberté. (PR 1343; 114)

La indeterminación del destino no es una competición entre posibles, y la libertad no es una elección entre los posibles, sino que la libertad misma crea la posibilidad. La forma común de pensar lo contrario reduce lo nuevo a una reorganización de viejos elementos y, por lo tanto, haría el futuro calculable y previsible. En esta reevaluación de lo posible vemos expresadas dos grandes paradojas evidentes en *Tu rostro mañana*: primero, entre el "don" del protagonista de descifrar un futuro ya inscrito —es decir ya presente— en el rostro ajeno y la ceguera hacia el futuro propio. Y segundo, entre la idea tan repetida de llevar las probabilidades del propio destino en las venas y la aceptación del azar como omnipotente y omnipresente demiurgo dispuesto a intervenir en cualquier momento para alterar el destino.

Bergson propone una inversión de la relación tradicional entre lo real y lo posible que resuelve esta aparente paradoja en Marías. El filósofo declara que "c'est le réel qui se fait possible, et non pas le possible qui devient réel" (PR 1343-4; 114). Lo que es visible como *posible* en el presente, es decir, como *real* futuro, no es una cosa material, aunque el intelecto lo confunda con ella. Bergson explica que se trata más bien de un reflejo en un espejo, y no de una cosa pre-existente en un estado prematuro. Lo posible no equivale a una cosa en estado *pre-real*. Más bien, cada posibilidad contiene en sí una infinita cantidad de posibilidades. Por lo tanto, y es ésa la idea ilusoria que denuncia Bergson, lo posible no es menos que lo real, como es creencia común. Lo posible es más, puesto que contiene lo posible *más* todas sus posibilidades, *más* lo real del posible, una vez realizado en el futuro. En Marías se concreta la valoración de lo posible como añadidura y ampliación exponencial en la famosa sintaxis de su estilo literario, en sus muchas incisiones, conjunciones (o, o) y paréntesis. Bergson nos ayuda a comprender que una posibilidad no es mera predicción de un evento hipotéticamente ocurrido en el tiempo futuro, como si el futuro fuera un armario cerrado que ya existe en un momento cronológico más avanzado —idea que rechaza el filósofo—, sino que lo posible se abre hacia el futuro, *abre el futuro*. Igualmente, una vez ocurrido, lo real es sustracción y reducción, ya que excluye retrospectivamente todas las otras posibilidades. Por lo tanto, lo real en Marías reduce, limita y decepciona, del mismo modo que, según él, el final cerrado de un relato sepulta a sus personajes. Asimismo, en Bergson, lo real es menos que lo posible, del mismo modo que en Marías saber (lo real) vale menos que dudar, especular y conjeturar (lo posible).

Según Bergson, la noción de lo posible para referirse a un futuro predeterminado es inadecuada para explicar el proceso de evolución, ya que implicaría un modelo estático y espacial del tiempo, en el cual el futuro se nos presentaría como un sistema cerrado de "pre-existentes posibles" y que, por lo tanto, excluye la invención e imprevisibilidad como factor determinante en el proceso/producto de la creación. Si aplicamos estas ideas científicas bergsonianas a la creación literaria del universo de Marías, vemos hasta qué punto el realismo rechazado por el novelista se equipara en muchos sentidos al modelo de evolución rechazado por Bergson. En ambas visiones se critica la idea del proceso creativo como un proceso mecánico, previsible, preconcebido y cerrado. Bergson habla del error de confundir el reflejo en el espejo de una cosa (lo posible) con la cosa misma (lo real), mientras que Marías rechaza la idea del arte visto como una mera reproducción de la realidad, es decir, como otro sistema cerrado que pretende realizar posibilidades pre-existentes y que insiste en la ilusión errónea de crear una cosa como si fuera el reflejo de la misma. El realismo como falso espejo de la vida, y todo lo negativo que implica ya desde *El monarca del tiempo*, apuesta por la certeza en vez de la duda, ofrece respuestas en vez de la especulación, valora la ilusión de lo pre-existente en vez del azar como motor de creación. La noción de posibilidad favorecida en Marías existe en ambas versiones bergsonianas: como *posible* pre-existente y como *virtual*. Lo posible en Bergson sólo tiene sentido retrospectivamente, es decir como derivación de lo real, y no vice versa. Traducido a términos mariescos, lo posible sólo puede existir en el pasado como un pudo haber sido, una vez realizado el presente. Lo real, por tanto, crea lo posible, mientras que lo posible nunca precede a lo real. Muy en consonancia con Marías, Deleuze descalifica aún más el valor de lo real frente a lo posible. En palabras de Marrati,

> precisely because existence does not conceptually add anything new to its own possibility, it becomes impossible to account for it; paradoxically speaking, existence becomes irrelevant, the shadow of a pre-given possibility. (2005: 29)

Lo posible como pre-existente (realista) excluye, se cierra hacia el futuro y se abre únicamente hacia el pasado. Lo posible "repuesto en su sitio", sin embargo, incluye todas las posibilidades, admite la contradicción, se abre hacia el futuro, es multiplicidad virtual que se extiende y participa en la multiplicidad inherente al mundo, en el movimiento de la vida y el ritmo y la vibración de la materia. Una posibilidad en Marías, por lo tanto, nunca es una predicción (pre-existencia) del futuro, sino que se abre hacia —y así crea— el mundo, y, más que *mirage* en el espejo del presente, inicia un juego ilimitado de espejos, en el que una posibilidad remite a otra, y así al infinito. Lo posible deviene, como explica de forma muy bergsoniana el narrador de *Negra espalda del tiempo*, "la voz del tiempo cuando aún no ha pasado ni se ha perdido" (NET 376).

Quizá sea la declaración siguiente de Bergson la que mejor aclara la apreciación de lo posible como acercamiento a la verdad y como aceptación de la contradicción, en la escritura de Marías:

> Il faut opter, en philosophie, entre le pur raisonnement qui vise à un résultat définitif [...] et une observation patiente qui ne donne que des *résultats approximatifs*, capables *d'être corrigés et complétés indéfiniment*. La première méthode, pour avoir voulu nous apporter toute de suite à la certitude [excluye, limita, agota], nous condamne à rester toujours dans le simple probable ou plutôt dans le pur possible, *car il est rare qu'elle ne puisse pas servir à démontrer indifféremment deux thèses opposées, également cohérentes, également plausibles. La seconde ne vise d'abord qu'à la probabilité; mais comme elle opère sur un terrain où la probabilité peut croître sans fin [incluye, admite, expande], elle nous amène peu à peu à un état qui équivaut pratiquement à la certitude. Entre ces deux manières de philosopher mon choix est fait.* (ES 860; 59-60)

El rechazo del razonamiento puro, tal como lo define Bergson, y la preferencia de un saber aproximativo y contradictorio vía observación y especulación, es clave en toda la obra de Marías. En "El espejo del mártir" se expresa la misma convicción al oponer crónica histórica ("Nada sabemos, porque el ejército no admite los casos dudosos ni es cognoscible") y la especulación sobre el destino de Louvet ("gracias a ello y a no averiguar nos es dado conjeturar, cavilar, incluso decidir sobre lo que fue de Louvet con la máxima libertad" MT 51). Es la libertad del no saber lo que abre la puerta a lo posible, y, como sugiere Bergson en el citado pasaje de *Energía espiritual*, aunque no nos concede un conocimiento absoluto, "nos lleva poco a poco a un estado que equivale prácticamente a la certeza".

2.1.3. Percepción y traducción

La dinámica entre percepción y lenguaje ha generado reflexiones en Bergson que resuenan también claramente en las novelas de Marías. Como ya se ha comentado (Cuñado 2004, Logie 2001, Steenmeijer 2009), el tema de la traducción, tanto figurativo como literal, ocupa un lugar central a la obra de Marías.[6] Para Bergson, comunicar lo percibido significa siempre emprender un trabajo de traducción por la interferencia del lenguaje en la visualización del mundo. La percepción del mundo, por lo tanto, queda sujeta a la interpretación y la falsificación. La mirada bergsoniana, más que ver, observa y traduce, ya que inmoviliza y divide un mundo que nunca *es*, sino *pasa* en un continuo estado de movimiento e indivisibilidad. Para acceder a *durée*, a la auténtica experiencia humana del tiempo, la traducción de la mirada tiene que liberarse de la lógica tan enraizada en el pensamiento occidental de ver el mundo en términos de espacialidad y discontinuidad.

Premio Nobel de literatura, Bergson critica la extendida visión realista que forja la literatura y las ciencias de su época. Sin embargo, no se trata de un ataque en contra del *realismo per se*. Más bien, Bergson denuncia la aceptación general de la realidad ilusoria, creada por los sentidos, por una realidad absoluta misma. En esta denuncia se expresa asimismo la necesidad de reexaminar la noción "realismo" y de superar las limitaciones del intelecto. Es este aspecto de su pensamiento el que le hace tan propicio para el contexto contemporáneo. Aplicada al ámbito literario, Bergson anticipa en cierto modo la querella entre escritores como Marías y los del realismo social, quienes pretenden ser capaces de reconstruir un mundo novelado como copia fiel de la realidad. El proyecto bergsoniano de la redefinición de "realismo" se refleja claramente en el tratamiento y cuestionamiento de la realidad llevados a cabo en *Negra espalda del tiempo*. Según Bergson, la falsificación del mundo percibido (léase recordado, contado) es producto del funcionamiento particular del intelecto y de su herramienta principal, el lenguaje. En las primeras páginas de NET, el narrador defiende la misma posición, ya que "la palabra [...] es en sí misma metafórica y por ello imprecisa, y además no se concibe sin ornamento, a menudo involuntario [...]" (NET 10). Y, por lo tanto, "relatar lo ocurrido, dar cuenta de lo acaecido, dejar constancia de los hechos y delitos y hazañas, es una mera ilusión o quimera" [...] (NET 10)". De un modo parecido, Bergson explica que la forma de entender el mundo ha sido adulterada, gracias a los hábitos, la utilidad social y el lenguaje. Como explica en "La Pensée et le mouvant",

> la spatialité donc, et, dans ce sens tout spécial, la sociabilité, sont ici les vraies causes de la relativité de notre connaissance. En écartant ce voile interposé, nous revenons à l'immédiat et nous touchons un absolu. (PM 1269; 21)

Aprender a "ver" implica, pues, hacer violencia a nuestra forma tradicional de pensar;[7] e implica también superar la espacialidad y subjetividad del tiempo. Acceder al Tiempo (*durée*) y a un conocimiento más profundo, tanto en Bergson como en Marías, son una y la misma cosa. Y en ambos pensadores, el arte, como espacio de la creación intuitivo, juega un papel esencial. La escena de la *High Table*, en *Todas las almas*, brinda un ejemplo logrado de la superación del tiempo espacial y discontinuo, conectado con la vida social y la utilidad, para acceder ("écartant ce voile interposé") vía introspección a *durée.*[8]

Para superar la espacialidad que impone el lenguaje a la percepción, el filósofo francés propone una expresión a base de metáforas e imágenes, las cuales forjan, como veremos, también el pensamiento literario de Marías, con su predilección por la minuciosa observación. Lo que nos enseña Bergson, como comenta Keck sobre la importancia de lo virtual, lo simbólico y lo actual en su pensamiento, es

> that there is no experience outside of language, and that we are stuck inside language as if it was a prison from which we cannot escape, but that we can go to 'the turn of experience' where it is in contact with a reality that cannot present itself as such, and which is the place of vital creation. This implies that the symbolic is not just a few categorical constraints imposed by a universal subject on pure experience, but rather a way to explore and construct experience by means of language, which is neither universal nor necessary, but always open to uncertainty and singularity. (Keck 2005: 1134)

Notamos que el resumen de Keck resuena en las páginas de *Negra espalda del tiempo.* Ambos, Bergson y Marías, son conscientes de que un escritor no se puede desprender del lenguaje. Pero tampoco consideran el lenguaje mismo, a pesar de sus limitaciones, su *bête noire*. El lenguaje es materia, mientras que pensamiento es *esprit.* Aunque la materia necesariamente inmoviliza y divide, es su resistencia misma, más el esfuerzo que solicita del artista, lo que posibilita la creación artística: "Une pensée", insiste Bergson,

> qui n'est que pensée, l'œuvre d'art qui n'est que conçue, le poème qui n'est que rêve, ne coûtent pas encore la peine; c'est la réalisation matérielle du poème en mots, de la conception artistique en statue ou tableau, qui demande un effort. (La conscience et la vie 831-2)

El acto de escribir se define como un esfuerzo para superar la resistencia del lenguaje, lo cual requiere "[qu']on a tiré de soi plus qu'il n'y a avait, on s'est haussé au-dessus de soi-même" (*ibíd.*). La percepción del mundo por el novelista, su traducción por el lenguaje, reconocida como tal, requiere una delimitación (según una percepción restringida desde el propio cuerpo) y una disminución, "whereby its objects are made into representations or 'pictures'" (Al-Saji 2004: 219). La escritura, en tanto que esfuerzo para liberarse de la prisión del lenguaje, constituye en Marías la trama de la novela, y es otra característica más de su obra que demuestra que trasciende el contexto posmoderno. En vez de resignarse ante la resistencia del lenguaje, Marías se aprovecha de la misma como motor de creación artística. Esto se cristaliza en su estilo errabundo, en sus frases fluidas, largas y digresivas, en la duda constante entre palabras que genera listas extensas de posibles alternativas, en reflexiones sobre etimologías o sus connotaciones en otros idiomas. Y, desde luego, se manifiesta en la abundancia de imágenes, de asociaciones y figuraciones que intentan capturar un sentido aparentemente siempre elusivo. Este afán, tan evidente en el *Ciclo de Oxford*, de traducir la percepción del mundo por medio de un lenguaje que se resiste tiene implicaciones ontológicas, las cuales se retomarán en el capítulo 3, dentro del contexto de Heidegger y el ser en el tiempo.

2.2. El neo-bergsonismo en Marías

2.2.1. *Durée* y memoria. El río

El acercamiento entre el pensamiento literario de Marías y la valoración bergsoniana de la intuición, de lo posible y lo real, y de la percepción como traducción, nos sirve de base para examinar a fondo la estructura del tiempo, desde la óptica de *durée*, en su obra. El río como imagen del tiempo o *durée* se ha convertido en un tópico literario. Ya desde Heráclito y Platón, el río simboliza cambio, y por tanto, es uno de los símbolos predilectos de tiempo y vida en la literatura y mitología. Igualmente, el río, en imagen adaptada de Heráclito, le sirve a Bergson de metáfora para la "fluidité intérieure". En su estudio sobre tiempo y literatura, Hans Meyerhoff considera la noción bergsoniana de *durée* clave para la representación del tiempo en la literatura moderna: "it was Bergson's contention, reechoed in the literary treatment of time, that this quality of continuous flow or duration does not find an adequate correlate in physical concept of time" (Meyerhoff 1968: 14-15). En una conferencia pronunciada en España, "La personalidad" (1916), Bergson define *durée* como

> algo uno y totalmente indivisible, justamente por ser cambio y movimiento [...]. Nuestra vida consciente es un flujo, tiene la continuidad de una corriente que comenzaría en el momento de nacer para no detenerse nunca más. Es un movimiento indivisible, aunque ocupe una duración indefinida. (Études bergsonniennes 1970: 97)

Marías se aprovecha de la metáfora del río para enfatizar su visión del tiempo dinámico, oponiéndolo, por ejemplo, al lago en *El siglo*, cuyas aguas estancadas reflejan el tiempo estático. El tiempo dinámico, en sus novelas, se asocia al tiempo que se está contando, es decir, en un estado de desarrollo, mientras que el tiempo estático se asocia a la muerte y, paradójicamente, también a la escritura una vez terminada y fijada (publicada, leída, etc.). En *Negra espalda del tiempo* leemos:[9]

> Uno puede compensar o variar o rectificar en la vida, hasta que el cuento no está acabado con la muerte que llega y cierra [...]. Lo que se le atribuye en una ficción a uno tiene en cambio poco o ningún arreglo, no hay vuelta de hoja ni enmienda. Escrito está, la amenaza inmemorial espantosa. He dicho que lo que de veras clausura no es el fin sino el relato de ese fin y del transcurso previo, el cuento de la vida y muerte, sean éstas ficticias o también reales, o si la vida es ficticia no siquiera se necesita muerte, la escritura haces sus veces. Contar es lo que más mata y lo que más sepulta, lo que fija y dibuja y hiela nuestro rostro. (NET 72-3)

Desde *Todas las almas* abundan alusiones a ríos, reales e imaginados, que representan el tiempo de los personajes. Los diversos ríos reflejan pasado y presente de lugares y personas que los habitan en momentos diferentes: el río Cherwell al lado del jardín de Rylands o de Wheeler, el río Isis cerca de la casa del narrador, el río Yumna del Delhi[10] de la infancia de Clare, el río Evenlode y el río Windrush de Muriel, el río Avon de Eric Bayes o el río Guadalquivir de la infancia del narrador. Los ríos en *Todas las almas* y *Tu rostro mañana* sirven de escenario de fondo contra los que se despliegan conversaciones elaboradas entre los personajes sobre el tiempo y el desgaste. También en *Negra espalda del tiempo*, la novela que se sitúa en el dominio ambiguo del tiempo "real," se reproduce la misma escena, sólo que esta vez, la conversación entre el joven Marías y Francisco Rico, "hombre de gran saber," tiene lugar en la casa de Ian Michael, "mirando al río" (NET 57). Con la imagen del mismo río Cherwell que transcurre el *Ciclo de Oxford*, Marías no sólo demuestra la confluencia temporal entre pasado y presente, sino además entre tiempo ficticio y tiempo real. Como de costumbre en Marías, sin embargo, la línea entre reflexión filosófica y (auto-) parodia es borrosa. Por un lado abundan imágenes del río para expresar el flujo del tiempo y reforzar un tono lírico. Por otro, el autor roza la parodia, a fin de evitar la caída en lo melodramático. En *Todas las almas*, por ejemplo, después de una larga meditación sobre el desgaste que produce el tiempo, el narrador, indispuesto por una combinación de angustia metafísica y la ingestión de unas salchichas comprometidas, pierde la apreciación del río Isis como metáfora filosófica, re-estimándolo como posible depósito de las salchichas insistentes:

> ya no miraba a nadie y estaba pagando la cuenta sin que hubieran retirado el plato de mis salchichas no del todo vacío: había renunciado al postre y sabía que no estaba lejos el río Isis, si no me daba tiempo a llegar a casa [...]. (TLA 240)

En el *Ciclo de Oxford*, el río sirve igualmente de metáfora para la inter-conectividad de los diversos planos temporales. Esta estructura narrativa coincide con el modelo de tiempo y memoria de Bergson expuesto en *Matière et mémoire*. Representa la continuidad del flujo del tiempo y de la memoria como una multitud heterogénea que constituye un todo sin fronteras distinguibles entre sus componentes. Los narradores de Marías lo repiten varias veces, siempre en contextos de conversaciones entre personajes que contemplan el paso del tiempo, la muerte ajena y la propia futura, ambas reflejadas en "el río, que en todos los tiempos es la imagen del transcurso" (TLA 192; 290). Un ejemplo del río como metáfora de durée e interconectividad del mundo nos brinda la reconstrucción del suicidio de la madre de Clare al final de *Todas las almas*, donde se conectan varias escenas en la metáfora-imagen del río: el jardín al lado del Cherwell remite al jardín del padre de Clare cerca del río Yumna, el río al que se precipita la madre de Clare. Reflejadas en el río se funden tres miradas (tres destinos) en un mismo espectáculo:

> Los ojos de Gawsworth [...] ven cómo cae y se hunde el cuerpo de quien él amaba; y la niña Clare contempla desde lo alto cómo desaparece en las aguas azules de ese río brillante y claro en la noche el cuerpo de quien amaba [...] y quizá el padre, desde el borde del jardín, junto a la casa, ve también cómo tarda en salir a la superficie y no sale el cuerpo que aún amaba. (TLA 279)

La escena ejemplar —la visita del narrador a casa de su mentor, Wheeler (TRM I) o Rylands (TLA), al lado del río Cherwell[11]— que noveliza a la perfección *durée* recurriendo a la metáfora del río, reaparece con ligeras variantes en las tres novelas del *Ciclo de Oxford*. Ningún detalle es nunca casual en las novelas de Marías. Respecto a esta escena en TRM I, Julio José Ordovás se pregunta

> hasta qué punto son relevantes en las novelas de Marías las anécdotas y la trama [...]. En *Fiebre y lanza*, sin embargo, Marías no renuncia a emplear determinados ingredientes novelescos, incluso detectivescos, y lo hace con estudiada precisión. Valgan como ejemplos la misteriosa gota de sangre que Deza encuentra en una escalera al cabo de un party en el que se dispara la acción o más bien la intriga, o la sorprendente y aparatosa irrupción de un helicóptero en un tranquilo jardín [...]. (Ordovás 2003: s.p.)

Detalles de la versión de dicha escena de *Fiebre y lanza* podrían tener su inspiración en la película de Alain Resnais,[12] *Providence* (1977), ciudad en la que residió Javier Marías cuando impartía cursos en la Brown University. Las muchas coincidencias, entre ellas la escena de una visita dominical con trasfondo del río, son innegables. Uno de los elementos recurrentes de la película es un helicóptero que o se ve o se oye en la distancia en varios momentos de la película. Además, el personaje principal de *Providence* es escritor. Está narrando, recordando y participando en los eventos de la película, los mismos que constituirán la novela que está escribiendo, cuyo título, como se insinúa, es *Escalas del tiempo*. Más que una alusión al mundo detectivesco, detalles de esta escena, como el helicóptero, aluden al tema metafísico del tiempo en la obra de

Resnais. También *Muriel ou le temps d'un retour* (1968), nombre de una de las amantes del protagonista de *Todas las almas*, exploran la invasión constante del pasado en el presente (*durée*), y la creación del ser en un continuo devenir. En *Muriel*, película muy bergsoniana, destaca la importancia de la mirada, la imagen de la violencia como "inoculación", la persecución constante del pasado, la visión caleidoscópica del mundo, la realidad frágil como una agregación de imágenes inestables y el constante simbolismo de objetos como almacenes del tiempo (los muebles, las armas, los relojes). El autor del *Ciclo de Oxford* admite en una colección de ensayos dedicados al cine, que "rara es la novela mía en la que no aparezca alguna película mencionada o aludida o vista por los personajes en una televisión. También es raro que haya en ellas alguna escena o pasaje que, calladamente, no sea deudor de algo contemplado en la oscuridad de una sala y retenido en la memoria para siempre jamás" (2005: 30). La relevancia en destacar aquí estas coincidencias entre Marías y el cineasta reside en el reconocido bergsonismo del cine de Resnais,[13] acaso otro puente posible, si se quiere, entre el novelista y el filósofo.

El río, en Marías, es tanto representación de la consciencia de la voz narrativa como metáfora del ámbito (espacio fluido) de la narración. Además del flujo del tiempo irremediable, el río se asocia repetidamente a la consciencia y memoria (*durée*) del narrador, expresadas en su obsesivo y errabundo pensamiento literario, "que hace rimas y oscila y puntúa arbitrariamente [...] que unifica y asocia y establece demasiados vínculos" (TLA 240).[14] La manera en que Al-Saji resume *durée*, uno de los pilares de la filosofía de Bergson, demuestra hasta qué punto estructura narrativa y estilo literario de Marías encuentran en el filósofo francés su *raison d'être*. *Durée*, según la crítica, es

> a continual differentiation proceeding in several directions at once, a coexistence of tendencies that translate differences in kind. *The continuity of duration is also discontinuity, divergence and scission.* It is on this ground that past and present can be understood as both intertwined and different in kind. (Al-Saji 2004: 209)

La definición de la consciencia bergsoniana como un hilo que conecta pasado, presente y también lo venidero, determina la escritura de Marías, cuyos narradores se sitúan siempre en una zona fantasma entre lo que fue o pudo haber sido y lo que será. Su protagonismo no consiste, pues, en la acción, sino que persiste como manifestación de *durée* y consciencia bergsoniana: "un *trait d'union* entre ce qui a été et ce qui sera, *un pont jeté* entre le passé et l'avenir" (ES 819; 6). Del mismo modo, la voz narrativa en el *Ciclo de Oxford* sigue construyéndose como puente entre pasado y futuro, ficción y realidad, entre recuerdo e invención. Como nos lo confirma el narrador mismo: "yo soy el río, soy el río y por tanto un hilo de continuidad entre vivos y muertos al igual que los cuentos que nos hablan de noche, me asemejo a los tiempos y también a los hechos, soy el río" (TRM I 224).[15]

2.2.2. El cono de Bergson. Travesía por el tiempo

La diferencia con el modelo de memoria de Bergson y la memoria como materia prima de la narración en Marías es que el novelista, siguiendo el ejemplo de Benet, la redefine como una dimensión más amplia para abarcar también el campo ilimitado de la ficción. Las fronteras de la memoria no las constituyen únicamente dimensiones temporales como pasado, presente y futuro, sino que incluyen la "negra espalda del tiempo", definido en Juan Benet como el tiempo que nunca sucedió, o en Cuñado como tiempo fantasmal. Asimismo, Grohmann subraya la coexistencia en la obra de Marías de "four distinct temporal layers which make up the narrative itself" (2002: 247), pasado, presente, condicional o ficticio, y futuro. Por esa técnica, la crítica se refiere a menudo a los aspectos proustianos en los escritos de Marías.[16] Al igual que en Proust, en la narrativa del escritor madrileño,

> the juxtaposition of past and present, of temporally distinct moments or layers experiences in their simultaneity, creates the interconnectedness and interplay between two, demanding that they be apprehended not in isolation but in their interrelatedness, thus giving rise to a certain 'pantemporality'. (Grohmann 2002: 257)

Esta pantemporalidad en Marías destacada por Grohmann sigue a la letra la definición del tiempo o memoria bergsonianos. No obstante, si releemos a Bergson con atención, la mencionada diferencia entre memoria bergsoniana y el campo más amplio del novelista se eclipsa. *Durée* y la asociada *stream of consciousness* son ideas ya casi clichés que siempre surgen cuando se hace mención de Bergson. Sin embargo, el filósofo es mucho más profundo y complejo, y vale la pena volver a su obra para contrarrestar la simplificación muy extendida de su modelo del tiempo. En *Materia y memoria,* Bergson representa la consciencia (memoria) como un cono invertido, cuyo punto de contacto con el presente contiene el pasado en su forma más concentrada.[17] El cono mismo está constituido por planos (AB, A'B', A''B'', etc.). Los planos no representan diferentes momentos en el tiempo, sino que cada plano contiene el pasado entero, en diversos grados de concentración. El punto culminante S, por lo tanto, contiene el pasado en su forma más concentrada y en contacto con el presente. "Recordar" ocurre en dos modos de movimiento. La memoria guiada por el intelecto provoca un movimiento al interior de un plano, mientras que la memoria guiada por la intuición facilita un desplazamiento de un plano a otro. Este recuerdo intuitivo es el modo que más se parece a la memoria involuntaria de Proust, aunque, como veremos más adelante, la polémica comparación entre Bergson y Proust es compleja. De hecho, la construcción de tiempo y memoria en Marías se acerca más al modelo bergsoniano que al novelista francés. Estos "saltos" indiscriminados de un plano a otro, sin cronología u orden lógico, se cristalizan en *Todas las almas* en personajes como Will, el portero senil con sus "ojos puros e intemporales", que vive *durée* en su última consecuencia. Para Bergson, vivir el presente es una experiencia psicológica, enfocada en la acción, mientras que el pasado tiene un valor ontológico. El presente es dominio del intelecto, espacializa, divide y corresponde a un tiempo mecánico. Como Will ha perdido la capacidad de vivir en un presente compartido con todos, revive el pasado como si fuera un constante presente, desconectado de un antes y un después. Es decir, el portero senil vive *durée* de una forma extrema y a la vez simplificada, libre de la materialidad del mundo y de la

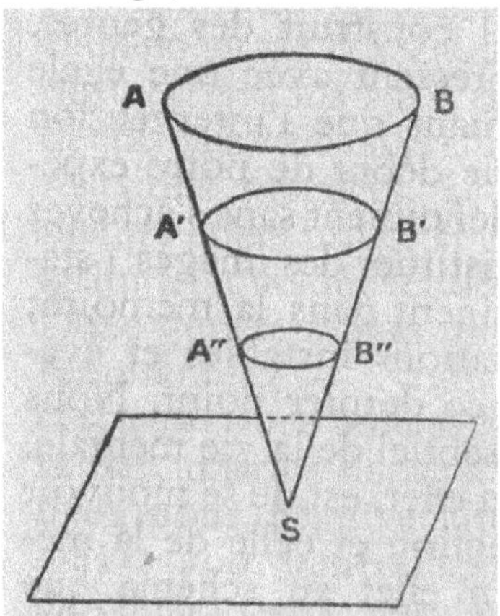

espacialización del tiempo. Will "se desplaza en el tiempo" del mismo modo que Bergson explica la experiencia del flujo heterodoxo e indivisible de *durée*, en que las dimensiones del tiempo no se siguen espacial o estáticamente una tras otra, sino que coexisten, contemporánea una de otra: pasado, presente y futuro, en una sola dimensión. Como explica el narrador de *Negra espalda del tiempo*, Will, cuyo nombre en inglés es homónimo de "Voluntad", "pasaba cada día creyéndose en un año distinto de su demorada vida y por tanto para él todo el tiempo era presente o retorno y nada era tiempo pasado o perdido que ya no puede reproducirse. Pues él lo reproducía sin su voluntad y así tenía la suerte de que ninguno le fuera ambiguo" (NET 21).

La experiencia de Will corresponde al modelo del cono de la memoria de Bergson, hasta seguir el detalle de experimentar el presente invadido por el pasado, con inclinación (*penché* en Bergson) hacia el futuro:

> Me hacía pensar si la capacidad de Will para desplazarse en el tiempo no abarcaría también el futuro (tal vez el más inmediato, aquel que cubriera lo que le restara de vida) y si, instalado en los años noventa, no estaría saludando a alguien que aún no había llegado a Oxford [...]. Alguien a quien Will tampoco reconocería con sus ojos ensoñados y diáfanos y a quien tal vez diera mi nombre, que jamás pronunció ante mí, cuando lo saludara con su mano festiva a la entrada de la Tayloriana. (TLA 15-16)

Del mismo modo Clare es, como Will, más que personaje desarrollado, una manifestación del ser en el tiempo, de la memoria bergsoniana en acción, además de evocar y personificar la estructura y estilo narrativos del autor:

> Era yo, por consiguiente, quien tenía que interrumpir siempre las divagaciones interminables de Clare Bayes, *su contenido eternizable de cualquier tiempo*, sus comentarios o verborrea infinita mientras permanecía echada en la cama [...] ensalzando o despotricando de su pasado y de su presente, saltando de un plan al otro para su futuro más inmediato, sin que ningún plan fuera nunca llevado a cabo. (TLA 33)

El pasado, según Bergson, lo constituyen planos dinámicos en transformación continua, reorganizando, redistribuyendo y transformándose con cada experiencia en el presente, es decir, que el pasado se reconfigura con "contemporaneous virtualization of the present" (Al-Saji 2004: 218). La interconectividad y simultaneidad dentro y entre estos planos es la esencia del tiempo albergada en la consciencia. En las novelas de Marías las fronteras del antes y del ahora se eliminan paulatinamente. La visión dinámica del tiempo de Bergson se afirma repetidamente como teoría dominante en los comentarios de los personajes a través del *Ciclo de Oxford*. Wheeler comenta, por ejemplo, "que en el conjunto de una vida lo cronológico va perdiendo importancia" y que "no se distingue tanto lo que vino antes de lo que vino luego" (TRM I 219), y también Clare Bayes le explica al narrador que "no importa que ocurran [tragedias] en estos tiempos o hayan ocurrido en otros", ya que, "*los tiempos nunca son muy distintos*, aunque lo parezca" (TLA 261).

Lo que hace la filosofía de Bergson tan propicia para una lectura de Marías es que el tiempo o *durée*, contrario a los clichés atribuidos a Bergson, no es, en un sentido estricto, una experiencia subjetiva.[18] Más bien, el filósofo defiende una posición intermedia entre un idealismo subjetivo y un realismo objetivo, y una concepción del tiempo que es ni empírica ni metafísica, ya que, según él, ambos extremos son demasiado excesivos. Como se repite tanto en sus ensayos, y también lo aclara más tarde Deleuze y lo enfatizan las nuevas lecturas de Bergson, el tiempo no es interno al ser, sino que nosotros somos interiores al tiempo: *durée* "is the interiority in which we move, live, and change" (Pearson 2005: 1124). La diferencia puede parecer sutil, pero es esencial a la hora de leer la concepción del tiempo en las novelas de Marías. Bergson no limita los planos temporales a un solo sujeto, como lo haría el idealismo. Y explorar el pasado tampoco es una experiencia vivida aisladamente.[19] Es este el aspecto que más distingue la visión de *durée* de la idea del tiempo relativo de Einstein. Mientras que para Einstein la experiencia del tiempo es siempre relativa y no existe un tiempo objetivo, Bergson defiende la idea de que la misma diferencia de la experiencia del tiempo entre los seres vivos sólo puede ser posible si existe un tiempo universal que actúa como una medida absoluta y de fondo.

El *élan vital*, elemento propio al universo y a toda vida, funciona como la medida absoluta del tiempo. Es, asimismo, el motor que genera la interconectividad del mundo. Esta interconectividad del mundo basada en una consciencia temporal universal —comunal y trans-temporal, si se quiere— forma el núcleo de la filosofía bergsoniana, tanto como el del universo novelístico de Marías, compuesto por una red orgánica de nexos y conexiones, en los cuales se construye la esencia de los personajes y el sentido de sus destinos. Este aspecto de interconexión, precisamente por sus implicaciones éticas para nuestra época de globalización, es el que más ha ocupado a los lectores del "nuevo" Bergson; y es esta misma característica la que nos permite hablar de una ética o un humanismo a base de la escritura de Marías. El siguiente resumen de Al-Saji sobre el tiempo interconectado en Bergson describe también a la perfección la estructura temporal de las novelas de Marías y revela además, como se explicará más adelante, una distinción importante entre la novelización del tiempo bergsoniano por Proust en *La recherche du temps perdu* (trans-temporal, subjetivo, excluyente) y el tiempo bergsoniano mismo (trans-temporal, de una subjetividad comunal):

> The memory of other pasts *which have never been present for me*, of other lives that I have not lived, persist as a virtual 'nebulosity' accompanying my own life or past. And it is through my plane of memory that I have access to the others, *as the past is never simply mine.* (Al-Saji 2004: 226)

Desde esta perspectiva bergsoniana, el comentario acertado de Pittarello acerca del autor, y que se ve reflejado en la consciencia compartida de sus personajes, llega a su pleno sentido:

> Con la mirada vuelta hacia un pasado *que excede su propia vida*, Javier Marías se moldea según los objetos que va coleccionando y enlaza su vida con la de gente que ya no existe y a la que jamás ha conocido. (Pittarello 2005: 26)

La crítica interpreta el enfoque en el pasado ajeno como "una manera de imaginar el destino posible de uno mismo a través del destino cierto de otros" (*ibíd.* 27). En el *Ciclo de Oxford*, esta visión abarcadora y copartícipe de un tiempo compartido es clave. Abundan ejemplos en el *Ciclo de Oxford* que enfatizan el entrecruce y la comunicación más allá de los límites tradicionales y lógicos de seres en el tiempo. Como repite el narrador tantas veces de una forma u otra,

> No hay ni hubo jamás dos personas iguales, sabemos eso; pero tampoco hay nadie que no esté emparentado en algún aspecto con alguien que atravesó ya el mundo, que no tenga con algún otro lo que Wheeler llamó afinidades. Nadie hay sin ningún vínculo ni lo hubo nunca, sin un nexo de destino [...]. (TRM I 378)

La experiencia común del tiempo (el *élan vital*) resalta estas afinidades mencionadas por Wheeler, las cuales se cristalizan en estos nexos y vínculos en el Tiempo de las novelas. Mackay aclara por qué la idea de objetos que "hacen tiempo" es central a la filosofía de Bergon, ya que "there is an immediate knowledge of the past, which memory prolongs into the present, *since every perception of an object is also an intuitive awareness of a past within the present*" (Mackay 1945: 301). Los ejemplos de objetos que Pittarello analiza en su artículo "Haciendo tiempo con las cosas" confirman esta visión bergsoniana de un tiempo comunal. Los objetos forman puentes en el tiempo y constituyen en sí saltos metafóricos de un plano a otro y de una persona a otra. El conjunto de estos planos forma, según Bergson, la nebulosidad virtual del pasado con su propia inter- o intra-memoria (Al-Saji 2004: 226).

En Marías, las anécdotas cumplen la misma función que los objetos, conforme el modelo bergsoniano del tiempo. Los relatos se escuchan (y así se narran) en fragmentos, los cuales el narrador intenta reconstruir y completar a través de especulaciones y probabilidades, inyectándoles su propia experiencia y sus propios recuerdos, hasta lograr usurpar el pasado del otro y convertirlo en tiempo propio, como si "no fuéramos siempre también los demás además de nosotros" (TLA 36). Además, esta apropiación del pasado ajeno funciona en una dirección bi-direccional. Al escuchar a su mentor Wheeler, Deza se da cuenta de cómo el pasado invade su presente y cómo ahora "este tiempo mío se iba pareciendo a aquel otro" (TRM I 377). Este intercambio del tiempo —o su inter-apropiación, si se quiere— es la base del modelo del tiempo de Bergson, justamente porque el tiempo no es una experiencia subjetiva, tipo idealista, como en Proust, sino más bien una experiencia compartida. Para Bergson, cada ser está en el interior del flujo del tiempo, y no al revés, y, como consecuencia, "memories and histories are not isolated in consciousness, but coexist, collide and interact" (Al-Saji 2004: 228). Este aspecto fundamental del tiempo bergsoniano hace que la construcción de la memoria y la experiencia del tiempo se pueda comprender como una polifonía colectiva, y el proceso de recordar, más que un hecho de la propia voz del pasado, como un coro de voces múltiples o, aplicado al *Ciclo de Oxford* de Marías, como el escuchar y el contar de historias múltiples, ajenas y, con el tiempo, propias.

Aún más que los objetos mismos que pasan de mano a mano, llevando las huellas de sus antiguos propietarios, son los gestos con que se manejan estos objetos —sinécdoque de sus índices escatológicos—, los que convierten a los personajes de Marías en usurpadores de tiempos y memorias ajenos. De este modo, cuando el narrador sin nombre de *Todas las almas* "usurpa" el gesto de Gawsworth coexiste con Gawsworth en su tiempo, o, más preciso, colisiona e interactúa con su tiempo, en esta imagen tan bergsoniana de intra-memoria:

> El Duque de Cervantes Pequeña (ese era su título) acompañó a su rey exiliado que nunca conoció su reino, le vio llenar el coche de botellas nuevas y, tras beberse una con él a la memoria de Browne o Marlowe o algún otro clásico de quien aquel día se cumplía el aniversario, lo vio desaparecer empujando su cochecito alcohólico con paso tranquilo hacia la oscuridad, quizá del mismo modo que yo empujo ahora a veces el mío cuando cae la tarde sobre el Retiro, sólo que yo llevo dentro a mi niño –este niño nuevo- que aún no conozco bien y que ha de sobrevivirnos. (TLA 152-3)

El término *intra-memoria* evoca, desde luego, la *intra-historia* de Unamuno.[20] En el contexto de la cita previa de Al-Saji, en referencia a Bergson, recordemos la proclamación de Unamuno, que

> ¡Gran locura la de querer despojarnos *del fondo común a todos, de la masa idéntica sobre que se moldean las formas diferenciales, de lo que nos asemeja y una, de lo que hace que seamos prójimos* [...]. (Unamuno 1966: 60-61)

Carlos Blanco Aguinaga considera a Bergson un "hermano" de pensamiento de Unamuno, el otro hermano (y también polo opuesto) siendo, naturalmente, Kierkegaard (1959: 172). Una de las diferencias marcadas entre Bergson y Unamuno, según Fiddian, es el componente de angustia metafísica en el segundo, ausente en el primero. Fiddian elabora que esta característica determina el desarrollo particular de *intra-historia* —versus *durée*— en ambos filósofos. Por otro lado, Unamuno construye su intra-historia como ámbito de calma y estabilidad (Fiddian 1974: 788), mientras que Marías, producto también del caos posmodernista, sigue más la vena de Bergson, quien "refuses to admit any element of stasis in the cosmic ímpetus and insists on the creative process of duration" (*ibíd.*). Maarten Steenmeijer, en su artículo "Tiempo rimado, tiempo cojo: una lectura bilingüe de Javier Marías" compara el esfuerzo en Marías de recuperar el tiempo perdido con una lucha constante, "imposible de ganar aunque, pese a ello, se empeña en seguir librándola". Y sigue que

> no sería imposible vincular [dicha lucha] a los tenaces intentos de Miguel de Unamuno de trascender el implacable tiempo de la modernidad y su concomitante consciencia de (y enfrentamiento con) su propia e irremediable y definitiva mortalidad. En ambos casos —el de Marías y el de Unamuno— se trata de una lucha librada en y por la literatura aunque me apresuro a añadir que en el discurso mariesco brillan por su ausencia la amargura y la desesperanza sufridas por el narrador unamuniano en su 'eterna' y nunca satisfecha pugna por un asidero metafísico. (Steenmeijer 2009: 138)

La observación muy acertada de Steenmeijer revela aún más la afinidad de pensamiento de Marías y Bergson —más que entre Marías y Unamuno quizás— justo por esta presencia importante de amargura y desesperanza en Unamuno, ausentes tanto en Marías como en Bergson. Las tres etapas de la existencia de Kierkegaard, noveladas en obras como *San Manuel Bueno, mártir* (1930), demuestran la diferencia de cosmovisión entre Marías y Unamuno, y también que el punto de conexión entre ambos le acerca a Marías más a Bergson que a Unamuno. La cita de Steenmeijer del ensayo de Unamuno "La fe" sobre el "incesante tormento vital" es casi una reiteración del *élan vital* de Bergson, sólo que en el último no existe una connotación religioso-espiritual, la cual está igualmente ausente en Marías. En Unamuno la intra-historia, "este fondo común a todos" simbolizado en el lago del pueblo Valverde, le ofrece un tímido consuelo a su San Manuel, apenas capaz de impedir el suicidio de su personaje angustiado, pero no le quita ni la angustia existencial ni le ofrece la posibilidad de trascendencia (en términos de Kierkegaard, de pasar del segundo estadio ético al tercer estadio religioso). A los narradores de Marías, sin embargo, el segundo estadio ético —en un sentido literario, es decir, construirse y perdurar en la intra-memoria (ficticia) de los demás— es ya el fin en sí, y así, vía hacia la trascendencia por medio de la escritura. Y, como se explicará más adelante, es gracias a la intra-memoria bergsoniana, este "fondo común a todos", empujada por el mismo *élan vital*, que un pasado ajeno puede cumplir la función de prefiguración del futuro propio.

2.3. Percepción y memoria

2.3.1. Percepción y memoria. La insistencia del pasado

Una consecuencia del tiempo concebido como *durée* es la complejidad de la percepción. La percepción tal como la explica Bergson refleja simultaneidad e interconectividad, las cuales decretan la observación como generador principal de las digresiones en Marías. Ver el presente con ojos del pasado es uno de los aspectos bergsonianos, y también benetianos, más llamativos de la obra de Marías. La percepción "empreñada" del pasado en las novelas de Benet ha sido destacada sobre todo por Randolph Pope. Citas bergsonianas en Benet como "la memoria mantiene abierta la cuenta" de *Volverás,* o "la paz del prereflexivo" de *Un viaje de invierno* resuenan claramente en las novelas de Marías.[21] En un artículo dedicado a *Volverás a Región*, Marías cita las frases de su mentor que más le impresionaron, cada una con claras resonancias bergsonianas: "La memoria es un dedo tembloroso", por ejemplo, o "La consciencia y la realidad se compenetran entre sí", o "La memoria es casi siempre la venganza de lo que no fue", o "El presente ya pasó y todo lo que nos queda es lo que un día no pasó; el pasado no es lo que fue, sino lo que no fue; sólo el futuro, lo que nos queda, es lo que ya ha sido", o también "El tiempo sólo asoma en la desdicha y así la memoria sólo es registro del dolor" ("Volveremos", en LF 216-7). Al respecto, Pope escribe que en la obra de Benet, siguiendo ideas explayadas de *Matière et mémoire*, "perception is never pure, but instead comes into being under the weight of the whole of memory. The past, according to Bergson, 'all of it, without a doubt follows us in every instant' [...] 'There is no perception that is not impregnated by memory'" (Pope 1984: 114). Vale citar el pasaje completo de *Matière et mémoire* de Bergson al que se refiere Pope:

> Nos perceptions sont sans doute imprégnées de souvenirs, et inversement un souvenir [...] ne redevient présent qu'en empruntant le corps de quelque perception où il s'insère. Ces deux actes, perception et souvenir, se pénètrent donc toujours, échangent toujours quelque chose de leurs substances par un phénomène d'endosmose. (MM 214; 69)

Marías reformula la misma idea en *Negra espalda*, la base teórica, si se quiere, del *Ciclo de Oxford*, y que llega a su culminación en *Tu rostro mañana*:

> [...] a veces tengo esa sensación de que *todos los ayeres laten bajo la tierra* como si se resistieran a desaparecer del todo, el enorme cúmulo de lo conocido y desconocido, lo contado y lo silenciado, lo registrado y lo que nunca se supo o no tuvo testigos o fue ocultado, una masa ingente de palabras y acontecimientos, pasiones y crímenes e injusticias, de temores y risas y aspiraciones y ardores, y sobre todo de pensamientos [...]. (NET 286-7)

Esta cita de Marías es clave, ya que demuestra la extendida presencia de Bergson vía Benet en el pensamiento del novelista. En su artículo, "Benet, Faulkner, and Bergson's Memory", Randolph Pope recuerda que *cúmulo* —recordemos aquí el concepto bergsoniano de *nebulosidad virtual*, explicado en el apartado anterior— "is one of the words used most often by Benet", para denominar la acumulación de determinantes, sombras de significados, reiteraciones de frases con pequeñas variaciones, que reflejan el deseo y a la vez la imposibilidad de reproducir el pasado a través del lenguaje (Pope 1984: 116).

El concepto de un pasado que late bajo la tierra inspira también la *imagen-cristal* de Deleuze, quien elabora igualmente la teoría de Bergson de un desdoblamiento del tiempo en presente y pasado. El término que emplea Deleuze es *coalescencia*, para expresar la idea del desdoblamiento del objeto percibido en objeto presente y su imagen-reflejo (virtual), la cual acoge y refleja lo real. De este modo,

> [i]l y a 'coalescence' entre les deux. Il y a formation d'une image biface, actuelle *et* virtuelle. C'est comme si une image en miroir, une photo, une carte postale s'animaient, prenaient de l'indépendance et passaient dans l'actuel, quitte à ce que l'image actuelle revienne dans le miroir, reprenne place dans la carte postale ou la photo, suivant un double mouvement de libération et de capture. (Deleuze 1983: 92-3)

En este doble movimiento de liberación y captura se condensa la idea bergsoniana de la percepción, tan importante como técnica narrativa que propulsa las digresiones en Marías. Lo que añade Marías a la idea de Bergson de una imagen con doble cara ("biface") es que incluye además de los "ayeres" del tiempo propio, los que nunca ocurrieron pero sí se imaginaban como su posibilidad o invención.[22] La comparación de la búsqueda del tiempo perdido como búsqueda de la verdad es, según Deleuze, central en el pensamiento de Bergson, tanto como la idea de la posibilidad de reconstitución de la verdad únicamente en forma de la creación (es decir de la invención), es una característica determinante de la escritura de Marías, afectando tanto el contenido como el estilo de sus obras, y por la cual, como se explicará más en detalle en el capítulo siguiente, hay que situarlo entre los escritores cuyas obras trascienden las limitaciones del posmodernismo.

Percibir, en el sentido bergsoniano, significa reconocer un tiempo ajeno como un posible tiempo propio. Una imagen observada busca su sentido a través del *flash-back* en su posible imagen-cristal, llenándose así de sentidos en constante transformación. Por lo tanto, la percepción es siempre también una búsqueda de sentido; es a la vez la descripción del objeto observado, tanto como su conocimiento y *re*-conocimiento. Esta descripción, según Robbe-Grillet, "qui, au lieu de projeter sur un objet supposé distinct, ne cesse à la fois d'absorber et de créer son propre objet" (citado en Deleuze 1985: 93). Refiriéndose al significado de los objetos de los personajes, los cuales "participan de su destino pero duran más. Literalmente les *sobreviven* y, pasando de mano en mano, mezclan simbólicamente el tiempo perdido de los muertos con el tiempo disponible de los vivos", Elide Pittarello llama esta característica de los objetos en Marías, su contaminación metonímica:

> En *El Siglo*, el agonizante protagonista que trata de imaginar lo que pasará cuando se muera, sabe que –aunque nadie lo llore– su existencia se prolongará al menos a través de los objetos que utiliza. 'Nada se extirpa ni

> corta desde la raíz: algo queda siempre', afirma Casaldáliga. Y lo demuestra a través de una casual enumeración de rastros, tan conmovedores como banales: desde 'la señal de los dientes que mordieron la pipa' hasta 'los cristales rotos de los lentes caídos'; desde 'la huella de la cabeza sobre la almohada' hasta 'la medicina que nadie se molestó en tirar'. (Pittarello 2005: 19)

Esta interpretación de los objetos como portadores de significados acumulados en su paso por el tiempo, o, más directamente expresada, de objetos como 'acumulación de tiempo', se deja ampliar para abarcar todo el proceso de percepción en Marías, ya que no son sólo los objetos que funcionan como almacenes del tiempo, sino todas las imágenes sujetas a la percepción. En Marías, el mundo está constituido por imágenes, del mismo modo que Bergson, como veremos, lo define como una agregación de imágenes.

2.3.2. Memoria y digresión. Tiempo perdido

Para tejer la red de sus numerosas digresiones, Marías se sirve de estrategias literarias parecidas a las de Proust en *A la recherche du temps perdu.*[23] Al igual que el escritor francés, Marías crea asociaciones o puentes temporales por medio de lo que equivaldría en Proust a la *mémoire involontaire*, es decir, más que un esfuerzo del intelecto de buscar en un pasado remoto episodios, son percepciones presentes que evocan otras, pasadas por azar y sin orden ni lógica más allá de las impresiones visuales o textuales que comparten. Según Rafael Conte, lo que comparte Marías con Proust, es

> la ambición totalitaria (en el buen sentido) de su prosa lo que les acerca, siendo la de Proust más deslumbrante y formalista, pero la de Marías no menos compleja y paradójica, pues también se plantea como un torrente verbal que intenta acarrearlo todo, el derecho y el revés con todas las sospechas a la espalda. (Conte 2002: s.p)

Conte, como tantos otros, insiste en una influencia de Proust en Marías, tanto como la de Benet, insinuando a la vez que la primera ha sido "secreta", es decir, intencionalmente disminuida por Marías. Aunque no pretendo cuestionar el aspecto proustiano —obvio— de la obra de Marías, ir directamente a Bergson nos ahorra especulaciones de influencias y ayuda quizá más a vislumbrar y apreciar los efectos y motivos detrás del "torrente verbal" o, término quizá más adecuado, de la "arquitectura mental"[24] del autor.

El significado de ambos títulos, *A la recherche du temps perdu* y *Negra espalda del tiempo* sí parece relacionado, ya que ambos se centran en el concepto de un tiempo perdido, a la vez que aluden al carácter efímero del tiempo. En el prefacio de *Un chasseur dans l'image*, de Boucquey, Kristeva define la estrategia narrativa de Proust de una manera que también elucida el proyecto de los narradores de la obra de Marías:

> le temps que recherche Marcel Proust est un intermédiaire entre deux souvenirs qu'il s'agit de restituer aux sens [...]. On n'atteint pas l'origine perdue, mais entre le ici et là, aujourd'hui et avant, surgit un vertige. Cet entre-deux est le véritable temps ou pays perdu, celui où l'imagination s'étoile et se refait, pour qu'un nouvel espace psychique s'amorce, comme une renaissance, la résurrection d'un nouveau corps. (Kristeva 1992: 10)

Para Marías, este tiempo intermediario cuyo sentido (léase *contenido*) se trata de restituir, es la negra espalda del tiempo, o también, "la imaginación memorando" (TRM I 426). Esta diferencia entre recordar el pasado y recordar imaginando constituye también, indirectamente, otra refutación del nihilismo que Felix de Azúa cree ver en Marías.[25] Respecto a *Tu rostro mañana*, Azúa opina que

> El verdadero asunto de la novela no es el amor, o las relaciones entre los humanos, o las dificultades económicas, sexuales, políticas habituales. El tema de la obra es sencillamente el tiempo como apelativo abstracto de una destrucción imperceptible y repetitiva. *A diferencia del tiempo proustiano, que tiene enmienda y se recobra o reencuentra, el tiempo de Marías es unidireccional, no tiene regreso, es irrecuperable*. Ese tiempo se escinde en varias dimensiones, pero en todas ellas destruye sistemática y tercamente hasta hacernos desaparecer. A nosotros, a quienes amamos, lo que conocemos, lo que sentimos, la totalidad de nuestro ser, es decir, la totalidad del mundo en el que nos representamos; todo, hasta convertirnos en nada. (Azúa 2007: s.p.)

Marías no pretende, como quiere Azúa, "proponer como asunto de la novela la aniquilación", precisamente porque no se trata nunca del *passé mort* de Proust, de un tiempo que una vez pasó, sino más bien del tiempo que *nunca* pasó, pero que *pudo* haber pasado. Aunque

Azúa acierta en que el pasado (entendido en un sentido espacial, es decir, "unidireccional", no-bergsoniano) nunca se recupera en Marías, hay que rectificar que tampoco es el caso en Proust. Por lo tanto, comentarios como el de Azúa — al que se puede adherir el de Paz Soldán— sólo aciertan en parte cuando afirman que "a diferencia de lo que ocurre con el francés, en Marías no se trata de una recuperación nostálgica del tiempo perdido, sino más bien de la constatación de que es imposible recuperarlo" (Paz Soldán 2007: s.p.). Y digo en parte porque *ambos* novelistas, Marías *y* Proust, llegan a la misma constatación. Interpretar el *pasado muerto* en Proust como un tiempo "que tiene enmienda y se recobra o reencuentra" equivaldría a perderse el argumento central del autor del último tomo de *À la Recherche du temps perdu*, *Temps retrouvé*, ya que va en contra de la teoría del tiempo, basada en obras como *Essai sur les données inmédiates de la conscience*,[26] que se novela en este último tomo de la *Recherche*. No es el pasado en sí que se recupera o reencuentra, sino, al igual que en Marías, un tiempo que, cronológicamente, nunca existió. Como explica Deleuze tan bien en *Différence et répétition*,

> Combray *ne ressurgit pas comme il fut présent*, ni comme il pourrait être, mais dans une splendeur *qui ne fut jamais vécue*, comme un passé pur *qui révèle enfin sa double irréductibilité au présent qu'il a été, mais aussi à l'actuel présent qu'il pourrait être*, à la faveur d'un télescopage entre les deux. Les anciens présents se laissent représenter dans la synthèse active par-delà l'oubli, dans la mesure où *l'oubli est empiriquement vaincu*. Mais là, c'est dans l'Oubli, et comme *immémorial*, que Combray surgit sous forme *d'un passé qui ne fut jamais présent*: *l'en-soi* de Combray. (Deleuze 1981: 115)

Fijémonos sobre todo en la última frase. A la aceptación de la imposibilidad de resucitar el pasado sigue un "pero", y de la aniquilación (del olvido) surge el tiempo puro bergsoniano: la esencia preservada (*l'en-soi*) en la misma consciencia de la pérdida de la materia —pérdida que, desde luego, constituye a la vez su superación. En este aspecto Marías sí es proustiano, o mejor dicho, es, al igual que —o quizá aún más como— el novelista francés, bergsoniano. El pasado (*passé mort* o en términos de Marías: hechos ciertos, cosas en verdad acaecidas[27]) no existe, ya que la verdad, como también escribía Juan Benet en uno de sus cuentos, "muere con lo muerto y nunca resurge del pasado" (1981: 298).

Bergson escribe en *Evolution créatrice* que la consciencia nunca puede pasar por el mismo estado dos veces. Y, como consecuencia, cada recuerdo, aunque sea del mismo evento, es diferente. En este sentido, *durée* también es unidireccional e irreversible. Cada experiencia en el presente provoca un cambio en la manera en la que recordamos el pasado, es decir, cada cambio parcial provoca un cambio del todo y construye una nueva imagen del pasado. Por lo tanto, el recuerdo de un evento en el pasado no puede ser el mismo evento (no puede ser la misma imagen) cuando lo recordamos en otro momento. La imagen-metáfora que usa Bergson para elucidar el proceso de la memoria es el jugador de ajedrez que juega a ciegas. Cada movimiento de una pieza constituye un solo cambio. Sin embargo, el jugador no asimila este cambio a una visualización fija del conjunto, sino que, más bien, con cada movimiento de una pieza reconstituye una nueva imagen del conjunto, no como un compuesto de piezas sino como una imagen, íntegra y enteramente diferente a la previa.

Para Pope, la *invención* del pasado como única posibilidad de acercamiento a un tiempo perdido (su *en-soi*, si se quiere) constituye el meollo de la obra de Benet, y lo dicho sobre el autor de *Volverás a Región* es igualmente aplicable a la obra de Marías, donde también "memory becomes fantasy" y "'es casi siempre la venganza de lo que no fue', or 'todo lo que nos queda es lo que un día no pasó, or even 'el tiempo es todo lo que no somos'" (Pope 1984: 117, citando a Benet).

Acabar con la aniquilación del tiempo y con una visión nihilista como conclusión última de la novela, aunque sea, desde luego, una lectura posible, no haría justicia a la complejidad y profundidad de *Tu rostro mañana*, ya que, lejos de constituir la conclusión de la novela, es más bien su punto de partida.[28] En su discurso de ingreso a la Real Academia, Marías cita de Thomas Brown "amplio es el tesoro del olvido" (2008: 32). En esta frase, muy significativa para su filosofía de escritura, Marías retoma también indirectamente el comentario antes citado de Deleuze sobre la obra de Proust: "c'est dans l'Oubli, et comme immémorial, que Combray surgit sous forme d'un passé qui ne fut jamais présent: l'en-soi de Combray". Sobre el pasado muerto va creciendo el *pudo haber sido,* y por medio de la especulación se construye otro tiempo (fluido, bergsoniano, puro) que logra revelar, no la apariencia, sino la esencia de las cosas. Es el motor incansable de la imaginación y de la narración, y es "el territorio que no es de verdad" en que "todo sigue pasando y pasando siempre" (NET 291). No hace más falta insistir en ello, sobre todo porque Marías ya ha dicho lo justo al respecto, dedicándole al tema toda una novela, varios ensayos y gran parte de su discurso de ingreso a la RAE.[29]

Para Bergson el pasado no existe, pero sí *insiste*, diferencia sutil pero importante. Aunque lo pasado no se reencuentra como un *fue* que *ha sido*, sigue insistiendo como un *pudo haber sido*. Esta diferencia es esencial en Marías (y, dicho sea de paso, en Benet). En este contexto podemos entender que el tiempo no puede ser sucesión, sino más bien contemporaneidad, y que "tout le passé coexiste avec le présent par rapport auquel il est passé" (Deleuze 1981: 111). Del mismo modo, Luisa afirma en *Corazón tan blanco* que "Yo no creo que a nadie se le pase el tiempo [...] todo está ahí, esperando a que se lo haga volver" (CTB 331). En la cosmovisión de Bergson, y esto se aplica también al universo novelístico de Marías, el pasado no es estático, como una dimensión inmutable que almacena los eventos en un armario incorruptible, sino que forma parte de la fluidez de *durée*, la cual, en cada presente, se reconstituye, cambia, fluye. Como escribe Bergson en *Intuición filosófica*, "the continuous fluidity of real time [...] flows along, indivisible [...] it will seize upon one identical change which keeps ever lengthening as in a melody where *everything is becoming*" (citado en Larabee 1949: 111). Todo se está haciendo y rehaciendo, no sólo el presente o el futuro, sino también, y sobre todo, el pasado. La negra espalda del tiempo de Marías no constituye, por lo tanto, un espacio de la realidad de un pasado recuperado. Más bien, corresponde a lo que en Bergson se ha interpretado como "un espace esthétique, où, en s'ordonnant, les moments et les lieux forment l'oeuvre d'art" (Poulet 1963: 10).

Este concepto de "tiempo recuperado" como un espacio estético más que temporal, e íntimamente ligado a la redefinición de "verdad" en Marías, ya se ha aclarado recurriendo al ensayo clave de Bergson, *Le possible et le réel.*[30]

2.3.3. Imagen y memoria. Tiempo recuperado

Una de las diferencias marcadas entre Marías y Proust no la constituye su exploración del tiempo como *durée* bergsoniana, sino la manera técnica con la que sus narradores se mueven de un plano de tiempo a otro. Delattre, en un estudio sobre la influencia bergsoniana en la obra de Proust, revela que

> ce que Proust désigne sous le nom de mémoire involontaire et de mémoire volontaire ou intellectuelle, Bergson l'avait appelé, bien avant lui, mémoire pure ou spontanée d'une part, et mémoire habitude de l'autre. (1948: 80)

En la obra de Marías, la "memoria involuntaria," o memoria espontánea, para usar el término bergsoniano correspondiente, se produce a través de la percepción y las emociones que éstas inspiran, conectando así diversos planos temporales. La percepción presente, como explica Deleuze en *L'image-temps*, provoca el *flash-back*, el cual funciona como un entrecruzamiento de las bifurcaciones en el tiempo. En Bergson, y lo mismo se ve aplicado en la obra de Marías, "ce n'est pas l'espace, c'est le temps qui bifurque [...]. C'est là que le flash-back trouve sa raison: à chaque point de bifurcation du temps" (Deleuze 1985: 68). Es esa técnica o táctica narrativa, más que el contenido de las anécdotas mismas, lo que da coherencia y cohesión a las 1590 páginas de *Tu rostro mañana*. Y aún más allá, conectan las reflexiones de Deza de *Tu rostro mañana* con las del narrador de *El siglo*, el de *Todas las almas*, el autor-narrador de *Negra espalda del tiempo*, y hasta más allá de la obra de Marías, evocando e incorporando escenas e imágenes de otras obras (cine, literatura, música, arte visual), de otros autores y de otras épocas.

La importancia de lo visual como pensamiento es otro aspecto que acerca el pensamiento literario de Marías a la filosofía de Bergson. En el caso de Bergson, la gran cantidad de artículos que recurren a la filosofía de Bergson como marco teórico para analizar pintura (sobre todo el cubismo), cinema y hasta arquitectura moderna son prueba de ello.[31] Esta relación prevalente entre la percepción del tiempo y lo visual (la imagen tanto como la mirada misma) en Marías también es evidente. Como comenta Martín-Estudillo muy oportunamente, Marías es ante todo un escritor visual, y esta "gnoseología que cabría calificar de visual [...] se fundamenta en una serie de metáforas que asocian o asimilan el saber con el mirar" (2009: 115). Basta con recordar las descripciones detalladas de los ojos de los personajes, expresiones de la fluidez del tiempo con claras alusiones al río y falta de esencias fijas. También en la muy comentada escena de la *High Table* en *Todas las almas*, *durée* se accede a través de la mirada como una continuación figurativa de la imagen del río.

A diferencia de Proust, donde experiencias sensuales como olfato, tacto y sabor incitan la memoria involuntaria, los narradores de Marías se dejan llevar de digresión en digresión por estímulos visuales o, en pocos casos, auditivos. Observan, perciben, describen imágenes, o leen y recitan palabras o citas que remiten a otras similares, en contextos diferentes o parecidos, de experiencias vividas, recordadas o imaginadas, de la vida propia, de la ajena, de posibles o lo todavía por ocurrir. A diferencia de Proust, los saltos a otros planos temporales no se limitan al mundo cerrado de los personajes. En Marías, estos "planos temporales" incluyen todo un universo de imágenes sacadas de lecturas del autor, de la experiencia vivida, del mundo del cine, del arte, o de la pura imaginación, sin orden aparente ni líneas de separación claras entre ellas. Las constantes y arbitrarias bifurcaciones en el tiempo evocan imágenes que sirven de puentes entre los planos. Y son estos planos que parecen dividir el *Ciclo de Oxford* en una serie de *cúmulos* de episodios semánticamente inconexos y fragmentados. Poco a poco se les confiere coherencia hasta unirlos en una sola imagen *multiface*, para recordar la metáfora de Deleuze, cuyo sentido se forma en la coalescencia paulatina de presente (percepción) y memoria (pasado, real o imaginado).

En las novelas de Marías las bifurcaciones se inician sin ninguna transición, muchas veces en medio de una misma frase sin cambiar de sujeto. Aunque este estilo "errabundo" prevalece en toda la obra del autor, la interpenetración de niveles temporales —o contemporaneidad de las dimensiones del tiempo, como diría Deleuze— determina sobre todo la estructura de *Tu rostro mañana*. Aquí el pasado confluye con el presente de manera verdaderamente proustiana, o bergsoniana. Al ser perseguido por una supuesta desconocida bajo la lluvia, a Deza le "vino a la memoria de golpe bajo la noche de lluvia eterna" (TRM I 372) el bibliómano Marriot, quien le persiguió durante otra noche lluviosa, episodio relatado en *Todas las almas*, para hablarle del club secreto de admiradores de Arthur Machen. Durante esta digresión, el narrador se desvía otra vez por culpa de las botas de la mujer que evocan las botas de otra joven, a la que Marriot y Deza observaron aquella noche relatada en TLA desde la ventana de su apartamento. El narrador se acuerda además de la conversación que había tenido con Marriot durante la cual se imaginaban posibles conexiones hipotéticas entre la joven y el perro de las tres patas. La experiencia actual, los recuerdos de otra noche de lluvia, las presunciones y posibles conexiones, todo converge y se bifurca dando lugar a una verdadera estructura laberíntica:

> [G]iré el cuello al pararme y las vi entonces, dos figuras blancas a cierta distancia que no me habría permitido normalmente oír jadeos ni pisadas. El perro era blanco y la mujer, la persona, vestía como yo gabardina clara. […] Tuve la sensación de que el encuentro era imposible, y, al mismo tiempo, de que sería una pena que no lo hubiese y de que era mejor si no se daba. […] Muchos años atrás en el mismo país, cuando enseñaba en Oxford, había seguido mis pasos a ratos perdidos un hombre con un perro con tres patas […]. Aquel pobre terrier del bibliómano Marriot tendría sólo catorce dedos, pensé, al faltarle una pata. Tal vez me había acordado de él porque su imagen se me quedó para siempre asociada a la de una joven que también solía calzar botas altas, una florista gitana […]. Y de pronto [Marriot] me había ilustrado el horror mediante una hipótesis que involucraba a su perro de tres patas y cara despierta con la florista de las botas altas. 'Los horrores dependen en buena medida de la asociación de ideas', había dicho. 'De la conjunción de ideas. De la capacidad de unirlas'. (TLA 370-74)

Para los lectores sumergidos en el mundo novelístico de Marías y entrenados en crear asociaciones por medio de imágenes repetidas entre sus novelas, la noche de lluvia evoca desde luego también otras escenas de obras anteriores, como, por ejemplo, la de *Corazón tan blanco*, cuando el narrador Juan Ranz observa a Custardoy desde su ventana de noche:

> caía la lluvia como cae tantas veces en la despejada Madrid [...]. Miré hacia fuera, hacia los árboles y hacia los haces de luz de las farolas curadas que iluminan la lluvia cayendo y la hacen parecer plateada, y entonces vi una figura en la misma esquina en que se pusieron más tarde el organillero viejo y la gitana con platillo y trenza, esa misma esquina que sólo se ve parcialmente desde mi ventana, una figura de hombre [...]. (CTB 272)

De esta forma, varias escenas similares se enriquecen de significado y se cargan mutuamente de insinuaciones y emociones atribuidas a otras. Lo único que cambia es la perspectiva y el ángulo de las miradas, o lo que se intercambia es el papel del observador y del observado. La escena en *Corazón tan blanco* le atribuye al narrador características de Otelo, cuando observa, desde su ventana, al que sospecha ser su rival, Custardoy. Una escena muy parecida se repite al final de TRM II, cuando Deza, antes de entrar en su edificio, observa la ventana de su piso desde la calle. En este momento, la mirada de Deza se desdobla en la anterior de Tupra-Otelo, cuando sospechaba que Nuix, su amante, estaba esperando a Deza en su alcoba, y en la de Juan de CTB:

> Volví a mirar hacia mis luces con la cabeza vuelta [...] no había nadie en la casa, esperándome, que pidiera apagar nada en mi ausencia, mientras yo no estaba. Nadie tenía mis llaves, y allí nunca me esperaba nadie. (TRM II 410)

En su ensayo "Desde una novela no necesariamente castiza", Marías explica que "en el inicio de mis novelas suele haber una imagen, o una frase, o una situación aislada que sin embargo necesitan de algo que les dé cabida, que las albergue, para cobrar pleno sentido" (LF 66). Siguiendo la misma estructura digresiva a partir de una imagen, la famosa gota de sangre[32] de la biblioteca de Wheeler inicia las divagaciones en TRM I, sin encontrar su verdadero sentido (u origen, o *cabida*) hasta el final de la tercera entrega, unas mil quinientas páginas adelante.

La forma digresiva de narrar de Marías es uno de los aspectos más comentados por el propio autor y también por su crítica.[33] Mi lectura propone reconsiderar la estructura "errabunda" del autor desde una óptica filosófica ligada a la consciencia bergsoniana del tiempo y así liberarla del contexto posmoderno de fragmentación o deconstrucción usual. El modelo de percepción y memoria de Bergson da un soporte teórico útil para entender la interacción entre objeto percibido, la memoria o consciencia del sujeto, y la realidad, en Marías. Como explica Bergson en *Matière et mémoire*,

> la perception est un circuit, où tous les éléments, y compris l'objet perçu lui-même, se tiennent en état de tension mutuelle comme dans un circuit électrique, de sorte qu'aucun ébranlement à parti de l'objet ne peut s'arrêter en route dans les profondeurs de l'esprit: il doit toujours faire retour à l'objet lui-même [...]. (MM 249; 114)

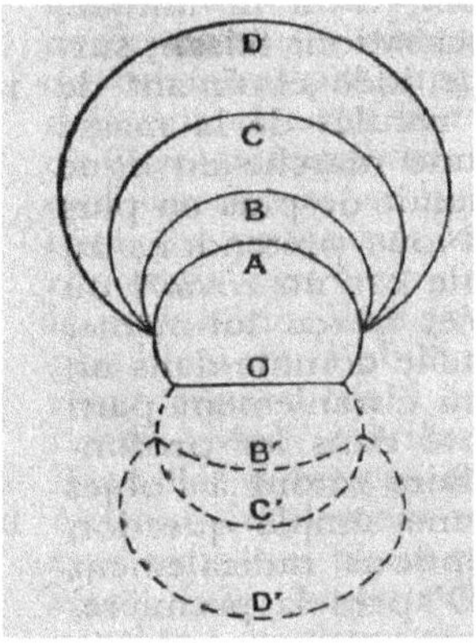

Aplicados a la estructura del tiempo en Marías, los conceptos de este pasaje que nos interesan son: la tensión mutua entre los elementos, la interacción entre especulación (B, C, D) y memoria espontánea (B', C', D'), la interacción entre intelecto e intuición y la circularidad con el objeto (O= la gota de sangre) como punto de partida y de retorno, para cerrar el circuito de la percepción. Por medio de la percepción, la memoria añade y expande significado (B, C, D) a través de asociaciones espontáneas (B', C', D'), involucrando toda la memoria en un movimiento circular en expansión. Y así, la memoria "que son élasticité permet de dilater indéfiniment, réfléchit sur l'objet *un nombre croissant de choses suggérées*" (MM 250; 115). Este modelo de percepción y memoria de Bergson determina toda la estructura de las novelas de Marías, y hasta resuena en la descripción de algunos de sus personajes mismos. En *Todas las almas*, por ejemplo, el narrador describe a Clare Bayes como un ser en el que

> todo [...] era *expansivo, excesivo*, un ser nervioso, uno de esos seres para los que no está hecho el tiempo [léase tradicional, cronológico], para los que la propia noción de tiempo y de paso es un agravio, necesitados como están de fragmentos de eternidad para cualquier cosa, o, dicho de otra forma, de contenidos eternos *para llenar y desbordar el tiempo*. (TLA 32)

Las digresiones circulares, a partir de la gota de sangre, buscan su sentido en un continuo movimiento de círculos (o cercos), cada vez más extensos, cargándose de un sentido nuevo con cada cerco. Es un ejemplo perfecto de la puesta en práctica del modelo de percepción de memoria, del cono de memoria, y de la construcción de la imagen-cristal de Bergson. La gota de sangre en la biblioteca evoca todo tipo de gotas de sangre: sangre de menstruación, de abuso de drogas, de signo de violencia o indicación de enfermedad. Al examinar su propio cuerpo, Deza cuenta cómo "me pasé por la nariz el pulgar y el índice, también la nariz sangra a veces sin motivo aparente, me acordé de un amigo al que le sangró con motivo" (TRM I 197). Después de la digresión del amigo drogadicto arrestado en la aduana italiana, Deza sigue limpiando la mancha de sangre hasta perderse otra vez en el pasado, donde otro amigo "vio también entonces una mancha de sangre en el suelo, quizá semejante a la que yo tenía ante mis ojos ahora" (*íbid.* 170). Y por fin, la imagen de la sangre ocasiona reflexiones sobre un futuro hipotético, sobre la muerte y la fugacidad del ser humano, tema repetido y reforzado hasta las últimas páginas de TRM III, cuando, miles de páginas más tarde, se revela el origen de la sangre como "alguna que otra expectoración hemoptoica" (TRM III 690), —cerrando así el circuito entre la causa de muerte de Wheeler y el trágico suicidio de su mujer.

2.3.4. La interconectividad del mundo. La búsqueda del sentido

La imagen, su percepción, evocación y potencial de asociarse con otras, cumple la función de encrucijadas en las novelas de Marías que abren bifurcaciones en el tiempo. La imagen equivale a los estímulos sensoriales en Proust que inician la memoria espontánea y permiten a los narradores desplazarse en el tiempo de forma arbitraria, intuitiva y sin aparente destino final. A diferencia de Proust, sin embargo, Marías no se limita a la exploración de *durée*, ni constituye la nostalgia por tiempos pasados el motor de la narración. Las digresiones de sus narradores y personajes, por inconexas y arbitrarias que parezcan, no emprenden la búsqueda de un *tiempo* perdido. Más bien, aspiran a reconstruir, de imagen a imagen, el *sentido* del mundo caótico que les rodea. No obstante, no es la *imagen* portadora de sentido en Marías, sino las asociaciones mismas *entre* ellas.

Un episodio representativo para demostrar cómo se genera sentido a través de la asimilación o asociación de las imágenes se inicia en *Todas las almas.* Este episodio, el encuentro final entre Deza y Custardoy, conecta con —y da sentido a— una de las últimas escenas de *Tu rostro mañana* III. La visita de Marriot con su perro de tres patas y la referencia al escritor de cuentos de terror Arthur Machen son clave para otorgar sentido a la última confrontación con el rival. Como cité antes, en *Tu rostro mañana* Deza recuerda en algún momento aquella tarde de la visita de Marriot, cuya conversación sobre el perro de tres patas y la florista gitana se concluye con la observación que "'*Los horrores dependen en buena medida de la asociación de ideas'*, [...] '*De la conjunción de ideas. De la capacidad de unirlas*'" (TRM I 370-74).

En esta conversación, relatada en *Todas las almas*, el narrador introduce una idea importante que revela el efecto que busca el autor con su estilo digresivo y las constantes asociaciones entre imágenes aparentemente inconexas. En *Évolution créatrice* Bergson desarrolla una teoría que puede explicar la eficiencia de la errabundia narrativa de Marías. El universo, percibido por el ojo humano, se nos presenta bajo la ilusión de fragmentación y estatismo, como si miráramos el mundo a través de un caleidoscopio, donde "everything is bound together in relations" (Pearson 2002: 144). Es este el aspecto más llamativo que comparte la obra de Marías con el cine bergsoniano de Resnais. Lo que Ward denomina "external narrative" en la película *Muriel*, narrativa externa, podría aplicarse perfectamente a la estructura del tiempo en las novelas de Marías. Como explica Ward,

> this is a film run through by associations, I mean the author's associations. Scenes are juxtaposed, seemingly trivial details are placed together [...] *Muriel* does not merely revolve around several highly personalised pasts, but expresses la durée more generally by showing that the present in which the character operates is not simply 'his present', but something created, even in its durational quality, by other people's presents and pasts. [...] The central theme of Time, as the great destroyer, the great reducer and the great repeater, justifies Resnais' [e incluiría aquí la de Marías] technique of exterior narrative. (1968: 65-86)

La percepción bergsoniana del mundo ocurre en un proceso bi-direccional, entre el observar y el ser observado.[34] La insistencia en la reciprocidad e interconectividad es relevante para la formación del presente Zeitgeist y es una de las características más salientes del pensamiento contemporáneo que se distingue del paradigma posmoderno anterior, este último más bien enfocado en la fragmentación, el estatismo y la deconstrucción de sentido. Para Bergson, por el contrario, cuando percibimos el mundo, visto por un caleidoscopio, no mantenemos una posición separada entre lo que observamos y nuestro propio ser, sino que formamos igualmente una pieza en este todo fragmentado. Cada giro del caleidoscopio le afecta al observador, ya que cada cambio externo percibido internamente, como ya se explicó, afecta la percepción del mundo y del observador de sí-mismo, cambia el mundo y cambia a su observador. La diferencia es significativa, puesto que, como aclara Montebello,

> Bergson does not consider the universe as an objective, all-encompassing realm that precedes us, fixed and immutable. Rather, it is deduced from our perception, from what is transformed and felt in our experience of conscious life. We cannot change without things changing; the world is not transformed without our being aware of it, because life, matter and consciousness are durations, *and there is communication among these durations, wince our perception itself is simply a relationship of durations.* (Montebello 2007: 97)

Del mismo modo, Deleuze define el empiricismo bergsoniano como "the doctrine of the externality of relations" (Pearson 2002: 40). En esta externalidad de las relaciones se reflejan "the movement of life and the composition of the world"; y, por lo tanto, el pensamiento

> must be forced to think this discovery as an experimentation which does violence to thinking. There is not only the world of being [...] but also of 'extra-being' and 'inter-being' by which the 'And' by which relations between things are created is not simply a conjunction, but that which subtends all relations, making relations shoot outside their terms and the set of these terms. (Pearson 2002: 40)

En Bergson, e igualmente en Marías, el mundo nunca se entiende (no se com-prende) como algo que "es" intrínsecamente, sino siempre y únicamente como un "y": una conjunción de asociaciones que remite a la multiplicidad del todo. Recurriendo a la metáfora del caleidoscopio vemos cómo esta forma de percibir el mundo se aleja de la visión posmoderna. El caleidoscopio posmoderno desmantela la ilusión de un todo, íntegro, uniforme, jerárquico, enfocándose en las piezas mismas del caleidoscopio y la pérdida de sentido. Sigue un proceso que va de la totalidad a la fragmentación y la discontinuidad. En Bergson, por otro lado, reconocer el mundo como un conjunto de fragmentos no implica la pérdida de sentido, ya que nunca ubica la esencia de las cosas en su centro. Más bien, como lo expresa tan bien

Pearson, el significado del mundo y su propia esencia se encuentran en los puntos de conexión entre ellas. Siguiendo el principio de la memoria espontánea, no es el intelecto sino las emociones, intuiciones, etc., las que establecen estos nexos (Al-Saji 2004: 223). Y, recíprocamente, son los nexos y asociaciones los que evocan emociones.

En Marías las emociones prevalentes que surgen de estos nexos y asociaciones son el horror, el espanto, la náusea, el odio y también el amor. Como indica esta frase tan repetida y auto-citada en el *Ciclo de Oxford*, "'Los horrores dependen en buena medida de la asociación de ideas', había dicho. 'De la conjunción de ideas. De la capacidad de unirlas'". Asimismo, estos nexos y digresiones —la interconectividad bergsoniana— puestos en marcha a través de la imaginación y el *flash-back*, son los pilares de la obra de Marías: determinan el estilo de su escritura, forjan la estructura del tiempo y, en segunda instancia, implican también una visión ética del mundo.

Estas últimas reflexiones sobre la interconectividad del mundo y la asociación como generadora de horror, se cristalizan sobre todo en este *grand finale* de *Tu rostro mañana* III, que merece ser analizado en detalle. La imagen de la jinete y el caballo sujetado por la mano enguantada de Custardoy es un compuesto de imágenes cuyos elementos se repiten a través del *Ciclo de Oxford*, parecido a un compuesto de fragmentos intercalados, vistos a través de un caleidoscopio en movimiento. Los fragmentos reaparecen en diferentes contextos y funcionan como hilos conductores, o bolas de nieve, acumulando significado en su trayectoria, hasta encontrar su plasmación culminante en las últimas páginas de la novela. En estas últimas páginas atestiguamos lo que Bergson llama la actualización de la imagen virtual, o bien, la inserción del pasado en el presente. La imagen final de Custardoy —como diría Bergson— está "empreñada" de otras imágenes recurrentes desde *Todas las almas*, *Negra espalda del tiempo,* hasta las tres entregas de *Tu rostro mañana*. Por lo tanto, esta imagen brinda un ejemplo clásico de *image-souvenir*, o imagen-memoria. Imagen-memoria, en Bergson, significa la imagen virtual (el pasado puro) en vía de actualización. *Actualización* se refiere al proceso de inserción del pasado en la percepción presente. En su prólogo a *Corazón tan blanco*, Elide Pittarello resalta la complejidad temporal de la construcción de la imagen de una manera muy similar, cuando observa que en Custardoy, personaje de CTB, "*confluyen los desplazamientos metonímicos* que empezaron con la vista parcial de Guillermo, en el hotel de La Habana" (Pittarello 2006: 60).

Al-Saji distingue en Bergson entre la memoria del presente y la percepción consciente del presente. En esta última escena de *Tu rostro mañana*, como también en las elaboraciones interpretativas de imágenes en general, se trata siempre en Marías de la memoria del presente, o "a kind of world memory": "It 'sees' the universe as a virtual nexus of dynamic and intensive relations, not yet actualized or made determinate by perception" (Al Saji 2004: 223). La memoria del presente funciona en este caso a través de la imagen virtual, ya que tiene más alcance que la percepción consciente. Y tiene más alcance porque

> It records the implicit and unconscious images, the whole interpenetrating nexus of material images that constitute the universe for Bergson. Through the virtual image, our memory goes beyond the capacities of our perception and includes a universe that *has never been represented, never perceived as such.* (Al-Saji 2004: 220)

En Marías, las imágenes del pasado (virtuales, invisibles) siguen insistiendo en el presente como prolongación o sombra de la imagen percibida en el presente, dándole su contorno y su sustancia (su *cabida*, si se quiere). Como explica Bergson en *Matière et mémoire*, y lo mismo es fundamental para las novelas de Marías,

> [...] si l'on pose la mémoire, c'est-à-dire *une survivance des images passées*, ces images *se mêleront constamment à notre perception du présent et pourront même s'y substituer.* [...] à tout instant elles complètent l'expérience présente en l'enrichissant de l'expérience acquise; et comme celle-ci va sans cesse en grossissant, elle finira par recouvrir et par submerger l'autre. Il est incontestable que le fond d'intuition réelle, et pour ainsi dire instantanée, sur lequel s'épanouit notre perception du monde extérieur est peu de chose en comparaison de tout ce que notre mémoire y ajoute. (MM 213; 68)

¿Pero qué es, entonces, lo que remite esta imagen final, imagen-memoria o imagen-cristal, cargada de la memoria pura (imagen virtual), sobre el tiempo como *durée*? Remite que el pasado es y está *omni*-presente, es el Tiempo en su totalidad, el cual acoge presente y futuro, o, en palabras de Deleuze, es la síntesis misma del tiempo:

> [Le passé] est la synthèse du temps tout entier dont le présent et le futur sont seulement les dimensions. On ne peut pas dire : il était. Il n'existe plus, il n'existe pas, mais il insiste, il consiste, il *est*. Il insiste avec l'ancien présent, il consiste avec l'actuel ou le nouveau. Il est l'en-soi du temps comme fondement dernier du passage [...]. (Deleuze 1981: 111)

El pasado no existe, sino que insiste, consiste, en esta imagen-memoria de Custardoy en las calles de Madrid al final de *Tu rostro mañana*. La insistencia del pasado, la negra espalda del tiempo, está presente como sombra en cada detalle de su descripción:

> Y de pronto se me cruzó como un relámpago una imagen –como un relámpago por breve, no por fulgurante, era aterradora y nauseabunda y sórdida; o fue como un rayo sin trueno que despedaza callando –que había visto en los vídeos de Tupra, con un caballo obligado, una mujer indefensa, y no pude por menos de asociar a Custardoy con los hombres bien trajeados que miraban el espectáculo bajo los toldos blancos, rojos, verdes, con bigotes poblados y sombreros texanos la mayoría de ellos, aunque ahora Custardoy ya no llevara sombrero ni bigote apenas, pero yo se los había visto, y las huellas de su maltrato. (TRM III 699)

Esta imagen-memoria que se presenta a la vista del narrador es de una complejidad asombrosa: las botas negras de Custardoy remiten a las de la florista gitana de *Todas las almas* (o Jane en *Negra espalda del tiempo)*, a las botas de Pérez-Nuix de TRM I durante su visita nocturna en la casa de Deza. El perro de la transeúnte evoca al pointer de Pérez-Nuix y al perro de las tres patas de Marriot. De esta acumulación de imágenes (*cúmulo* o *nebulosidad* del pasado) resalta el guante como elemento mitigante ligado a la violencia. En una palabra, pues, se evocan y asocian todas las escenas de violencia del *Ciclo de Oxford*: la mutilación del perro de Marriot en la vía del tren, el sótano secreto de la tortura de Nin, la escena del retrete de los minusválidos de TRM (la mano enguantada de Tupra), las escenas de violación y tortura grabadas en los vídeos de Tupra (la mano con guante que sujeta el caballo obligado), la escena de confrontación entre Deza y Custardoy en la casa del rival (la mano enguantada de Deza destrozando la del rival), y así siguen asociándose a otras imágenes fragmentadas, en esta imagen caleidoscópica en movimiento, como temas de una sinfonía, repetidas con variaciones, ritmos y grados de intensificación diferentes: la mutilación y la tortura, la mujer y la amante, la mujer y el rival, el perro y el caballo sujetado, la mano en guante que tortura, el animal obligado por la patrulla, el animal obligado a la violación, la piel cicatrizada de Custardoy, la cicatriz de Luisa, la de Wheeler, la de De la Garza (*uno sfregio*).

La escena descrita ejemplifica la idea de Bergson de la percepción cargada del pasado y la teoría del pasado como anunciador del futuro, ya que su sentido se completa tanto al recordar lo sucedido como al especular sobre lo que está por venir.[35] De nuevo, Marías crea una impresión, una imagen cargada de sentido, pero sin más explicación que las asociaciones insinuadas a otras imágenes. Luego corresponde al lector de llenarla de un sentido y completar el puzzle, según su propia lectura.

2.4. Imagen-memoria

2.4.1. La inoculación de la imagen. Las patas del perro

En su ensayo "El perro y sus patas", Javier Marías enumera los criterios empleados más tarde en *El ciclo de Oxford*, para lo que constituye, según él, buena literatura. El autor nos presenta como modelo ideal aquellas novelas que son

> divagatorias, están llenas de rodeos y desvíos, de digresiones, de lo que esos críticos llamarían 'elementos gratuitos' y no lo son en modo alguno, sino que constituyen la configuración misma de sus mundos. (LF 316)

Insistiendo en otro criterio más, el cual será clave en *Tu rostro mañana*, Marías explica que la acción de una novela, el hilo argumental y el desenlace, aunque capten la atención durante la lectura, se olvidan rápidamente poco después de cerrar el libro. Los elementos de una novela menos efímeros que propone son los mismos que determinan las técnicas narrativas de su obra:

> la atmósfera, la caracterización de los tipos, el diálogo rápido y cortante y tan a menudo inútil, el adjetivo insólito o bien una precisión heladora, el detalle [de ...] una voz, un tono, una escena, un gesto, la manera en que

> alguien habló o sostuvo un cigarrillo o se ladeó el sombrero, la sequedad de unas frases o la muerte de un perro. (*ibíd.* 316-7)

La muerte del perro se refiere a la descripción de una imagen fragmentada de violencia en *Woman in the Dark*, de Hammet, la cual resucitará, modificada, en el perro de Marriot. Marías recuerda la escena que le impresionó tanto de la obra de Hammet del modo siguiente:

> Con sobriedad o más bien frialdad [...] se cuenta cómo un hombre acerca la boca de su pistola a la oreja del animal y le atraviesa la cabeza de un balazo. Lo que sin embargo hiela la sangre y aún resuena en mi memoria es una frase aún más breve, que llega unas cuantas líneas después, durante las cuales han proseguido la acción y el diálogo de las personas. Es entonces cuando Hammet intercala de pronto esto 'Las patas del perro dejaron de moverse'. Como he dicho, no recordaré la trama ni los motivos ni los nombres ni la curiosidad sentida durante la lectura, idéntica en sí misma a tantas otras curiosidades que no dejan ninguna huella una vez satisfechas. Pero en cambio es seguro que *no olvidaré* los detalles impertinentes que son la marca del gran novelista, policíaco o no [...]. *No olvidaré* [...] las patas de ese perro que, *para mi espanto*, se estuvieron moviendo durante un rato *sin que yo lo supiera hasta que pararon.* (LF 317-8)

A través de *Tu rostro mañana* se refiere en varias ocasiones a la *inoculación* de la imagen de violencia. Como se ha explicado en el apartado del capítulo de introducción, se observa en la trayectoria de Marías un creciente peso ético en torno a la violencia y la responsabilidad propia, ausente en sus primeras dos novelas. El objetivo principal, sin embargo, parece corresponder a una necesidad literaria, más que moral. Persuadir, capturar e impactar al lector son los objetivos principales que Marías espera lograr al evocar imágenes como la citada de Hammet. Por lo tanto, la descripción de la violencia se entiende como una *inoculación*, con la esperanza de que el impacto en el lector perdure más allá del recuerdo a la trama misma de las historias contadas. En "La muerte de Manur", el autor especifica que la creación de imágenes —cuanto más impactantes sean— es parte de la estrategia de un buen novelista para convencer de la verosimilitud de la ficción, puesto que "entiendo por persuasión no sólo la verosimilitud de lo imaginado o supuesto, sino la suficiente fuerza de las imágenes o hechos así mostrados" (LF 81).[36]

2.4.2. Violencia y memoria. Baile, sueño, veneno y adiós

Sin la conexión del último encuentro con Custardoy con el futuro del protagonista, la novela parece tener un fin abierto, con demasiados cabos sueltos. Sin embargo, una vez establecida la imagen como imagen-memoria, cargada del pasado y anunciadora del futuro, y teniendo en cuenta los comentarios del autor expuestos en el ensayo sobre Hammet, se entienden las últimas páginas como la pieza final, estructuralmente, y también la pieza central, semánticamente, de la novela. Y, como lo indica su título, constituye un cierre definitivo y un *Adiós*.

Para comprender el impacto y las consecuencias finales de la inoculación de la violencia a través de la imagen, encontramos una clave importante en el cuento de Tolstoy, "Después del baile", el cual comparte varios elementos importantes con *Tu rostro mañana* III. El título del cuento de Tolstoy no sólo evoca la previa entrega de *Tu rostro mañana II*, *Baile y sueño*, sino que brinda la explicación que Marías renuncia a darnos, la última pieza o *cabida*, si se quiere, para completar la imagen final de Custardoy y ver sus implicaciones futuras. La asociación con Tolstoy se justifica sobre todo si pensamos en las constantes referencias a Anna Karenina en *Todas las almas*, el obvio paralelismo entre el destino de la madre de Clare y el de la protagonista de Tolstoy, y la presencia de otras huellas de Tolstoy en el *Ciclo de Oxford*, como el profesor Kavanagh, traductor de Anna Karenina, y Andrés Nin, mencionado varias veces en la obra, que era también traductor de la misma obra.

El tratamiento de la violencia —su poder de contaminación y la reacción particular del narrador ante la misma— en *Tu rostro mañana* III y el cuento de Tolstoy refuerza el mecanismo asociativo entre ambas obras. En "Después del baile", el protagonista Ivan Vasilievich cuenta a un grupo de personas cómo se enamoró de Varinka, la hija del coronel Valdislavovich. Notamos que la estructura del cuento sigue la estructura típica de *Tu rostro mañana*, ya que la anécdota no se cuenta como experiencia en vivo, sino como recuerdo dentro del marco de una conversación con terceros. El cuento se divide en dos escenas detalladamente elaboradas, un baile y una gráfica descripción de tortura. Pese a su contraste extremo en tono, ambiente y contenido, ambas escenas parecen íntimamente ligadas por medio de la asociación de imágenes y rostros *multi-faces*. En el baile, Vasilievich observa desde la distancia a la novia y su padre estudiando los rasgos faciales de ambos. Las semejanzas físicas de sus rostros hace que el amor que el protagonista siente por Varinka se traslade también al Coronel. Vasilievich confiesa que "as for her father, with his blunt-toed boots and a smile so much like hers —I felt a rapturous affection for him" (Tolstoy 1963: 375). Las contemplaciones del narrador sobre el parentesco del rostro de padre e hija evocan, desde luego, la visita del museo en *Todas las almas*, donde el protagonista, espiando a Clare y su padre, "sup[o] en el acto que era su padre por el parecido asombroso [...] tenía la misma cara —exacta— que yo conocía a la perfección" (TLA 224). Notemos otras coincidencias llamativas entre las dos obras. Cuando el narrador de Tolstoy describe al padre de Varinka, insiste en tres detalles: el parecido entre padre e hija, sus botas militares y los guantes. Lejos de ser datos gratuitos, Tolstoy sigue la misma estrategia narrativa que Marías. Introduce elementos aparentemente accesorios, los cuales siguen cargándose de significado al asociarse con gestos en otros contextos, hasta convertirse en el meollo del episodio.

El verdadero significado de las botas y los guantes del coronel se descubre *después del baile* (el título del cuento), al trasladarlos a otro contexto. Vasilievich no logra dormir y decide dar un paseo por el campo. Inadvertidamente, Vasilievich se vuelve testigo de una escena brutal de violencia, instigada por el mismo coronel, hacia un soldado acusado de deserción. Notemos que la historia avanza según los subtítulos de TRM II: *Baile, sueño*, y el primero de TRM III, *veneno*. La descripción del castigo físico es gráfica y repugnante. Vale citarla en su totalidad para poder mejor establecer su relevancia para la última imagen, portador del tiempo, en *Tu rostro mañana*:

> At every blow the prisoner turned his pain-distorted face to the side from which the blow had come, as if in surprise, and kept repeating something over and over [...]. He was sobbing rather than speaking them. 'Have mercy, brothers; have mercy, brothers: But the brothers had no mercy [...]. The colonel marched beside him, now glancing down at his feet, now up at the prisoner, drawing in deep breaths of air, blowing out his cheeks, slowly letting the air out between pursed lips. When the procession passed the spot where I was standing I got a glimps of the prisoner's back [...]. It was something indiscribable: striped, wet, crimson, outlandish. I could not believe it was part of a human body. [...] The blows kept falling [...] on the

> cringing, floundering creature [...] and the tall, stately colonel walking firmly beside the prisoner [...] . Suddenly the colonel stopped and went quickly over to one of the soldiers. 'Missed? I'll show you!' I heard him say in a wrathful voice. 'Here, take this! And this!' And I I saw his strong hand in its suede glove strike the small weak soldier in the face [...]. (Tolstoy 1963: 378-9)

Al igual que en Coetzee y también en Marías, el enfoque en Tolstoy está en la reacción del testigo de la violación, la cual se describe como una posesión, una mezcla de vergüenza, espanto y náusea, elementos éstos reminiscentes de Deza al ver los vídeos de Tupra. Ambos personajes se ven perseguidos (poseídos) por las imágenes de la violencia que se actualizan sin parar en la memoria del presente:

> And the aching of my heart was so intense as to be almost physical, making me feel nauseated, so that I had to stop several times. I felt I must throw up all the horror that this sight had filled me with.[37] I do not remember how I reached home and got to bed. But the moment I doze off *I saw and heard everything all over again.* (*ibid.* 379)

La relevancia de asociar el cuento de Tolstoy con el desenlace de *Tu rostro mañana* no se evidencia hasta su conclusión final. El último párrafo del cuento resume el impacto de la violencia presenciada y la imposibilidad de mantener separados, de ahí en adelante, los tres mismos elementos observados, primero en el baile y luego en el desfile de los soldados: las botas, los guantes, el semblante de las caras. No es la memoria en sí que se contamina, sin embargo, sino las emociones o sentimientos hacia los demás. Las botas, guantes y rostros semblantes que despiertan amor, afecto y encanto ("*rapture*") durante el baile, se asocian ahora irremediablemente con la vergüenza, el asco y el espanto. Después del baile se reproduce la *actualización* de la imagen-presente (la tortura) por la imagen-virtual (el baile), erigiendo una imagen-memoria, en la que se fundirá para siempre la mano en guante del coronel en el baile ("he smiled [...] drawing a *suede glove* on to his right hand", 374) con la mano que sujeta el palo sangriento del torturador ("I saw his strong hand in its *suede glove* strike the small weak soldier, 379) con el cuerpo del torturado ("striped, wet, crimson, out-landish", 378) con el suplicio ("Have mercy, brothers; have mercy brothers") y la respuesta del padre ("take this! And this!, 379") con el rostro del padre ("his ruddy face and white mustache and side whiskers", 378) y, finalmente, con la sonrisa de la mujer querida. Así pues, el desenlace del cuento constituye, como el final de *Tu rostro mañana* III, un *Adiós*. Vasilievich confiesa a sus interlocutores que su amor por Varinka se apagó:

> From that day on my love languished. Whenever we went out walking and she smiled that pensive smile of hers, I could not help recalling the colonel out in the field, and this made me feel uncomfortable and unhappy, and I gradually stopped going to see her. My love petered out. [...] it is incidents like this that change and give direction to a man's whole life. (Tolstoy 1963: 380)

Lo que describe Vasilievich, pues, es la contaminación de su amor por la violencia presenciada, la cual ve ahora como un índice escatológico, para volver al término que emplea Sánchez Ferlosio, en el rostro de la amada. Es este mismo fenómeno de contaminación descrita por Deza, al final del encuentro con Custardoy:

> Es lo malo de los venenos inoculados, así entren por los ojos o por los oídos, no hay manera de extirparlos, ahí se instalan y no hay remedio y *reaparecen mezclándose con cualquier cosa o persona y contaminando.* (TRM III 699)

La única manera de salvarse de la "inoculación" o "posesión" de la violencia y sus asociaciones entre "parejas espantosas", habría sido no verla, ya que, como se advierte en varios momentos en NET: "Aún estás a tiempo de no verlo, y si no lo ves, no lo habrás visto nunca" (126; 390). Al contrario, una vez vista, la imagen vuelve a reproducirse como una pesadilla hasta convertirse en sombra propia. De ahí la conclusión a la que llega el narrador de TRM: "no toleramos ver", ya que "nadie quiere convertirse en su propio dolor y su fiebre" (TRM I 54). Curiosamente, es después del último encuentro con Custardoy y sus asociaciones con la violencia, cuando Deza empieza a cuestionar su relación con Luisa. Como posible guiño al cuento de Tolstoy, el narrador recuerda al final de la novela la noche de los vídeos con Tupra como "aquella noche del veneno y el baile" (TRM III 701), así como al vecino de Oxford, en estas páginas asociado con Custardoy, a quien solía observar bailando desde su ventana.

La conclusión de "Después del baile" ofrece una pista válida para una interpretación de TRM III. La tercera entrega se inicia con *Veneno* (la inoculación), sigue con *Sombra* (imagen-memoria), y se cierra con *Adiós* (la contaminación y consiguiente separación). Se ubica este *ver* como inoculación (o posesión) en el mecanismo de la memoria bergsoniana como elemento que solidifica la construcción de la imagen-memoria. Se trata de un mecanismo guiado por la intuición, un proceso de visualización de *durée*, en un punto concentrado del tiempo como dimensión única:

> [...] it is the unconscious aplication of memory that provides the opportunity to appreciate the nature of 'pure' duration and time's organic being. This process is unleashed when at least expected or called for – whether in the unconscious activity of the dream or in the instinctive pure expression of intuition. Through either means, dream or intuition, the organic nature of time is to be grasped, and presented to the mind's eye, as an ultimately single, complex memory image suitable for representation. (Becherer 1996: 25)

La persistencia de la memoria involuntaria, reforzada por la representación de la violencia (el impacto), borra la separación entre testigo y agente de la misma, convirtiendo —en un sentido figurativo— este *recordar haber visto* en el pasado en un *recordar haber hecho* en el presente, puesto que "one of the reasons for the privileged status of images in memory construction derives from their exceptional ability to close, and at times even obliterate, the gap between first-hand experience and secondary witnessing" (Kansteiner 2002: 191). Gracias al argumento de Kansteiner aplicado a la construcción de imagen-memoria en Bergson, ambos ejemplos, tanto el cuento de Tolstoy como el final de *Tu rostro mañana*, se llenan de un nuevo sentido.

En Marías, todos los incidentes de violencia descritos en el *Ciclo de Oxford* resurgen en la última percepción —o imagen-memoria— de Custardoy, la cual funciona como el resumen y último nexo entre varias novelas de Marías. Este proceso, la violencia que acumula tiempo —que hace tiempo (aplicado al cono bergsoniano, el motor de movimiento entre los planos de la memoria)— recuerda también la observación de Nietzsche en *La genealogía de la moral* sobre el poder mnemotécnico del dolor. En su capítulo sobre la culpa y la consciencia, Nietzsche se pregunta: "¿Cómo *se le hace* memoria al hombre-animal? [Wie *macht man dem* Menschen-Tiere ein Gedächtnis]", a lo que responde, "Se le graba a fuego para que permanezca en la memoria: sólo aquello que no deja de causar dolor, se mantiene en la memoria [Man brennt etwas ein, damit es im Gedächtnis bleibt: nur was nicht aufhört *wehzuthun*, bleibt im Gedächtnis]" (Nietzsche 1967b: 209). Por medio de esta cita tan apropiada para nuestra lectura, Nietzsche implica también que la memoria no es un proceso sin agencia. La memoria no *surge* en el hombre, sino que *se le hace* (énfasis de Nietzsche) al hombre. Se le graba a fuego como una marca —*uno sfregio*[38]— que se quema en la piel para indicar una pertenencia imborrable. La memoria, el recuerdo, se hacen, se fabrican, en un proceso activo cuyo agente es la violencia. En Marías, la violencia genera la imagen, la imagen se hace portadora de la violencia y, por tanto, portadora de tiempo. El ya citado pasaje de TRM III que sigue a la descripción de Custardoy y que equipara la violencia atestiguada a una inoculación contaminante confirma la presencia de esta idea en el *Ciclo de Oxford*. Asimismo, resume la experiencia de Vasilievich y expresa la razón del fin de su amor por Varinka. Igualmente, *Tu rostro mañana* se inicia como una historia de amor y termina con su imposibilidad a raíz de la contaminación por la violencia. En las novelas de Marías nada es nunca puro y sin mezcla —reflexión notoria en su obra—, ni lo son las esencias de las cosas, de los lugares o de las personas. Ni siquiera lo es el tiempo, y ni tampoco lo son los estados afectivos. Nos lo dice el narrador ya en *Negra espalda del tiempo*, pero esta afirmación realmente no acoge su sentido pleno, su *cabida*, hasta las últimas páginas de *Tu rostro mañana* III. En NET leemos que

> Quizá sea más bien que nada es nunca sin mezcla y que el ansia de totalidad nunca se cumple, porque acaso sea un anhelo falso. Nada es íntegro ni de una pieza, sino todo quebradizo y *envenenado*, corren venas de apaciguamiento por el cuerpo de la guerra y *el odio se infiltra en los amores y las compasiones*, la *tregua* en el lodazal de plomo y la bala en los entusiasmos, nada soporta ser único ni prevalecer ni ser dominante y todo necesita fisuras y grietas, o su negación simultánea con su existencia. (NET 249)[39]

Los elementos enfatizados en este pasaje explican también el desenlace del cuento de Tolstoy que acompaña como una sombra las últimas páginas de *Tu rostro mañana*. En ambas obras la percepción de la violencia se describe como una inoculación o posesión. La violencia en sí no se condena, ni se pronuncian sentencias morales. Basta con la descripción de la imagen y la creación de nexos y asociaciones para comunicar el horror que inspiran. Vasilievich deja de querer a Varinka, y Deza se aleja conscientemente de Luisa. La conclusión a la que se llega en TRM es la imposibilidad del amor concebido como un sentimiento romántico, puro y con poder salvador: una vez contaminado por la violencia, "mejor es rehuirlo todo y mantenerse a distancia" (TRM III 694). Como Vasilievich, Deza no podrá nunca más evitar una asociación directa entre el amor y la violencia; en su caso, entre la violación (caballo y guante), su propio acto de violencia hacia Custardoy (la cicatriz en la cara del rival) y el acto violento sufrido por Luisa (la cicatriz ocasionada por "un guantazo", *ibíd.* 367). Como consecuencia de esta contaminación por asociaciones que *pesarán para siempre sobre su alma*, Deza admite al final que "no podría soportar la permanente compañía de nadie y no poder mirar nunca a solas el mundo desde mis ventanas [...]" (*ibíd.* 702).

2.4.3. Imagen-memoria. *Tu rostro mañana*

En Marías, como consecuencia de la construcción del tiempo y de la consciencia bergsonianos, el *yo* se encuentra en un cambio constante.[40] En *Évolution créatrice*, Bergson escribe que "Je change donc sans cesse. Mais ce n'est pas assez dire. Le changement *est bien plus radical* qu'on ne le croirait d'abord" (EC 495; 5). Así introduce Bergson uno de los textos clave de su filosofía, la cual considera, siguiendo la idea de Heráclito, tanto el universo como el ser en un proceso de cambio e inter-cambio constantes. La redefinición de 'esencia' explicada en *Evolution créatrice* se manifiesta en *Tu rostro mañana* como eje central y motor de la narración. La metáfora de la que se sirve Bergson es la de un artista en el proceso de pintar un cuadro.[41] El *yo* en transformación es a la vez obra del artista como el artista mismo. Bergson sugiere que nos creamos a través de nuestras acciones, al igual que nuestras acciones crean nuestro ser. Ambos procesos siguen un camino cuyo resultado final es imprevisible. Aunque se pueda llevar a cabo una predicción con cierta probabilidad

—calculada a base del tema inicial, de la visión y de los materiales del artista— el azar, siempre dispuesto a intervenir, hace imposible visualizar el producto final antes de su misma realización: "même avec la connaissance de ce qui l'explique, personne, pas même l'artiste, n'eût pu prévoir exactement ce que serait le portrait." Además, "le prédire eût été le produire avant qu'il fût produit [...]" (CE 499-500; 6).

La falta de una esencia conocible e inmutable genera las obsesiones del narrador de *Todas las almas* y *Negra espalda del tiempo*, quien busca desesperadamente su reflejo en los destinos acabados de los demás. Como observó Pittarello muy acertadamente, este buscarse o verse en el otro "es una manera de imaginar el destino *posible* de uno mismo a través del destino *cierto* de otros" (2005: 27). Por lo tanto, la temida posibilidad de revivir el fracaso de otros escritores le propulsa al narrador a hacer investigaciones de los destinos ajenos como si éstos fueran síntomas de una posible enfermedad mortal imaginados en el propio cuerpo. Al investigar la vida fracasada de los demás, el narrador observa el cambio que sufrían a través del tiempo y cómo, poco a poco, ellos acaban por convertirse en un pálido reflejo de su propia persona.

Asimismo, en *Tu rostro mañana*, Deza recoge las obsesiones del narrador de novelas anteriores, consecuencia de la consciencia de *durée*, del imprevisible transcurso del tiempo y del perpetuo cambio interno que le acompaña. En su pertinente artículo sobre "The Newness of Bergson", Marrati recuerda que existir, según el filósofo —y lo mismo se repite en *Tu rostro mañana*—, implica

> to experience time as constant change, an endless flow of changes into which we can only artificially distinguish clear-cut states. Our existence not only takes place in duration [...], but more precisely it is made of duration. The *continuity of time as a continuity of change* is understood by Bergson *as the always open possibility of the emergence of the new.* (Marrati 2005: 1103)

La novela consiste en la tentativa de Deza de reconstruir el pasado y, por medio de este proceso, adivinar cómo el tiempo forjará el ser en el futuro. La cuestión central sigue siendo la misma: si "el hombre de ayer es el hombre de hoy," si hay, como cuestiona Bergson, "something which endures within succession and change," o si, como diría Heráclito, nada nunca es, puesto que todo es —y está en—

constante transformación. Al igual que el narrador que busca su reflejo en otros personajes de *Todas las almas* o *Negra espalda del tiempo*, el joven Deza se ve reflejado en Rylands o en Peter Wheeler. La cuestión que sigue surgiendo, con variaciones, en la primera entrega de *Tu rostro mañana* es: "¿soy yo el mismo de entonces?" (TRM I 141).

En el tercer tomo, Marías profundiza la reflexión sobre una esencia en cambio constante, presente ya desde *El monarca del tiempo*, desarrollando además sus implicaciones éticas. Deza se da cuenta de que el flujo del tiempo termina por transformar la misma persona en un desconocido, y que "quien fue ayer generoso y valiente [...], quien fue cobarde y delator hace siglos puede ser hoy leal y entero, y *acaso el futuro nos condiciona y obliga más que el pasado, lo por conocer que lo conocido*" (TRM I 182). En cierto sentido, las novelas anteriores a *Tu rostro mañana* se centran más en la recuperación del pasado (siempre entendida como hipótesis, especulación, posibilidad y hasta fabulación), mientras que en la última novela, como el título sugiere, la atención se dirige hacia el futuro. La usurpación o sustitución en ambos sentidos es clave. Para recordar la cita muy acertada de Pittarello, el pasado del otro sirve como posible espejo (o usurpación) del presente y futuro inciertos del narrador. Sin embargo, el enfoque en *Tu rostro mañana* III ya no está en el pasado como condición que obliga —como diría Julián Marías— un vivir el presente "desde la espalda del tiempo", sino con vistas hacia el futuro. La manera en que Bergson define *existir* en *Evolucion créatrice* aquí es fundamental: "pour un être conscient, exister consiste à changer, changer à se mûrir, se mûrir *à se créer indéfiniment soi-même*" (CE 500; 7). Ya no se trata únicamente del intento de superar el vértigo del tiempo al conocer o re-conocerse en el otro. En *Tu rostro mañana* I y II la falta de una esencia fija crea un abismo que perturba al narrador y le inspira horror. Las cosas, ciertas o fabulaciones, "jamás logran estarse quietas. 'Es horrible', pensé. 'No hay manera. Aunque ni siquiera se cuenten. Y aunque ni siquiera pasen'" (TRM II 132). Del mismo modo, el propio ser carece de esencia y, por tanto, nunca puede conocerse, puesto que "yo no soy lo que soy" (*íbid.* 109), y "yo no era lo que era" (*íbid* 113), hasta "uno no es nunca lo que es" (*ibíd.* 119).

En la última parte de *Tu rostro mañana* el enfoque gira paulatinamente del *conocer(se)* (presente-pasado: "soy yo el mismo que antes") al *hacerse* (futuro-presente: "seré más yo ahora") en el tiempo o, como diría Bergson, al crearse indefinidamente a sí-mismo.[42] La mayor diferencia entre el protagonista de las primeras dos entregas de la novela y el personaje hacia el que evoluciona Deza en la última entrega se encuentra en su iniciativa a la acción. Como ha comentado muy oportunamente Wyatt, el narrador de Marías es, en general, un personaje pasivo, contemplativo, reflexivo y observador.[43] Más narrador que actor, Deza parece el ser menos transparente y más clandestino de los personajes. TRM III, sin embargo, se centra en el acto: la persecución y visita a casa de Custardoy, la confrontación con el rival y el acto violento de la mutilación de su mano y del desgarro de su cara. Lejos de emprender juicios morales de su acción, las reflexiones del narrador giran más en torno a su efecto, a cómo este acto forjará su ser, y también hasta qué punto el gesto de violencia es identificable con otros y ocasiona que el que lo ejecuta se asemeje a todos los que han ejecutado este mismo gesto (a Tupra o Reresby, por ejemplo). Y se cuestiona si el acto de violencia es confirmación de lo que ya es (su rostro presente) o prefiguración o predeterminación de lo que será; es decir, si con la marca que inflige al rostro ajeno marcará también su propio rostro mañana.

La idea de una encarnación del otro por medio de la imitación de un gesto ajeno se introduce ya en *Negra espalda del tiempo*, aunque en un contexto muy diferente:

> Hasta nuestros gestos los seguirá haciendo alguien que los heredó o los vio y sin querer fue mimético o los repite a propósito para invocarnos y crear una rara ilusión de momentánea vida vicaria nuestra; y quizá se conserve aislado en otra persona alguno de nuestros rasgos que habremos transmitido involuntariamente, con coquetería o como maldición inconsciente [...]. (NET 14)

La transmisión involuntaria, en este caso, no se refiere a la temida repetición del destino de otros escritores (Shiel, Gawsworth), sino que en TRM III se trata de una preocupación más bien ética, de reconocerse como posible miembro futuro en esta cadena de actos violentos. El acto o gesto repetido por y de otros, crea vínculos con el otro y le convierte, en cierto sentido, en su heredero.[44]

La metáfora bergsoniana del cuadro en proceso de creación refleja mejor la gran paradoja, o contradicción, de la teoría de tiempo como cambio en Marías. Primero, Bergson escribe que

> Et de même que le talent du peintre se forme ou se déforme, en tout cas se modifie, sous l'influence même des œuvres qu'il produit, ainsi chacun de nos états, en même temps qu'il sort de nous, modifie notre personne, étant la forme nouvelle que nous venons de nous donner. On a donc raison de dire que ce que nous faisons dépend de ce que nous sommes, dans une certaine mesure, ce que nous faisons, et que nous nous créons continuellement nous-mêmes. (CE 500; 7)

Lo que parece a primera vista mera simplificación y precursor de ideas existencialistas de la escuela de Sartre, nos aclara, no obstante, el desenlace de *Tu rostro mañana*. La diferencia con el existencialismo es que mientras que a Sartre le interesa la responsabilidad propia en el proceso de auto-creación, a Bergson le interesa únicamente la correlación entre acción y ser en cuanto al efecto transformador del ser en su tránsito por el tiempo. Esto implica también una refutación de la esencia platónica, ya que para él la esencia de un ser es ni más ni menos que "un devenir qui dure, d'un changement qui est la substance même" (Deleuze 1994: 29).

La redefinición anti-platónica de la esencia del tiempo y el ser en Bergson llega en el desenlace de *Tu rostro mañana* a su última consecuencia. La omnipresente cita de Yeats de que nunca nada es puro y sin mezcla (ya que nada es nunca fijo, inmóvil o quieto) inicia *Tu rostro mañana* y prepara también la escena final de la novela. La angustia metafísica que domina en obras anteriores se eclipsa, dada la reconocida imprevisibilidad del propio rostro en el futuro. La gran paradoja que surge de la inseparabilidad de determinismo e imprevisibilidad —presencia constante en Marías y enfoque también en Bergson— se cristaliza sobre todo en estas últimas páginas. Por un lado, prevalece en sus novelas la idea de la posibilidad de prever el futuro, lo que implica una forma de determinismo, ya que sin la idea de un destino pretrazado, no existiría la posibilidad de leer el "rostro mañana" de la gente. Por otro lado, predomina el protagonismo del azar, el cual interviene en las situaciones menos esperadas, y envuelve cualquier noción de futuro en una nube impenetrable. En este contexto, recordemos de nuevo las palabras de Vasilievich, tan mariescas, que inician el cuento de Tolstoy: "and you say that a man cannot, of himself, understand what is good and evil; that it is all environment, that the environment swamps the man. But I believe it is all chance" (Tolstoy 1963: 370). A Bergson le ocupa igualmente esta paradoja, cuando admite la imprevisibilidad del resultado final tanto como la influencia recíproca entre creador y obra. Para el filósofo esta paradoja es el resultado de una errónea concepción común de la palabra *posibilidad* misma, a la que dedica un ensayo entero.[45]

La última asociación pavorosa que se establece en *Tu rostro mañana* es la entre el narrador y su rival mismo, es decir, la posibilidad de ver a Custardoy como su *Doppelgänger* y, en definitiva, de convertirse con el tiempo en el otro. Como explica Bergson,

> Ainsi notre personnalité pousse, grandit, mûrit sans cesse. Chacun de ses moments [futuros] est du nouveau qui s'ajoute à ce qui était auparavant. Allons plus loin: ce n'est pas seulement du nouveau, mais de l'imprévisible. Sans doute mon état actuel s'explique par ce qui était en moi et par ce qui agissait sur moi [...]. Mais une intelligence, même surhumaine, n'eût pu prévoir la forme simple, indivisible, qui donne à ces éléments tout abstraits leur organisation concrète. *Car prévoir consiste à projeter dans l'avenir ce qu'on a perçu dans le passé, ou à se représenter pour plus tard un nouvel assemblage, dans un autre ordre, des éléments déjà perçus. Mais ce qui n'a jamais été perçu [...] est nécessairement imprévisible.* (CE 499; 6)

Marías se sirve, al igual que Bergson, de la metáfora de la pintura para novelar la relación entre la acción propia y el devenir ontológico. La visita al Prado y el análisis de varios cuadros forman el núcleo de la última entrega de *Tu rostro mañana* y sirven, por un lado, de puente semántico entre pasado y futuro, y por otro, nos presenta una galería de espejos en los que el narrador ve reflejados sus posibles rostros, pasados, presentes y futuros. En estas páginas se recogen citas textuales y *leitmotive* de las novelas de todo el *Ciclo de Oxford*, confirmando de nuevo más su cohesión e interconectividad.

Varios hilos conductores de estas novelas empiezan a conectarse a partir de la visita al Prado: de *Todas las almas*, el desdoblamiento de las tres caras en una (Clare, su padre, el hijo Eric, en *Las edades de la mujer*) y el tema importante de la "pareja espantosa" que inspira horror por asociación y cuya *cabida* se encuentran las últimas páginas de TRM III; de *Negra espalda del tiempo*, la visita al cementerio de Lisboa[46] y las conversaciones con Juan Benet sobre el reloj y el tiempo de los muertos (igualmente inspirado en el cuadro de Baldung); de *Tu rostro mañana* el tema de Otelo, la amenaza de la sustitución y el triángulo amoroso entre Luisa, Deza y Custardoy (los dos cuadros de Mazzola) y, más importante, su denominador común y tema central de *Tu rostro mañana*: el (re)conocerse y hacerse en el tiempo.

Deza ve resumida su relación con Luisa en los dos cuadros de Mazzola reproducidas en TRM I (TRM I 400, 403). Mientras que la Condesa de San Segundo obviamente representa a su mujer e hijos, el cuadro a la izquierda es más ambiguo. Durante la estancia de Deza en Oxford, el Conde representa al usurpador Custardoy (copista de cuadros) y la usurpación del rival se describe como un deslizarse dentro del marco. El objetivo del narrador, pues, consiste en recuperar su lugar al lado de Luisa, siguiendo el consejo de Tupra, "*make sure he's out of the picture*" (TRM III 436, 470). El miedo a la sustitución por el rival en su relación con Luisa, por "si un día él ocupaba mi almohada y el hueco en mi cama tibia o ya fría (*ibíd* 466)", se convierte en obsesión, evocando la constante sombra de Otelo, o incluso convirtiéndose en él: "yo convertido en una sombra envenenada" (*ibíd.* 466).

2.4.3.1. Primera usurpación. La sombra del otro

El tema de la sustitución —por el otro o del otro— vertebra el *Ciclo de Oxford* en todas sus facetas, desde el amante que amenaza con usurpar el sitio del marido hasta la temida sustitución del vivo por el muerto. En *Negra espalda del tiempo* y *Tu rostro mañana* observamos que el tiempo se despliega como una repetición de los mismos fracasos, historias, o fortunas. Lo único que cambia son los sujetos. El narrador de NET, por ejemplo, al investigar el destino de Gawsworth, observa que su viuda lleva "el mismo nombre de mi abuela andaluza que no he conocido" (NET 26). Tanto identifica su vida con la del escritor inglés que incluso teme que se repita la tragedia de éste en su propio futuro. Así escribe que Gawsworth "vive en mí un poco, si eso se puede decirse de alguien que murió hace ya veintiséis años sin sospechar mi existencia" (NET 23); o Deza implica en TRM que un día en el futuro su propio destino se repetirá en otro. Lo único que no sabe es "quién nos sustituye, sólo sabemos que se nos sustituye siempre" (*ibíd.* 47). Incluso las relaciones de amor o de amistad se reducen a una red de sustituciones potenciales. Wheeler se ve como "relevo o sucesor de Rylands, o como su herencia" (*ibíd.* 33), Cromer-Blake evita la compañía de su amigo enfermo, por serle éste "el espejo en el que no quiere verse", es decir, el destino ajeno que se teme como sustitución potencial del propio: "la enfermedad que él padece, [...] la vejez, [...] el decaimiento [...]" (TLA 191). La sustitución propia o ajena está ligada al olvido. Sobre todo *Negra espalda del tiempo* y *Todas las almas* son reflexiones sobre cómo contrarrestar el olvido de los seres queridos muertos e inmortalizarlos a través de la escritura para que no caigan en el olvido después de su muerte, y tampoco después de la muerte del que todavía los recuerda y cuenta. Como comenta Deza, "es escandaloso cómo suplimos a las figuras perdidas de nuestra vida, cómo nos esforzamos por cubrir vacantes [...]" (TRM I 33).

El peligro de la usurpación insinuado al final de *Tu rostro mañana* tiene connotaciones diferentes a la angustia existencial, la cual predomina en novelas anteriores. Según el enfoque de *Tu rostro mañana*, la usurpación como amenaza está ligada a la violencia. Aunque la idea de sustitución se asocie a primera vista con el triángulo amoroso (Deza tanto como Custardoy disputándose el lugar del Conde San Segundo), lo que inspira miedo (horror y espanto) no es la posibilidad de convertirse en un "muerto vivo", sino más bien la probabilidad, a consecuencia de sus propios actos de violencia, de devenir el otro. El nexo que convierte a Deza y Custardoy en "pareja espantosa" lo constituye, al igual que en el cuento de Tolstoy, el guante. Antes de reconocer a su rival en este último encuentro en la novela, el narrador describe primero el guante desde el cual se completa (*actualiza*) poco a poco la imagen de Custardoy (imagen-memoria): "lo primero que me alertó fue aquel guante, destacaba el guante negro de cuero sobre el pelaje blanco del caballo" (TRM III 697). Luego, cuando su mirada se cruza con la del rival, nota que

> me odiaba con la misma intensidad, intacta, que cuando nos perdimos de vista aquella única vez que yo había estado en su casa, con una vieja

> Llama y un atizador en la mano y con guantes como los de Reresby en el lavabo de los minusválidos y como ahora aquel suyo desparejado (TRM III 698)

La amenaza aplazada (TRM III 700) se puede entender, pues, como una consecuencia de la visión dinámica del tiempo bergsoniano, la cual define el ser en el tiempo como un devenir continuo, sujeto a su propia acción, y, al igual que Heidegger, como una obra inacabada e imprevisible. Figurativamente, es la mano que dibuja su autorretrato. Al principio de *Tu rostro mañana*, Deza contempla la complejidad y falta de pureza de cualquier "esencia". Personajes cuyos ojos son de colores distintos o perfiles de rostros que cambian según el ángulo del que se mire, son manifestaciones constantes de la visión obsesiva del narrador de que "los mismos seres son ellos y también su reverso" (TRM I 87), reflexión importante que viene también a cuento en Tolstoy. La preocupación final en TRM III ya no es el desafío de conocerle al otro (de saberlo *ver* o *leer*). La última entrega de TRM hasta contradice comentarios enunciados en las dos entregas anteriores sobre la falta de interés del narrador en llegar a un conocimiento de sí-mismo. Ahora lo que importa no es únicamente *conocer* su rostro mañana, sino además —y sobre todo— forjar el rostro propio en el tiempo. Justo después de cometer un acto de violencia, Deza (*Deatha*), se da cuenta de que este mismo acto ha puesto en marcha un proceso de cambio de su propio ser en el tiempo. Justo antes se refiere al rostro propio, en plural, como instantes distintos en el tiempo, evocando de nuevo el cuadro de Baldung (*ibíd.* 409). El rostro sirve de imagen-memoria, en la que se reflejan el rostro del pasado, del presente y del futuro,

> que quizá estaban cambiando con el mañana que ya había llegado. '*Presume not that I am the thing I was.* No presumas que soy lo que fui', cité para mis adentros mientras avanzaba. '*I have turn'd away my former self.* He dicho adiós a mi antiguo yo, o le he dado la espalda, o de él me he apartado'. Llevo una pistola y encierro peligro, ya no soy quien jamás dio miedo a nadie sabiéndolo, sino que no soy lo que soy, como Yago, o estoy empezando a no serlo.' (TRM III 454-5)

En las últimas páginas de TRM III se repiten descripciones físicas de Custardoy aplicables también al narrador, lo cual refuerza la idea de usurpación, en el sentido de identidad, del otro. Por ejemplo, se describen los dedos de Custardoy "como teclas que infunden temor"

(TRM III 395), y más tarde se aplica la misma descripción otélica a Deza ("dedos como teclas", *ibíd.* 694). El *Adiós*, título de la tercera parte, constituye, por tanto, tanto un alejamiento de Luisa como una despedida de Deza de su "*former self*", al "ponerme a mí mismo en el lugar del hombre más temido, el del sujeto torcido de mis figuraciones que acaso una noche de lluvia y encierro cierre sus manos grandes sobre el cuello de Luisa" (*ibíd.* 693-4).

En las últimas páginas Deza cumple —es "la *cabida*" de— la cita del principio de *Tu rostro mañana*: "seré más el que soy, *I'll be more myself.* Seré más yo ahora" (TRM I 48, repetida en TRM III 529, 543). Al igual que la imagen final de Custardoy, el narrador mismo se reconoce como una acumulación de sombras y de tiempo. Es imagen-memoria ("más el que soy"), sólo clandestina, la cual se cristaliza ante el lector a través de fisuras, fragmentos, objetos-nexos y citas sueltas de Macbeth, Enrique IV y Otelo. La noche de lluvia remite de nuevo al encuentro con Marriot de *Todas las almas* recordando la teoría de la pareja espantosa, de asociaciones que infunden horror y que contaminan e imposibilitan un amor puro. La conclusión evoca de nuevo el cuento de Tolstoy, con la diferencia de que el *haber visto* en el pasado es ahora un *habrá hecho* recordado:

> no debe uno deslizarse, acercarse, no debe bordear el tiempo, las tentaciones ni las circunstancias que por fin puedan conducir a su cumplimiento a ninguna probabilidad llevada en el interior de las venas, las nuestras, y la de matar yo le llevo, lo sé ahora, lo sabía antes y lo sé más ahora. Mejor es rehuirlo todo y mantenerse a distancia [...] y no rozarlo ni en sueños [...] para que ni siquiera en ellos puedan decirnos: [...] Caiga yo ahora como plomo sobre tu alma, y siente la punzada del alfiler en tu pecho: desespera y muere'. Pero no, esto no ha de ocurrir, esto no ocurre. Más vale alejarse. (TRM I 694)

La confrontación final con el otro conjura una serie de imágenes superpuestas y, como diría Bergson, también contemporáneas, con la última y dominante, un *memento mori,* o *Punctum.*

2.4.3.2. Segunda usurpación. *Las tres edades y la muerte*

Prevalece en las novelas de Marías una fuerte presencia de Eros y Thanatos, sólo que con una ligera redistribución de los papeles de este triángulo amoroso entre el amor, la muerte y el ser. En Marías la muerte no se asocia con la amada. La muerte no es seductora, como en Baudelaire, poeta admirado por Marías, sino que está presente como una amenaza constante ligada con el azar. Como mencioné antes, una imagen que se repite a través de las novelas de Oxford es la almohada de la cama conyugal. De hecho, esta imagen tan importante en Marías trasciende el *Ciclo de Oxford*. Encontramos el precursor de esta escena en *Tu rostro mañana* ya en *Corazón tan blanco*, narrada igualmente en un contexto otélico de dos triángulos amorosos: el de Ranz, su primera mujer y su hermana, y el del presente, del narrador, su mujer Luisa y el personaje del mismo nombre, Custardoy (CTB 315-17). Del mismo modo que en TRM, la expulsión del ámbito conyugal se entiende como amenaza existencial:

> Nada es bastante cuando se espera, algo debe rasgarse con el filo afilado o algo debe quemarse con la brasa o llama, nada es bastante tras la desestimación y la abjuración y el desdén, después sólo puede admitirse el siguiente y consecuente paso, la supresión, la cancelación, la muerte de quien fue expulsado del territorio que delimita la almohada. (CTB 317)

La ausencia del marido y su posible usurpación por el nuevo amante se concreta en la huella, impresa en la almohada, y la amenaza consiste en ver borrada la propia huella por la del rival, dispuesto a tomar su lugar. Refleja, por lo tanto, la angustia de ser sustituido y así erradicado de la memoria de la amada. Mientras que en *Tu rostro mañana* esta constante evocación de la cama conyugal como lugar de ausencia o usurpación se relaciona con los celos del marido, en *El siglo* simboliza directamente la angustia metafísica, es decir, la futura ausencia del moribundo Casaldáliga: "[...] los dientes que mordieron la pipa, la huella de la cabeza sobre la almohada [...] las botas en buen estado que aprovecha y desgasta el sucesor, o el que usurpa" (Siglo 266).

La asociación del rival con la muerte es evidente desde el principio. La sentida amenaza de Custardoy durante su último encuentro, "por si vuelve a deslizarse dentro, *esta vez con espada o con lanza*", es una clara alusión a la Muerte del cuadro de Baldung. Descrita en detalle en la misma escena del primer encuentro con Custardoy en el Prado, la Muerte "lleva la clepsidra en su mano derecha ('Una figura de clepsidra', recordé) y con la izquierda

sostiene desmayadamente una lanza dos veces quebrada" (TRM III 410). El parecido de Custardoy al final de la novela con la descripción de la muerte de Baldung se ve aún más reforzado al otorgarle a la muerte sexo masculino, llamándola "*Sir Death*[47] [...] como corresponde a la tradición alemana e inglesa y en general germánica: es sin duda un varón, es *el* Muerte [...]" (*ibíd.* 411).
Cuando Deza reconoce a Custardoy en esta última imagen-memoria, las asociaciones con la violencia (en forma de memoria espontánea) le vienen "como *un rayo sin trueno* que despedaza callando" (*ibíd.* 699),[48] las mismas palabras que emplea para describir la lanza en mano de la Muerte de Baldung unas trescientas páginas antes (TRM III 410). Se enfatiza en varias ocasiones el aspecto huesudo y la barba poco poblada de ambos y el parecido de la frente y los ojos. Sin embargo, sería disparatado afirmar que Custardoy *es* la muerte. En Marías, aunque se insinúa, nunca encajan del todo sus muchos juegos de identificación. Aunque por sus novelas transitan personas de la vida real y personajes de otros escritores, más que esencias son sombras o resonancias —componentes de imagen-memoria— o hasta accesorios intercambiables en cualquier momento, para evocar asociaciones y nexos, más que referencias, con la realidad u otras obras. Por eso, leer sus novelas como posibles *romans à clef* constituiría una simplificación injusta de su obra, y además se perdería la profundidad filosófica a base de su pensamiento literario. Aunque muy presentes en su obra, los personajes de Shakespeare, por ejemplo, funcionan más como máscaras, en el sentido de rostros intercambiables, que esencias. De este modo, Tupra asume en un momento dado las características físicas de Otelo (labios carnosos de africano) y en otro

las del manipulador Yago ("boca grande, boca grande"); o Deza adapta rasgos de Falstaff (*I know thee not old man*), de Yago (Jacobo, Yago, Jago), tanto como los de Otelo ("dedos como teclas"). El juego de enmascaramientos que destruye cualquier sentido de esencia inmutable convierte a los personajes en vehículos vacíos dispuestos a acoger esencias polifónicas y cambiantes. Esta estrategia narrativa, ligada a la concepción del tiempo bergsoniano del autor, se inicia en *Todas las almas* y *Negra espalda del tiempo*, y llega a su cumbre en *Los enamoramientos*, donde la protagonista, a pesar de ser mujer, habla con la misma voz inconfundible del narrador de novelas previas, y su antagonista se describe con los mismos rasgos físicos del autor.

Las obvias semejanzas entre la Muerte y Custardoy permiten considerar la imagen final del rival como imagen-memoria en la que se funde no sólo el pasado y presente, sino además el futuro, o bien, la prefiguración y omnipresencia de la muerte como una posibilidad constante e imprevisible. La memoria espontánea produce una consciencia repentina de la muerte, la cual, según Bergson, produce una sensación de vértigo en el tiempo. Respecto a la coexistencia de lo virtual y lo real en Bergson, Pearson escribe que

> the encounter with death is another way in which the force and sensation of time are disclosed and experienced. The idea of death, therefore, necessarily relies upon an optics and a perspectivism. *Like the virtual, it occupies a place within life*. The essential insight, then, is that the idea of death is produced *as an effect of time*, in which death belongs to life. (Pearson 2005: 1126)

Pearson define, pues, la muerte como elemento inherente a la imagen-memoria (imagen virtual actualizada). El gesto de Custardoy de sacar con la mano derecha el reloj, mirándolo fijamente, reproduce el mismo gesto de la Muerte en el cuadro de Baldung. Por medio de esta usurpación de gestos se evoca la última pieza que conecta varias partes del *Ciclo de Oxford* y que completa la imagen-memoria, fundiendo las tres dimensiones del tiempo: pasado, presente y futuro.

Una lectura posible sería interpretar este gesto del rival como un deseo de venganza o de una inminente confrontación. Sin embargo, el comentario del narrador sobre el amante-usurpador como posible amenaza futura, así entendido, adquiere un sentido bien distinto. Deza se da cuenta de que

> ahora yo tendré que vigilar sus ángulos, por si vuelve a deslizarse dentro, *esta vez con espada o con lanza*, aunque para eso quizá falte tiempo, porque *el miedo nunca se pierde del todo, una vez que se lo conoce*. (TRM III 703)

El narrador retoma en esta cita una reflexión que resuena en *Tu rostro mañana* como un tema musical de una sinfonía, repitiendo y conectando dos hilos conductores que durante las mil quinientas páginas se rozan repetidamente sin enlazarse del todo, hasta el final, en la imagen *biface* de Custardoy y la Muerte de Baldung. La última imagen y su descripción detallada de Custardoy cumple la misma función que las fotografías en novelas anteriores.[49] Como afirmaba con acierto Pittarello, la fotografía en Marías sirve de generador del discurso. Además, pensando en Bergson y su interpretación por Deleuze, las fotografías se pueden entender como imagen-cristal, en la que se desdobla presente y pasado. Ilustran, igualmente, la estructura temporal de la consciencia bergsoniana como contracción máxima del pasado (lo visto) en el punto del presente, con inclinación ("*penché sur*") hacia el futuro.

Sobre la importancia de *ver*, Marías comenta en una entrevista que

> Conrad decía que escribía sobre todo para que la gente viera. Era el mismo afán que tenía cuando era marino. Lo peor que le podía pasar a un marinero era no ver. *Yo escribo para que la gente vea*. A veces ocurre que cuando más interés tenemos en ver, vemos menos. (Juan Cruz 2007; s.p.)[50]

Por lo tanto, para leer a Marías hace falta une *mémoir attentive*, o bien, una lectura atenta para fijarse en detalles que a primera vista parecen carecer de importancia. El narrador congela el tiempo a través de su mirada para detenerse en cada detalle buscándole su sentido, su nexo en el tiempo y su trascendencia. Recordemos de nuevo los comentarios acertados de Pittarello sobre la función de los objetos, incluidas las fotografías, como acumulaciones de tiempo, tanto de pasado y proyección al futuro, en las novelas de Marías. Pittarello considera la descripción de la fotografía de Gawsworth en *Todas las almas* "un ejemplo de lo que Roland Barthes llamó *punctum*, un elemento de la foto que atrae casualmente la atención del observador y lo afecta y lo subyuga" (Pittarello 2005: 35). Este elemento se refiere, como explica Pittarello, al cigarrillo apagado en la boca de Gawsworth. Objeto efímero, se convierte tanto en objeto que mide un tiempo contado como en objeto anacrónico en la boca del joven Gawsworth, ya visto con "cara de un hombre muerto". Existe un claro paralelismo entre el ejemplo que destaca Pittarello y la imagen final de Custardoy en Tu *rostro mañana.* En nota a pie de página, la crítica elabora la antes citada referencia de Barthes, con fuerte resonancia bergsoniana, la cual nos sirve a la perfección para elucidar el sentido de la *imagen-memoria* en cuestión:

> A propósito de la foto de un muchacho joven, observa Barthes, 'el *punctum* es: va a morir. Yo leo al mismo tiempo: esto será y esto ha sido; observo horrorizado un futuro anterior en él que lo que se ventila es la muerte. Dándome el pasado absoluto de la pose (aoristo), la fotografía me expresa la muerte en el futuro. Lo más punzante es el descubrimiento de esta equivalencia. (Pittarello 2005: 35)[51]

Ahora el significado de la escena del último encuentro entre Custardoy y Deza como *punctum* se hace aún más clara: se narra la confrontación del narrador con el paso irremediable del tiempo, que "no duraría". Deza observa cómo Custardoy saca un reloj del bolsillo, llamando la atención varias veces al hecho de que se trata de un reloj anticuado. Obviamente, sería descabellado si sacara una clepsidra, pero ya la insistencia en lo inusual del reloj anacrónico es suficiente para establecer la relación entre la percepción presente y su pareja espantosa, la muerte del cuadro de Hans Baldung Grien, *Die Lebensalter der Frau*, título que se traduce conforme a la letra a *Las edades de la mujer*. La figura de la muerte en el cuadro de Baldung se presenta ejecutando el mismo gesto que Custardoy en aquel momento, sujetando con la mano derecha un reloj y mirándolo fijamente. La descripción del gesto de Custardoy, al igual que el cigarrillo en boca de Gawsworth, es otro ejemplo en Marías en que "lo aparentemente accesorio eclipsa lo aparentemente fundamental" (Pittarello 2005: 35). Lo aparentemente fundamental sería, desde luego, la confrontación con el rival, mientras que el reloj, lo aparentemente accesorio,[52] desvía de la atención del triángulo amoroso hasta ser eclipsado por la última de las tres figuras del cuadro de Baldung Grien. Con el cuadro en el fondo, el comentario del narrador adquiere un doble sentido, si admitimos la posibilidad de referirse a la Muerte de Baldung como suplantación de Custardoy en la percepción del narrador: "Sea como sea, no me gusta esa imagen, con su reloj anticuado en la mano, mirándolo, porque acaso esté contando mi tiempo" (TRM III 700). El reloj en mano de Custardoy remite, pues, a la clepsidra en mano de la Muerte. Juan Benet nos da una definición del tiempo, tal como lo mide la clepsidra, muy apropiada para la narrativa de Marías, ya que incluye no sólo el tiempo, sino además, al igual que el cigarrillo apagado y la fotografía estática de Gawsworth misma, su congelación o bien *revés* o negra espalda del tiempo:

> La clepsidra no es propiamente un reloj porque lo propio del reloj no es sólo que paute el tiempo sino que esté en marcha constantemente. De las dos grandes maneras de ser —he dicho ser, no estar— que le son dadas, la clepsidra tiende más al reposo que al movimiento, de tal manera que sólo durante una parte infinitesimal de su existencia se mueven sus granos; unas pocas veces al año alguien —entre curioso y distraído— le da la vuelta, una vuelta que sólo dura dos minutos, para no volverse a acordar de ella y relegarla de nuevo a su estático olvido; seis, veinte o mil minutos al año. Tal vez nuestro universo sea cosa parecida. Nos han enseñado que la energía que le anima está limitada y conocerá un fin inexorable, a partir del cual se producirá el absoluto reposo del anticaos. Y tal vez —tras una eternidad de olvido— una mano trascendente a él, para satisfacer su curiosidad o distraer su aburrimiento, se complazca en darle la vuelta y reiterar así el proceso del Tiempo que, a tenor de la analogía de la clepsidra, ha de ser muy parecido al que estamos conociendo. O tal vez el mismo, exactamente el mismo, sólo que al revés. (Benet 1976: 116-7)

Existe, sin embargo, una diferencia de tono entre la imagen que analiza Pittarello de *Todas las almas* y la escena final de Custardoy en *Tu rostro mañana*. En esta misma diferencia se refleja la intensificación de los mismos temas centrales de una novela a otra. Mientras que el narrador de *Todas las almas*, según Pittarello, "extiende el *pathos* del fin [del cigarrillo] a toda la persona de Gawsworth," anticipando así su propia cara de hombre muerto (2005 35-36), al final de *Tu rostro mañana*, la prefiguración de la muerte está desprovista de cualquier *pathos*. Es la usurpadora final deslizándose dentro el marco, del mismo modo que la Muerte desliza su brazo en el de la mujer del cuadro de Baldung Grien, clepsidra en mano ("dedos como teclas"), y más que sombra del narrador, *Death*a la reconoce también como su propia pareja espantosa, y en ella, su futuro rostro mañana.

2.5. Conclusión

Henri Bergson nos brinda una teoría del tiempo ideal para analizar y mejor apreciar la compleja estructura del tiempo en las novelas de Marías. Resaltar coincidencias entre Marías y Bergson ha sido facilitado por lo que muchos lectores han considerado el aspecto proustiano de Marías, sea por la predilección del autor por el monólogo interior, los arbitrarios saltos temporales o la obsesión de sus narradores por reconstruir y revivir el pasado. La influencia admitida de Benet, verdadero arquitecto bergsoniano del tiempo, la influencia muy probable del cine de Resnais, más el hecho de que Proust mismo arranque del pensamiento de Bergson, preparan el camino para una interpretación bergsoniana del *Ciclo de Oxford*. Percepción y memoria, interconectividad y simultaneidad, *durée* y la visión dinámica del mundo son los aspectos bergsonianos más presentes —y más resaltantes— en la obra de Marías, y son también estos aspectos de la filosofía de Bergson los que más interesan a sus críticos recientes, para poder ofrecer una nueva perspectiva, actualizada para el siglo XXI, sobre su visión del tiempo. Estos mismos elementos se manifiestan en las novelas de Marías sobre todo en la construcción y percepción de la imagen, cuya complejidad ha sido el enfoque de este capítulo. La imagen-memoria bergsoniana forma el pilar de la narrativa de Marías: motor incansable de la narración, la imagen-memoria contiene y refleja el Tiempo como una sola dimensión abarcadora, individual y también colectiva, cargándose de significados nunca determinados, pero siempre determinantes, como una sola intra-memoria en continuo movimiento visto a través de un caleidoscopio.

Notas

[1] *Macbeth* V, V 19-28.

[2] Gilles Deleuze, *Différence et répetition* (1981: 111).

[3] *El siglo* (241).

[4] Para Heidegger, como veremos en el capítulo siguiente, la forma más auténtica de vivir es *ek-sistieren*, lo que tampoco implica acción, sino un estar en el mundo (Dasein) que se abre hacia —y acoge— el mundo y los demás.

[5] Bergson se refiere a la evolución. En Marías correspondería, desde luego, siempre a la creación literaria.

[6] El tema de la traducción se ha comentado sobre todo en el contexto de novelas como *Mañana en la batalla piensa en mí* y *Corazón tan blanco*. Mientras que estos comentarios se centran directamente en las limitaciones del lenguaje, para Bergson no se trata únicamente de un problema lingüístico, sino más bien filosófico, ya que toda percepción, según él, es siempre y necesariamente traducción. El protagonista de *Tu rostro mañana*, más que traductor de vidas, es traductor (observador) del mundo que le rodea. Véase también el artículo de Steenmeijer (2009).

[7] Ver como una forma de pensar es un aspecto importante en la obra de Marías que se analizará más en detalle en el capítulo siguiente, de acuerdo con algunas teorías de Heidegger desarrolladas en su ensayo "Qué quiere decir pensar".

[8] Como se ve en el capítulo siguiente, Heidegger se enfoca más en este aspecto, reprochándole a Bergson no ser lo suficientemente consecuente en la superación de la espacialización del tiempo.

[9] Esta aparente paradoja en Marías, entre la concepción del arte literario como posibilidad de superar el tiempo finito (un hilo entre muertos y vivos) por un lado, y la escritura como sepultura por otro, se analizará más a fondo en el capítulo 3., "*Wozu Dichter*".

[10] En "Todos los días llegan", Marías indica que la inspiración para el río Jumna en *Todas las almas* le viene de la película de Jean Renoir, *Le Fleuve*, 1951 (fragmento incluido en el prólogo de CTB 2006: 90-1).

[11] Esta escena, posiblemente inspirada en *Providence* de Resnais, tiene su origen en *Todas las almas* (TLA 181-198), se recuerda de nuevo en *Negra espalda del tiempo* (NET 37-46) y se vuelve a reproducir —con otros personajes y en otra época— en *Tu rostro mañana.*

[12] Los muchos paralelismos entre la obra cinematográfica de Resnais y las novelas de Marías merecen un estudio aparte, ya que insistir más en la presencia del cineasta en el *Ciclo de Oxford* se saldría del marco de este estudio. Nos basta con mencionar algunas coincidencias relevantes más, como el recuerdo obsesivo del suicidio de

Molly, la mujer del novelista Clive Langham de *Providence*; sus ataques nocturnos de tos cuando escupe sangre en el suelo de madera de la escalera de su biblioteca; los *Flash-backs* mezclados de recuerdos e imaginación que determinan la estructura de la obra, y que delinea la memoria como obsesión y maldición; la confusión entre ficción y realidad; y el tema central, el desgaste del tiempo y la confrontación con la enfermedad y muerte.

[13] Véanse, por ejemplo, el estudio exhaustivo de John Ward (1968) y también el capítulo 8 en *Cinéma 2: Temps-Image*, de Deleuze, dedicados al tiempo bergsoniano en el cine de Resnais. Sobre la presencia del cine en la obra de Marías no se deben olvidar las palabras de Deza: "Todas estas frases que hemos visto pronunciar en el cine las he dicho yo o me las han soltado o se las he oído a otros a lo largo de mi existencia, esto es, en la vida, que guarda mucha más relación con las películas y la literatura de lo que se reconoce normalmente y se cree" (TRM 29-30). La presencia del cine en Marías es un campo inagotable a explorar, y ya se han publicado estudios valiosos sobre el mundo de Hollywood en sus primeras novelas y cuentos (Grohmann 2003, Wood 2005).

[14] En *El siglo*, la novela más benetiana o bergsoniana del autor, se califica también la memoria de Casaldáliga de "arbitraria".

[15] El principio de esta cita de *Tu rostro mañana* (repetida en TLA y NET) evoca a otro escritor con influencia bergsoniana, Jorge Luis Borges. En sus ensayos, Borges escribe que "nosotros mismos somos también un río, nosotros también somos fluctuantes" (Borges 2002: 93), o "el tiempo es un río que me arrebata, pero yo soy el río" (*ibíd.* 286). Se han comentado ya las obvias afinidades entre Borges y Marías (Grohmann 2002; Florenchi 2005). Para uno de los muchos estudios tratando los aspectos bergsonianos en Borges, véase Sawnor (1972), "Borges y Bergson".

[16] Véanse por ejemplo Manuel Alvar (1995) y también Ilan Stavans (2001: 32), Wendy Lesser (2001: 26), John de Falbe (2001: 37), Rafael Conte (2002: s.p.), Félix de Azúa (2007), y el estudio reciente de Grohmann (2011).

[17] Para una explicación detallada del modelo de Bergson y el significado del cono bergsoniano, véanse capítulo 3 de *Matière et mémoire* (*Œuvres* 302; 181) y también Leonard Lawlor (2003: 42) y Alia Al-Saji (2004: 211).

[18] Véase el prólogo a *Materia y memoria*, *Œuvres* 161; 2; y también Pearson (2005).

[19] Es este concepto que hace la filosofía de Bergson tan atractiva para nuestra época dominada por el egocentrismo y esta nueva literatura "comprometida". Para una elaboración de las implicaciones éticas de Bergson, véanse Gunter (1999) y el estudio reciente de Vaughan (2007).

[20] Para la influencia de Bergson en Unamuno, véase también Julián Marías (1966: 14-18; 33).

[21] Para una elaboración en Marías de la última cita, véase el apartado 2.3.2 Violencia y memoria. *Baile, sueño, veneno y adiós.*

[22] Véase Deleuze, el segundo capítulo de *Marcel Proust et les signes*, donde el autor establece la relación entre *tiempo* y *verdad*.

[23] Desde la primera publicación de este capítulo (Scharm 2009b), Alexis Grohmann ha publicado un estudio comparando a Marías y Proust (2011). Aunque en el momento de la revisión del manuscrito final no me ha sido posible acceder a este estudio, quiero dejar constancia de su existencia.

[24] Término de Pozuelo Yvancos (2007).

[25] Recordemos el ya citado Steenmeijer, quien igualmente difiere de la interpretación nihilista, propuesta por Azúa, de la esencia del tiempo en Marías (Steenmeijer 2009: 138).

[26] Para un resumen de opiniones críticas sobre la presencia de Bergson en la obra de Proust, véase Fernand Vial (1940: 1191).

[27] Marías insiste de nuevo en la imposibilidad de la recuperación del pasado en su discurso de ingreso a la RAE (2008: 10).

[28] Prueba obvia que se evidencia en la primera línea de TRM: *Uno no debería contar nunca nada*, a la que siguen más de 1500 páginas del narrador haciendo justo lo contrario: contar.

[29] Véanse *Negra espalda del tiempo* y ensayos como "Huella del animal", "Desde una novela no necesariamente castiza", "Imaginar para creer", entre muchos otros.

[30] Véase también capítulo 3, apartados 3.3.1. y 3.3.2.

[31] Véanse, por ejemplo el artículo de George Heard Hamilton sobre Bergson y Cezanne (1956), el de Antliff sobre Bergson y Matisse (1999), entre muchos otros, o Becherer (1996) sobre Bergson y arquitectura y, desde luego, los tomos sobre el cine, de Deleuze, de base bergsoniana.

[32] Al respecto comenta Fernando Valls: "Con cada nueva obra se hace más evidente la estrecha relación, en su semejanza y variedad, entre todas las piezas del conjunto del engranaje. Desde el mismo título, 'Fiebre y lanza', enlaza una vez más con la novela de Juan Benet y con su cuento 'Sangre de lanza', recogido en *Cuando fui mortal*, donde también la lanza es herrumbrosa" (Valls 2003: 99).

[33] Véanse Grohmann (2005), Herzberger (2001), entre otros.

[34] Sobre la interrelación entre observador y el mundo observado, véanse también el artículo de Nicole Pertuiset (1990) y el estudio de John Schumacher (1989).

[35] La visión de Julián Marías del tiempo concuerda con *durée* y la percepción en Bergson. En una conferencia pronunciada en La Fundación Juan March (1975), Julián Marías explica, a partir del verbo *estar*, que la unidad mínima del tiempo es duración (*durée*), y que la vida no procede por puntos (instantes) sino momentos. En cada momento presente están contenidos el pasado y el futuro. Es interesante notar que Julián Marías usa en su discurso la palabra "espalda" para referirse a la presencia del pasado en el presente/futuro. Esta visión del tiempo, según él, se manifiesta en la acción, guiada por la motivación (pasado) y el objetivo (futuro). Dice el filósofo: "se hace hacia adelante [con vistas hacia el futuro], desde atrás", especificando la etimología de la palabra *detrás* como derivación de *a tergum*, "desde la espalda", es decir "apoyado en algo que está ya" (s.p.).

[36] Para un enfoque más bien ético, véanse mis comentarios en el capítulo 1 acerca de Marías, Coetzee y Sebald (" El estilo del mundo"). En este capítulo me interesa más la imagen como partícipe en el proceso dinámico de la (auto-)creación, del ser y el tiempo.

[37] La traducción de Sir Charles Theodor Hagbert Wright (1912) es aún más elucidora: "I had the feeling that I was going to be really sick from all the horrors that *possessed* me at that sight" (200).

[38] *Uno sfregio* en italiano significa cicatriz, marca o también insulto. Marías repite esta palabra a lo largo de TRM como signo imborrable (herida física y también figurativa) de la violencia que marca a casi todos los personajes de la novela.

[39] Marías enfatiza en una entrevista la importancia de esta frase o "retornillo", como la llama él, en su novela, que reaparece en varias ocasiones a través de las novelas del *Ciclo de Oxford*. Admite haberla adaptado de Yeats (Iborra 2001).

[40] Un análisis de este aspecto y sus implicaciones ontológicas, tal como se evidencian en las novelas del *Ciclo de Oxford*, se explora más en el capítulo 3. Por lo tanto me limitaré aquí únicamente a la noción de cambio relevante a la usurpación.

[41] En Heidegger resurge esta imagen del ser en un proceso constante de cambio. Mientras que en Bergson, esta idea tiene connotaciones más bien existencialistas, en Heidegger se trata de reflexiones ontológicas. Retomaré este aspecto importante en el apartado 3.2.4 *Mit-sein* y *Sein-zum-Tode*.

[42] La mayor diferencia entre el enfoque temporal de ambas citas se encuentra en *hecho cumplido* versus *obra en proceso de creación*.

---

[43] Reconocemos ya un bosquejo del narrador típico de Marías en Louvet, personaje de *El monarca del tiempo*: "no era un hombre de acción", pasaba su vida "meditando, trazando, proponiendo, arguyendo" (MT 39).

[44] Heidegger nos proporcionará justificaciones teóricas de otra índole para analizar más a fondo este aspecto importante en la obra de Marías.

[45] "Le possible et le réel". La afinidad entre este ensayo y el pensamiento literario de Marías se resaltará más adelante.

[46] Otra visita al cementerio Os Prazeres se relata en *El siglo*, su novela más metafísica (VI. Lisboa 235, 238).

[47] También Deza se asocia en un momento a la muerte (otro nexo con Custardoy), cuando escribe su apellido según las reglas de la fonología inglesa: Jack *Death*a (TRM III 552).

[48] La obra de Heidegger nos ofrecerá aún otra interpretación de esta cita importante. Véase 3.3.3.

[49] Es la misma idea que expresa Julián Marías en su discurso antes mencionado.

[50] Veremos en el capítulo siguiente cómo Heidegger asocia *ver* y *pensar*, y cómo esta asociación se aplica igualmente al pensamiento literario de Marías.

[51] Pittarello está citando de Roland Barthes, *La cámara lúcida* (1998: 165).

[52] El reloj como objeto recurrente que refleja la obsesión por el tiempo metafísico es otro detalle que Marías comparte con Resnais. En *Muriel*, recordemos, cuando Bernard sale de casa por las escaleras para ir a su atelier (lugar simbólico donde alberga los recuerdos a Muriel y donde dice que "la cuida"), pide un despertador a Hélène, lo coge y lo mira fijamente antes de ponerlo en su bolsillo. O el protagonista de *Le Voyeur* es vendedor de relojes. Ward dedica varias páginas a la presencia y el significado de los relojes en el cine de Resnais, igualmente aplicables a la novela de Marías (Ward 1968: 124-7).

3. Hacia una filosofía del tiempo: el ser en el tiempo

But how is it
That this lives in thy mind? What seest thou else
In the dark backward and abysm of time?[1]

Sobald wir die Sache vor den Augen und im Herzen
das Gehör auf das Wort haben, glückt das Denken[2]

Seré eso, lo que fue y que ya no ha sido.
Es decir seré tiempo[3]

3.1. Introducción

Mientras que trasladar las ideas del tiempo bergsoniano a la obra de Marías nos permite apreciar a fondo su compleja estructura narrativa, recurrir a la filosofía de Heidegger constituye, en cierto sentido, un segundo paso en la profundización de la experiencia metafísica del tiempo, tal como se manifiesta en *El ciclo de Oxford*. La obra magna de Heidegger, *Ser y tiempo* (1927), nos brinda un amplio abanico de herramientas e ideas útiles para leer las novelas de Marías desde una perspectiva nueva. En la primera parte de este capítulo se resalta el protagonismo del ser en el tiempo como un estar-en-el-mundo (*In-der-Welt-sein*), estar-con-el-otro (*Mit-sein*) y, más importante, un ser-hacia-la-muerte (*Sein-zum-Tode*). *Dasein* y *Sorge* ("lo cuidado") son dos de los aspectos más elaborados en *Ser y tiempo* que vale destacar para nuestra lectura de *Todas las almas* y *Tu rostro mañana*. Por un lado reflejan el esfuerzo del ser humano en un mundo post-nietzscheano (o post-postmoderno, si se quiere) por aceptarse como ser temporal y, por otro, de reconocer la propia experiencia vital como algo inseparablemente ligado al destino de los demás. Transferidas a un contexto contemporáneo, estas teorías y reflexiones filosóficas elaboradas en *Ser y tiempo* hace ya casi un siglo abren el camino hacia una interpretación novedosa y muy actual de las preocupaciones existenciales del narrador de Marías, tal como se manifiestan en la evaluación de sus personajes y las relaciones entre ellos. Finalmente, la valoración ontológica del pasado, presente y futuro de Heidegger nos facilitará una lectura de la obra de Marías capaz de explicar cómo sus personajes se perciben y construyen en el tiempo, desde el punto de vista de un futuro puramente teleológico o, como diría el novelista, a partir de su rostro mañana.

La segunda parte de este capítulo está dedicada al pensamiento literario y la escritura misma de Javier Marías. El objetivo consiste en establecer una conexión entre estética y ética, entre estilo y contenido de sus novelas, basándome en gran parte en los notorios análisis etimológicos de Heidegger, aprovechando de todas sus ramificaciones y posibles asociaciones. Mientras que Derrida adaptaba el concepto postmoderno de deconstrucción de Heidegger para llevarnos a un callejón sin salida medio siglo más tarde, propongo en esta última parte del libro una interpretación alternativa del *Abbau* heideggeriano, recordando la importante influencia del pensamiento oriental en la obra tardía del filósofo alemán. Por lo tanto, para mis interpretaciones de *Tu rostro mañana* que cierran este estudio literario-filosófico del *Ciclo de Oxford*, juega un papel fundamental el lugar privilegiado que el filósofo concede al proceso creativo en cuanto a proceso de descubrimiento (y no de *différance*) de la verdad. Los ensayos tardíos de Heidegger sobre arte y literatura, e incluso sus propias lecturas de otros poetas y novelistas, nos ayudarán a ver cómo y por qué tanto la temática como el estilo de la obra de Marías encuentran su pleno sentido en este ámbito híbrido de ficción y filosofía en el cual la escritura se hace (re)creadora de la realidad y también vía de conocimiento.

A pesar de pertenecer a dos campos y épocas distintos, tanto Marías como Heidegger son esencialmente escritores interdisciplinarios obsesionados por los mismos temas. Desde *El monarca del tiempo*, Marías cita a filósofos en sus novelas y ensayos, y borra continuamente los límites entre novela y pensamiento, entre reflexión filosófica e invención literaria. Heidegger —desde el otro lado del prisma, pero con el mismo efecto— eleva al *Dichter* (literalmente poeta, pero, como recuerda Heidegger, también escritor, inventor o hasta mentiroso) al rango de filósofo, y extrae sus propias ideas filosóficas del ámbito de la ficción: de Goethe, de Hölderlin, de Trackl, de Rilke, entre otros.

Otro rasgo que acerca a Heidegger y Marías lo encontramos en su pensamiento mismo: calificado de "poético" por el filósofo y "literario" por el novelista, comparte características importantes. En ambos casos, su pensamiento constituye una vuelta al humanismo e implica asimismo la liberación del pensamiento científico (positivista, realista, en términos de literatura), y se redefine además como un *acto* que hace que el mundo sea de nuevo *fragwürdig*, es decir, digno de ser cuestionado, digno de ser interrogado, sin pretender poder resolver todos sus enigmas. Halliburton, un crítico de Heidegger que ha estudiado sobre todo su pensamiento poético, resume una serie de características particulares que distinguen al filósofo de otros pensadores tradicionales, y que resaltan su utilidad para el contexto moderno. Es interesante notar que estas mismas calidades destacadas por Halliburton igualmente describen el pensamiento literario de Marías. Como explica Halliburton, Heidegger revela un modo de pensar muy diferente al racionalismo occidental, sin ser por ello nunca irracional. El pensamiento poético del filósofo —híbrido también por acoger características occidentales y orientales— exhibe una lógica irrebatible, sin rechazar la contradicción. Heidegger concede al proceso mismo de la reflexión, visto como un camino más que un destino particular, un valor incondicional, mientras que producir resultados por medio de un razonamiento preciso pero excluyente, puede carecer totalmente de importancia. Pensar, para Heidegger, se equipara a un *errar* o *deambular*: implica movimiento y giros, destinos imprevisibles o cambiantes, búsquedas y aventuras insospechadas:

> [Heidegger] is finally not engaged in literary scholarship or criticism in the traditional sense. [...] Heidegger is working in his own distinctive mode of poetic thinking, a thinking that is sometimes logical and philological but is

> often neither; a thinking less oriented to outcomes than to an experience of the process of thinking in this particular way. For those who have engaged in that experience 'way' has, inevitably, a special value. It suggests a movement, a direction, a rack, a drift —but also adventure, quest and search. [...] Such thinking leads to startling discoveries, to strange new angles of vision; it can also double back on itself, baffle itself, find itself stopped before an abyss. There is nothing quite like [Heidegger] in the realm of modern thought. (Halliburton 1981: 76)

Es por estas mismas características del pensamiento poético heideggeriano, surgidas de la unión fortuita entre la creación literaria y la filosofía, que el critico George Steiner llama a Heidegger "indefatigable walker in unlit places", o incansable caminante por lugares sombríos (1978: 18). Esta apreciación tan adecuada de Heidegger recuerda, desde luego, la errabundia o el "errar con brújula" de Marías, y también su manifiesto de escritor-pensador publicado en forma de obra teatral en *El monarca del tiempo*. Esta coincidencia importante entre el pensamiento poético de Heidegger y el pensamiento literario de Marías destaca su utilidad como escritores —y como pensadores— capaces de superar las limitaciones y el agotamiento del postmodernismo, tema que formará el meollo de la segunda parte de este capítulo.

3.2. El ser en el tiempo

3.2.1. *Weltzeit* y temporalidad originaria

Heidegegger distingue entre dos modos temporales: un tiempo mecánico, público, y otro ontológico, íntimo. Según Dastur,

> The time which is interpreted and expressed on the basis of Dasein's ecstatic Being-in-the-world is time made public. This publicness of time is based on the throwness of Dasein, which must always *reckon with* time [...]. It is 'in' this public time that intra-worldly entities are encountered, which explains why they are called *intratemporal*. (Dastur 1998: 48)

A diferencia de Bergson, quien descarta el tiempo consecutivo o lineal por ser un modelo temporal artificial e insuficiente para representar la experiencia del tiempo, en Heidegger el tiempo público como sucesión no tiene una connotación negativa, sino que se trata simplemente de una manifestación de *Sorge.* Término traducido al español como "lo cuidado", *Sorge* expresa la vinculación del ser con el mundo. Como explica Heidegger en "¿Qué es metafísica?", existir, tal como se define en *Ser y tiempo,* denomina una forma de ser. Esta forma de existir se manifiesta en el acto mismo de abrirse hacia el mundo. Este estado de apertura, de estar en el mundo —abierto y abriéndose—, se llama *Sorge* (WM 374)[1]. El tiempo público no es más que un acuerdo mutuo entre los seres que se mide con relojes, calendarios, agendas, etc. Nos obliga a lidiar con el mundo, a abrirnos hacia el mundo, y nos conecta con los demás. Esta intratemporalidad, o sea, estar en el tiempo como una experiencia colectiva, "is a genuinely temporal (and not spatial) phenomenon, and [...] the ordinary concept of time based upon it should be accorded its due legitimacy" (Dastur 1998: 49). Por lo tanto, el tiempo público es también tiempo de *Sorge* (cuidado) y tiempo compartido. Como se explica en Heidegger,

> el tiempo es lo 'contado', es la presencia de la mano (o sombra) del reloj que se mueve. [...]. Lo contado son los 'ahora'. Y éstos se manifiestan en 'cada ahora' como un 'ya-no' y un 'todavía no'. Llamamos a este tiempo que el uso del reloj hace 'visible' el tiempo del ahora [Jetzt-Zeit]. (SZ 556-7)

Heidegger contrasta esta concepción pública del tiempo con otro modo de tiempo, el cual denomina *temporalidad originaria.* La temporalidad originaria se acerca al tiempo bergsoniano por su función ontológica y un desarrollo no cronológico. De acuerdo con Bergson, Heidegger considera este modo del tiempo "appropriate for the temporal interpretation of Dasein's being," y lo define como "not a mode in which the future succeeds the present, which in turn succeeds the past". Más bien, se trata de un "temporal manifold that can be present in any given moment of sequential time" (Blattner 1999: 92). O, en palabras de Ricoeur,[4] la temporalidad originaria lo constituye "the deep unity of future, past, and present —or, rather, of coming forth, having been, and making present" (Ricoeur 1980: 181). Según Ricoeur, esta experiencia del tiempo se traslada necesariamente al mundo de la ficción, donde toda actividad narrativa se construye encima de estos dos elementos temporales, "one chronological and the other nonchronological" (1980: 178).

Asimismo, la doble estructura temporal, producto de la yuxtaposición del tiempo público y la experiencia de una temporalidad originaria, cumple una función substancial en el *Ciclo de Oxford* de Marías. Un ejemplo maestro, y uno de los momentos de más alta tensión narrativa de *Todas las almas*, es la ya famosa escena de la noche de la *High Table*, narrada como una verdadera tragicomedia del tiempo y del poderío institucional. La compleja organización estructural, según los minutos contados, de la cena de los *dons* de Oxford, ilustra a la perfección el tiempo público de Heidegger (*Weltzeit*), el cual reaparece en Ricoeur como *tiempo monumental*: el tiempo sujeto a la autoridad del "temps des horloges, temps de l'histoire monumental, plus complexe que le simple temps chronologique, *qu'il faut entendre sonner —ou mieux frapper— les heures tout au long du récit*" (1984: 159). En esta cena ceremonial de la universidad de Oxford a la que asiste el protagonista sin nombre de *Todas las almas*, el ritmo de los relojes crea un ambiente claustrofóbico en que los participantes parecen encerrados en un limbo temporal. Someterse al tiempo público y cumplir órdenes y gestos según manda el paso del tiempo —ejercer *Sorge* en términos de Heidegger— se lleva a tal extremo en TLA que el lidiar con el mundo público deja de ser expresión de la existencia humana, y alcanza niveles paródicos, hasta presentarnos con una imagen grotesca de la experiencia de la vida moderna. Títeres del tiempo tanto como manifestación trágica de la modernidad, los *dons* oxfordienses representan el signo de la era tecnológica, donde el reloj determina cada gesto y el contar de los minutos se hace tan natural y tan inevitable como las necesidades más básicas del cuerpo humano para su autopreservación:

> Expertos en hablar, comer y contar los minutos simultáneamente, las tres primeras cosas a gran velocidad y la cuarta con enorme precisión, pues a una orden en forma de latinajo y mazazo del caprichoso *warden*, los camareros procederán a retirar con diligencia los platos y el vino de todos los comensales sin importarles que aquéllos estén rebañados, vacíos, medio llenos o aún sin tocar. (TLA 56)

La consumación, el momento exacto de servir y quitar los platos, y la interacción entre los *dons* y los camareros están regulados según un rígido horario ceremonial, tanto que los movimientos corporales de los personajes mismos parecen constituir ruedas engranadas del mecanismo de un gigantesco reloj humano. Juntos, esta maquinaria de dons reminiscente de la de *Metrópolis* de Fritz Lang, ejemplifica *Sorge* llevado al extremo. Ellos mismos producen y hacen avanzar el tiempo y la acción en una sintonía perfecta. Como *no-iniciado*, el narrador, extranjero en la sociedad académica de Oxford, intenta conformarse, pero no logra sujetarse al tiempo autoritario, descrito como un proceso mecánico y deshumanizante:

> En mis primeras *high tables* apenas si probé bocado, ocupado como estaba en *calcular* los minutos transcurridos y en dar simulacros de conversación a derecha e izquierda con imperfecta *paridad duodecimal*. Los camareros me arrebataban, uno tras otro, mis platos intactos, y también mis vasos, éstos sí vaciados y aun apurados, pues en mi desesperación *cronológica* y *dialogal* lo único que acertaba a hacer entre frase y *cómputo* era darme a la bebida incontinentemente. (TLA 56-7)

El ansia kafkiana que experimenta el visitante cuando intenta coordinar su comportamiento (demasiado humano) con la uniformidad ensayada del rebaño erudito, resalta la tiranía del tiempo institucional, y da paso a la parodización. Llevado por la "lujuria ofensiva" hacia Clare Bates, el *warden* Lord Rymer, figura autoritaria y emisor de los latinajos y mazazos que propulsan la maquinaria ceremonial de la cena, se convierte en el instrumento de la desintegración del tiempo monumental. La narración del caos provocado por la descomposición del orden temporal parece un homenaje al *hombre en contra de las máquinas*, de Chaplin. Inconsciente de que su exactitud mecánica se ve comprometida por la clandestina pasión por una de las profesoras admirada desde lejos, el ritmo de sus martillazos cae poco a poco en desarmonía con los relojes. El tiempo se descarrila y se instala

> un enorme desconcierto, ya que al oírlos unos camareros procedían a retirar los platos que acababan de servir mientras otros [...] intentaban arrebatárselos para devolverlos a sus destinatarios [causando] la estrepitosa caída al suelo de un par de ellos como resultado de los forcejeos familiares. (TLA 65)

Irónicamente, perdido en su lujurioso ensimismamiento, Rymer queda libre de su propia tiranía, pues

> con la mirada perennemente extraviada en el escote y el rostro de Clare Bayes, dejó totalmente de estar allí, y lo que hasta entonces habían sido [...] golpes espaciados, discrecionales y arrítmicos se convirtió en un martilleo continuado y mecánico, del cual él no tenía la menor consciencia. (TLA 67)

Como ya se ha dicho, tener consciencia de —y participar en— un tiempo público compartido, para Heidegger, constituye *Sorge*. *Sorge* expresa una forma necesaria y legítima de estar en el mundo para poder vincularse a él. Asimismo, la palabra *Sorge* implica también interés y preocupación por algo que está ajeno a nosotros mismos. Sin embargo, lo que ilustra esta escena de la *High Table* es el peligro denunciado por Heidegger de perderse en las maquinarias de lo cotidiano y de ver a los demás reducidos a partes, según su función o funcionalidad en el juego de esta gran máquina que es *das Man*: la tecnologización (metafórica) del mundo en el que cada uno toma su lugar como si fuera únicamente un recurso. Heidegger llama a este proceso, tan común en nuestro tiempo y claramente ridiculizado en *Todas las almas*, *Gestell*: literalmente, montura o soporte, en el sentido de un mundo postizo, superficial, vacío, deshumanizado y deshumanizante. Con su definición de *Gestell* para el contexto contemporáneo, Young resume a la perfección este testimonio de Marías de los "Modern Times" como un espectáculo público, el cual

> is not just the disclosure of everything as a resource —that characterizes human 'everydayness' at all times and places— but rather a together with the driving out of every other possibility or revealing, the disclosure of things as *nothing but* resource. (Young 2002: 76)

Al contrastar ambos modos del tiempo, Marías distorsiona la percepción del tiempo público y demuestra así que "it is our preocupation, not the things of our concern that determines the sense of time" (Ricoeur 1980: 173, citando a Heidegger). El tiempo público, medido por los golpes mecánicos de Rymer, crea una escena compartida en forma de un "Saying 'now'" público, que inicia "a discursive articulation of a making-present which temporalizes itself in a unity with a retentive awaiting" (*ibíd.*), es decir, que el hacer público de la dimensión episódica (o *Weltzeit*) se equipara a un proceso de *hacer tiempo*: primero, se hace sentir la tiranía del paso del tiempo; segundo, se manipula el tiempo hasta suspenderlo para poder acceder a otra dimensión del tiempo, un tiempo libre de *Gestell* donde el ser rompe sus cadenas con la maquinaria. Este "retentive awaiting", en palabras de Ricoeur, o esperar reteniendo, abarca en la cena de los *dons* un período de sesenta golpes, es decir, un minuto. Estos sesenta golpes abren un espacio expansivo y dinámico de la narrativa, formando el decorado de un escenario en el cual se despliega la temporalidad originaria como un acto de liberación exasperado para escaparse del *Gestell* y su tiranía del tiempo público.

La yuxtaposición de los dos modos del tiempo resalta, al igual que en Bergson, el antagonismo entre estática y dinamismo, entre parálisis y movimiento. Sin embargo, Heidegger, a diferencia de lo elaborado en el capítulo anterior, enfatiza, más que la estructura del tiempo, el aspecto ontológico que el tiempo ejerce sobre el ser. Asimismo, en *Tu rostro mañana* el sonido repetitivo del teléfono que describe el narrador cuando intenta contactar con su ex mujer Luisa en Madrid, mide el paso mecánico del tiempo. La acción de marcar, colgar y descolgar, acompañada por un omnipresente *pipipip* de la línea ocupada y aún más reforzada por el ritmo de la narración y la repetición de frases como "ese teléfono de Luisa en Madrid seguía comunicando" o "mientras cuelgo y descuelgo y marco y de nuevo cuelgo" o "marcando y colgando y descolgando y marcando" (TRM I 43-56), cumple la misma función que los golpes rítmicos narrados en la cena de la *High Table* en TLA. Marías llama primero la atención al paso del tiempo compartido para luego proceder a paralizarlo y ceder el lugar a otro tiempo. Los gestos ensayados y mecánicos y el sonido rítmico de la línea que "comunicaba con tanta insistencia que quería volver a intentarlo cuanto antes, aunque sólo fuera para calibrar la *duración* de no lograrlo" (TRM I 42), forman el telón de fondo para dar rienda suelta al acostumbrado "torrente narrativo"[5] del autor: la duración (o parálisis temporal) se extiende a través de diecisiete páginas, interrumpida por numerosas excursiones al pasado, reflexiones sobre la temporalidad de las relaciones amorosas y sobre la amenaza constante de sustitución y aniquilación ontológicas.

Esta estrategia narrativa tan extendida en la obra de Marías no es, sin embargo, una invención del autor. El *Ciclo de Oxford* presenta características idénticas a otras *fábulas del tiempo*, como la de Virginia Woolf, de Thomas Mann o de Proust.[6] Sobre todo la lectura de *Mrs Dalloway* en *L'expérience temporelle fictive*[7] destaca la misma configuración temporal que se observa en la cena de los *dons* de *Todas las almas*. Mientras que los golpes del *warden* forman el decoro teatral para la cena de la *High Table*, los eventos que se narran en la *soirée* de Mrs. Dalloway están escritos contra el fondo "des coups puissants de Big Ben et d'autres cloches de Londres". Al igual que en Marías,

> la signification la plus importante du rappel de l'heure n'est pas à chercher au niveau de la configuration du récit, comme si le narrateur se bornait à aider le lecteur à se repérer dans le temps raconté: les coups de Big Ben ont leur véritable place dans *l'expérience vive que les divers personnages font du temps*. Ils appartiennent à l'expérience *fictive* du temps sur laquelle *s'ouvre la configuration de l'œuvre.* (Ricoeur 1984: 154)

A pesar de que las campanas del Big Ben y los sesenta martillazos de Rymer simulan la percepción del tiempo público como un encierro o un estado estático y determinista,[8] reconocer y someterse a *Weltzeit* constituye una necesidad para construir la plataforma narrativa desde la cual se despliega, como otra posibilidad de escape, un tiempo interior, no cronológico. Recordemos que para Heidegger este tiempo interior es la temporalidad originaria. Según la interpretación de Blattner de *Ser y tiempo*, es justamente esta experiencia de *Weltzeit*, definido como "datability, spannedness, publicness, significance" (1999: 129), lo que permite el desarrollo de un *Dasein* auténtico (ligado a la temporalidad originaria), ya que es una manera de lidiar con el mundo (el concepto clave de *Sorge*), y, gracias a este esfuerzo, de vincularse con él y con los demás. La explicación de Blattner aclara la aparente paradoja de que la *temporalidad originaria* de Heidegger no sólo constituye una noción temporal *opuesta* a Weltzeit, sino que los dos modos de tiempo están ligados, y donde la primera "makes up the explanatory core of world-time" (Polt 2001: 97). Según mi lectura de Heidegger, *temporalidad originaria* ejerce una causalidad indirecta, y no una causalidad cronológica, ya que, a pesar de que "originary temporality consists of a past, Present, and future, [...] they are not a past, Present, and future that follow upon one another. The future never will be a Present, and the past never was" (Polt 2001: 114). Sin embargo, es esta experiencia o *concepción* misma del pasado, desde el presente, como un *posible* futuro, y del futuro como un *posible* presente, lo que crea la consciencia del yo, es decir, la forma particular en la que el *yo* se percibe y comprende en el presente. En alemán existen dos palabras para denominar el tiempo del presente: *Präsens* (presente, de raíz latina) y *Gegenwart*. La palabra que prefiere Heidegger para expresar el presente es *Gegenwart*. *Gegenwart*, como observa el filósofo, contiene la palabra *Gegen*, *contra* o también *hacia uno*. Literalmente, Gegenwart es el tiempo que viene hacia nosotros y que nos obliga a "being attentive to or awaiting that which encounters us" (Dastur 1998: 73).

Adaptando esta idea de Heidegger al mundo de la narración, Ricoeur destaca, por la misma razón, la importancia de establecer vínculos entre los personajes, lo cual se logra a través de la unidad de lugar y el cara a cara de los personajes que comparten la experiencia del lapso del tiempo. Este estar-con-el-otro (*Mit-sein* en Heidegger), según Ricoeur, forma el prerrequisito para iniciar el *tunneling process*, ya que este "équivaut à l'unité d'un même instant sur lequel le narrateur greffe l'extension d'un laps de mémoire" (1984: 156).

En Woolf, el suicidio de Septimus se describe como una huida del tiempo autoritario, ya que, al tirarse por la ventana "son temps [...] n'a plus aucune mesure avec celui des porteurs du savoir médical, leur sens de la mesure, leurs verdicts, leur pouvoir d'infliger la souffrance" (*ibíd.*). En *Todas las almas* y *Negra espalda del tiempo* el narrador resalta dos personajes que escapan de la tiranía del tiempo cronológico: el portero Will, que vive en su propio mundo anacrónico, y Clare, la amante del narrador, "uno de esos seres para los que no está hecho el tiempo, para los que la propia noción de tiempo y de paso es un agravio" (TLA 32). Clare no sólo establece un puente hacia otro modo del tiempo, sino que parece también en este caso personificar las características de la temporalidad originaria, la dimensión de las digresiones narrativas, pues "todo en ella era *expansivo, excesivo*", un personaje hecho "de fragmentos de *eternidad* [...] o, dicho de otra forma, de contenidos *eternos* para *llenar y desbordar* el tiempo" (*ibíd.*).

Al igual que en *Mrs. Dalloway*, los dos pilares narrativos sobre los que se erige la construcción temporal en Marías lo constituyen la experiencia compartida del tiempo de la cotidianidad y la experiencia individual de la introspección. Según Ricoeur, la creación literaria tiene como objetivo entretejer estos dos planos temporales, esto es, "à entremêler le sens de la quotidienneté et celui de l'intériorité" (1984: 155). Mientras que en Woolf las digresiones se inauguran con "*he thought, thought she*" (Ricoeur 1980: 154), en Marías el monólogo interior se inicia a través de la mirada. Asimismo, a través de la mirada de Clare, el narrador logra escapar del avasallamiento de los golpes rítmicos de Lord Rymer. Marías adapta la técnica narrativa de Woolf del *tunneling process*, explicada en el *Journal* de la autora, el cual consiste en inmovilizar el tiempo público para "tell the past in installments". Las digresiones en forma del monólogo interior excavan *cuevas subterraneas*, "beautiful caves behind my characters" que permiten desarrollar la psicología de los personajes y otorgarles "humanity, humour, depth" (Woolf citado en Ricoeur 1980: 155). Del mismo modo, Marías desengancha mundos interiores de sus personajes, libres de cualquier limitación temporal o espacial.

La yuxtaposición de un plano temporal rígido y limitado por un lado, y una dimensión fluida e ilimitada por otro, hace avanzar la narración en una dirección bi-direccional. En *Todas las almas*, el escape hacia delante se inaugura con la observación por parte del narrador de cómo lord Rymer vigilia a Clare Bayes, y se cierra con el desvío de la mirada del narrador de la misma Clare Bayes. Durante este proceso, más que ignorar el paso del tiempo, el narrador lo enfatiza recordando una y otra vez que "fue todo cuestión de segundos", que "el martilleo no llegó a durar más de un minuto", "durante aquel minuto interminable", "este recorrido que hizo mi vista en sesenta segundos", "aquellos segundos finales de un minuto", "durante los últimos segundos de aquel minuto", repeticiones mecánicas que simulan el movimiento de la aguja de un reloj que avanza hasta el momento en que "aparto la mirada" (TLA 68-77).

Así pues, el minuto del "martilleo" se extiende a través de diez páginas, adelantando a cámara lenta la acción en el presente. Los sesenta segundos se *expanden, llenan y desbordan* el tiempo para incorporar los *flashback* del narrador sobre su infancia en Madrid, y permiten crear puentes imaginarios hacia la infancia de Clare y su pasado en la India, ambas ligadas por la metáfora clásica del tiempo:

> [...] no puedo dejar de decir que por aquellos ojos oscuros y azules atravesaba ese río brillante y claro en la noche, el río Yamuna o Jumna que

> atraviesa Delhi, [...] del mismo modo que en mis ojos se dibujaban quizá imágenes madrileñas de la calle de Génova y de Covarrubias y de Miguel Ángel, que ella nunca había visto o pisado. (*ibíd.* 74-5)

El resultado de este *tunneling process* es una narración inmensamente rica, ya que las indagaciones contrastadas con la mecánica de Weltzeit

> creusent du dedans l'instant de l'événement de pensées, elles amplifient de l'intérieure des moments du temps raconté, de telle sorte que l'intervalle total du récit, malgré sa relative brièveté, paraît riche d'une immensité impliquée. (Ricoeur 1984: 155)

Heidegger, en *Ser y tiempo*, enfatiza la subjetividad de la experiencia del paso del tiempo cotidiano, vinculado siempre con la acción del momento. Brindando el ejemplo de un paseo por una determinada distancia,[9] Heidegger, en consonancia con Bergson, explica que "media hora no son 30 minutos, sino una duración que no posee extensión temporal en el sentido de una medida cuantitativa. Esta duración depende de las acostumbradas 'tareas' (literalmente, 'cuidados') cotidianas" (SZ 106). Sin embargo, como añade más tarde, esta supuesta distorsión *es* la realidad auténtica del ser ("das An-sich-sein der 'wahren Welt', des Seienden"), el cual se reconoce sólo a raíz de un distanciamiento de la cotidianidad del Dasein (*ibíd.*).[10]

Aunque los participantes de la cena de la *High Table* están sometidos al mismo tiempo público, la percepción de la experiencia temporal diverge, lo que le permite al novelista apropiarse del tiempo. La narración de este minuto "que sólo *ahora* existe" (TLA 74) es un ejemplo del intento del autor, como afirma en una entrevista, de "dar presencia al tiempo que no percibimos" (Mora 2004). El 'ahora' de la narración de *Todas las almas* cobra presencia en el supuesto momento del acto de la escritura memorística del narrador de vuelta a Madrid. Como destaca Ricoeur, "seule, précisément, la fiction peut explorer et porter au langage ce divorce entre les visions du monde et leurs perspectives inconciliables sur le temps, que creuse le temps public" (1984: 160).

Ahora bien, recordar la importancia del tiempo y la autenticidad[11] del ser en Heidegger admite apreciar la escena de la

High Table no sólo como una prueba de la gran capacidad narrativa de Marías: presenta también una ilustración del peligro del que advierte Heidegger, de dejarse llevar por *das Man*, es decir, la cotidianidad y mentalidad de rebaño nietzscheano, y padecer así una anestesia colectiva que lleva a la pérdida de autenticidad.[12] Una manera de liberarse de la colectividad consiste en crear interrupciones que violan esta normalidad calmante y anestesiante. Según Blattner, la desintegración de la percepción del tiempo público —tal como se lleva a cabo en la narración de Marías— sería una interrupción de este tipo. Dicha violación del funcionamiento de la máquina social representa

> a necessary consequence of the dynamics of Dasein's self-understanding. It finally *calls for the temporal interpretation of Dasein's being itself to disrupt our every day understanding of time itself.* [...] Heidegger's attempt 'to do violence' to our ordinary conception of time is of a piece with, and falls out of, his disruption of our ordinary conception of our own being. [...] The notion of nonsuccessive time might seem such a violation. (Blattner 1999: 93-4)

Siguiendo la interpretación de Blattner de *Ser y tiempo*, la parálisis de *Weltzeit* y la suspensión del orden cronológico del tiempo en Marías constituyen una violación de la concepción ordinaria del tiempo y, por lo tanto, posibilitan una liberación del *Man*, el primer paso imprescindible en la búsqueda de autenticidad. Heidegger explica que el Dasein siempre vacila entre dos modos de autenticidad. Parodiando las costumbres ridículas de los *dons*, la cena de la *High Table* resalta la tendencia del ser inauténtico absorto en la cotidianidad, recordando que "the sphere of the nonauthentic, of *Verfallen*, is always with us", y que todos somos "a prey to the cares of here and now; of a thousand and one trivialities [...]" (Grene 1952: 267). Son estas "mil y una trivialidades" las que forjan la narración de Marías. A través de las observaciones banales del narrador se esboza al ser en el paso por el tiempo, siempre desde el dominio de las sombras donde lucha por la autenticidad de su ser.

El contraste o antagonismo entre dos modos de tiempo, el vivido y el público, se reproduce, aunque no de una forma tan elaborada como en la cena de la *High Table*, en muchas escenas de varias novelas de Marías. El tiempo público, contado, representa el paso paulatino del tiempo como recordatorio constante de la finitud de la existencia, que avanza con un ritmo mecánico e imparable. Por un lado ofrece resistencia, encierra y provoca angustia. Por otro lado, Marías interpone otro tiempo, casi como un acto de rebelión, que es fluido, expansivo, en forma de exploraciones y escapes del tiempo. Esta narración digresiva se emplea a través de las novelas del *Ciclo de Oxford*: en *Todas las almas* es el sonido rítmico de los tacones de la mujer esperando el tren, cuyos "zapatos ingleses a no dudarlo [...] mantuvieron mi vista vuelta hacia mi derecha e *hicieron la hora inmóvil* de la estación de Didcot más llevadera" (TLA 26). En *Negra espalda del tiempo*, la presencia de *Weltzeit* se manifiesta a través de los "apresurados tacones" rítmicos de los paseantes, de la expansión paulatina de la luz del amanecer y del desvanecer de los faroles en la madrugada. Al observar la parada de autobuses desde su ventana durante el amanecer, el narrador describe el paso mecánico de un tiempo compartido y abre paso a digresiones sobre un pasado, presente y futuro hipotéticos de la gente esperando el autobús. En este ejemplo no es un sonido rítmico que adapta la función de un reloj controlador, sino los juegos y contrastes de la luz de una farola que compite con la luz natural del amanecer. Del mismo modo que el narrador sin nombre en la cena de los *dons* oxfordienses, los personajes están atrapados o paralizados en el tiempo público, esperando inmóviles a que pase el tiempo. En este tiempo compartido con los otros pasajeros cada uno es consciente del paso de los minutos y se salva o libera de este vacío temporal compartido al abrirse a un tiempo distinto, el de la memoria e imaginación: "mira la mujer los faroles y *se acuerda* [...]" (TLA 150), "mira el hombre los faroles y *piensa en* [...]". Los personajes observados por el narrador, e indirectamente él mismo, forman una comunidad, un *Mitsein*, diría Heidegger, que está sujeto al mismo destino que es el avance indiscriminado del tiempo: "miran las incongruentes luces todavía encendidas bajo el sol que avanza [...]" (*ibíd.* 151). Lo que realiza Marías en sus muchas descripciones y observaciones imaginadas es mucho más que una lograda técnica narrativa. En las escenas mencionadas del *Ciclo de Oxford,* el autor expresa este "abrirse hacia" el mundo como una reacción a la tiranía del tiempo, pero también como el otro componente de *Sorge*, como un intento de querer vincularse con el mundo y con los demás en este entrecruce de tiempo público y temporalidad originaria.

3.2.2. El futuro teleológico y *Dasein*

La importancia de la temporalidad originaria no se limita solamente a la liberación del *Man* o al desarrollo de un "torrente narrativo". Más bien, para Heidegger,

> Originary temporality [...] is the ontological sense of Dasein as ability, as something that presses ahead into its self-understanding. It is precisely because Dasein from the ground up is defined by its existentiality, its questionability, the requirement that it can only be who it is by pressing ahead into it, that the Unattainability Thesis holds. (Blattner 1999: 117)

El cuadro de Charles Burki, *En el camino*, selección personal del Marías para la cobertura de la primera entrega de *Tu rostro mañana*, refleja la compleja estructura temporal de sus novelas, y a la vez resume, de una manera muy simplificada pero eficaz, la relación heideggeriana entre tiempo y ser, tal como se manifiesta en el *Ciclo de Oxford*. *En el camino* nos presenta el punto de vista de un motociclista viajando por una carretera solitaria que se pierde en la distancia. Del conductor sólo se ven los brazos en el volante, y casi desaparece del cuadro. No obstante, el cuadro entero *es* su mirada y, por extensión, se desdobla en la mirada del que contempla el cuadro. Su futuro, el fuerte color amarillo que también satura parte del horizonte, constituye el protagonismo del cuadro. El pequeño retrovisor a la izquierda representa la mirada hacia lo que el conductor deja detrás (a su espalda) en el camino. Es una presencia minúscula y sin embargo importante. En este cuadro Charles Burki logra expresar el tiempo como horizonte del ser y, de paso, captura la configuración temporal heideggeriana, la cual concede importancia ontológica tanto al pasado como al presente. Sin embargo, como afirma Ricoeur, "the past is not the primary direction of care, nor is the present, as in Augustine, since the present is *the making-present of preoccupation which prevails only in the experience of within-time-ness* [...]" (Ricoeur 1980: 181). Como veremos, esta desvaloración del pasado y del presente a favor de un futuro teleológico determinante se puede observar claramente en *Tu rostro mañana*.

En Heidegger el pasado se define como *Gegebenes* (lo dado). El presente, en palabras de Blattner, se entiende como "an 'already' that is not a past Now". El futuro, en cambio, sólo adquiere sentido en términos de "purposiveness", o sea, de intencionalidad (Blattner 1999: 123). Por lo tanto, la exploración (hipotética) de este horizonte futuro tiene repercusiones directas en cómo el ser se construye en el tiempo, y no sólo en el presente mismo, sino hasta retrospectivamente. Esta idea, tan importante en Marías, ya surge en *El monarca del tiempo* y sigue madurando en las novelas siguientes, hasta llegar a ser uno de los temas centrales de *Tu rostro mañana*. Este "mañana" teleológico no sólo desempeña un papel importante en la determinación ontológica de los personajes, sino que forja el concepto mismo de *verdad*, ya que brinda la única manera de inferir sentido al mundo.

Como explica Marías en su ensayo "Fragmento y enigma y espantoso azar" (MT), tenemos la costumbre de atribuirle a la última palabra un poder subversivo absoluto, respecto a todo lo dicho anteriormente. La lógica a base de esta valorización de la palabra última como "monarca del tiempo" —es decir su capacidad de subvertir todas las palabras anteriores— es la misma que se encuentra en *Tu rostro mañana* en cuanto a la valorización ontológica de la dimensión futura del tiempo. Según mi lectura, inspirada en el futuro teleológico de Heidegger, el complejo "Kennedy-Mansfield", teoría que Marías elabora en TRM III, es otra consecuencia lógica de considerar el futuro no como meras posibilidades futuras, pertenecientes a un ámbito alejado y desconectado del presente, sino como "intencionalidad". El futuro es determinado desde el presente y, simultáneamente, es el factor determinante, retrospectivamente, del presente y del pasado. Intencionalidad, en el sentido heideggeriano, significa que el futuro lo constituye el ámbito hipotético de las posibilidades e intenciones a base de nuestros actos. Este ámbito se construye a partir de los actos que uno cree ser capaz de cumplir. La contemplación hipotética de este acto, más la convicción de poder o querer ejecutarlo, tiene el mismo valor —desde un punto de vista ontológico— que un acto ya cumplido. Si comparamos la intencionalidad heideggeriana con el existencialismo sartriano vemos la relevancia de esta idea para lecturas de novelas como *Tu rostro mañana*. Para Sartre, el hombre crea su propia esencia a través de sus actos cumplidos: uno se hace actuando. Para Heidegger, sin embargo, lo que más nos determina no es lo que hicimos en el pasado, sino el acto que contemplamos hacer y del nos creemos ser capaces. Luego el hombre *es* —y, retrospectivamente, *siempre ha sido*— el que se visualiza a sí mismo cometiendo esta acción aún antes de iniciarla. Como consecuencia, es el "rostro mañana" el que forja el rostro presente y el del pasado. Por lo tanto, el futuro, concepto realmente *atemporal* y puramente teleológico, *re*construye el presente y *re*crea continuamente el ser en el tiempo. Así pues, el ser mismo es, como explica Heidegger en *Ser y tiempo*, nada más un "adelantarse-hacia-su-posibilidad" ("Vorlaufen in die Möglichkeit" SZ 258).

Teniendo esta idea en cuenta, el cuadro de Charles Burki ejemplifica la diferencia entre el filósofo alemán y otros que han tratado el tiempo como fenómeno ontológico —desde San Agustín, hasta Kant o incluso Bergson—por el peso especial que Heidegger concede al futuro. Mientras que San Agustín sitúa al ser humano en un presente eterno y que para Bergson la memoria, es decir, el pasado, forja la consciencia y también la *natura* del ser, para Heidegger son las posibilidades futuras del Dasein, tal como se contemplan en el presente, las que determinan cómo el ser humano se comprende y percibe a sí-mismo. En Marías la visión del tiempo futuro como horizonte del ser juega un papel fundamental, sobre todo en sus últimas novelas. Es cierto que, considerando el énfasis en el ansia constante de sus narradores por la recuperación del pasado, la última afirmación puede parecer contradictoria. Sin embargo, la preocupación por los enigmas del pasado en el *Ciclo de Oxford* tiene que entenderse, como diría Ricoeur, "to the extent that any project implies memory and that no authentic anticipation of what we may 'have to be' is possible without borrowing from the resources of what we already 'have been'" (Ricoeur 1980: 181). Para retomar la imagen de Burki, lo visible en el retrovisor de los múltiples pasados imaginados o compartidos con los muertos o vivos, reales o ficticios, le sirve al narrador únicamente en la medida en que desocultan sus potencialidades venideras, dirigidas éstas siempre hacia el futuro. Estas digresiones hacia el pasado, como vimos en el capítulo anterior sobre Bergson, tienen que situarse, pues, en el espacio de la *negra espalda* o el *revés* del tiempo. De un modo parecido, Demske recuerda que el Dasein en Heidegger

> is consciously confronted by its own existence, these potentialities constitute the means by which Dasein understands itself. They form the background of its self-knowledge, *the horizon in which it sees itself, the*

> *screen on which it projects its own self-image. Dasein understands what it is by knowing what it can be.* (1970: 20)

Las teorías de Heidegger sobre el cambio inherente y constante de "esencia" —por esta razón prefiere el término Dasein a esencia— son reminiscentes de las ideas de Bergson ya discutidas en el capítulo anterior. De hecho, tanto Heidegger como Bergson recurren a la metáfora de un cuadro en proceso de creación para expresar su visión de la experiencia vital en el tiempo y cómo ésta contribuye a la imagen que cada uno crea de sí-mismo. Esta coincidencia es el resultado de la influencia presocrática, sobre todo de Heráclito y de Parménides, en ambos filósofos. Aunque pueda parecer algo repetitivo, vale la pena revisitar este aspecto fundamental de la obra de Marías, ahora desde el enfoque de Heidegger.

Para los protagonistas de Marías "imaginarse lo que puede ser" sólo es posible al reconocer su propio rostro futuro en el rostro presente o pasado del otro. Lo que busca el narrador de *Todas las almas* en el pasado de Gawsworth o de Clare es su propio destino. Según Heidegger, el pasado, el revés del futuro, no sirve para crear sino para descifrar su sentido del ser. Recordemos de nuevo que cuando Heidegger habla del futuro, no se trata de un modo temporal alejado del presente, puesto que "The potentialities of Dasein [...] exist not in the distant future, separated from the present; rather they are the modes of being in which Dasein presently exists" (Demske 1970: 20). El gran acierto del filósofo alemán radica en el cuestionamiento de la sagrada filosofía postsocrática, la cual ha monopolizado el pensamiento occidental con su frustrada búsqueda por una esencia incorruptible y universal que precede —o trasciende— la existencia. En Heidegger, en cambio, la esencia del *Dasein* se construye y reconstruye en un proceso dinámico nunca acabado. El ser

> is determined by the fact that he is never purely static but necessarily changing, dynamic, being born, living, growing, aging, declining, dying. Dasein, so long as it exists, always has unrealized possibilities, and these constitute it as who and what it actually is at any moment of its life's history. (Demske 1970: 20)

En vez de hablar de *esencia* (considerando que en ningún momento dado existe tal esencia, en el sentido platónico, trascendental),

Heidegger usa en *Ser y tiempo* el término *Dasein* para expresar esta idea de una "esencia" que se construye según el potencial de cada ser:

> [...] el Dasein es mío en esta o aquella manera de ser. Ya siempre se ha decidido de alguna manera en qué forma el Dasein es cada vez mío. El ente al que en su ser le va este mismo se comporta en relación a su ser como en relación a su posibilidad más propia. El Dasein es cada vez su posibilidad [...], puede ser propio es decir en la medida en que es suyo. (SZ 52)[13]

El resultado es una permanente inestabilidad ontológica, ya que un ser sólo es capaz de entender lo que es *by knowing what it can be*. La cita de Blattner, *Dasein understands what it is by knowing what it can be*, y la consciencia de que el propio futuro, por definición, es un horizonte inconstante e inconocible, se manifiestan en la obra de Marías en el uso notorio del *tunneling process*. Como afirma Ricoeur,

> en donnant une épaisseur temporelle au récit, l'enchevêtrement du présent reconté avec le passé ressouvenu confère une épaisseur psychologique aux personnages, sans jamais toutefois leur conférer une identité stable [...]. (1984: 155)

Marías se sirve de una serie de imágenes recurrentes que expresan la falta de una sustancialidad ontológica permanente. El color ambiguo y los distintos grados de claridad de la mirada de los personajes reflejan la idea presocrática, tan presente en Marías, de que, como se repite varias veces, "nunca nada es puro o sin mezcla", pero también remiten al carácter efímero del ser en el tiempo. Rylands, el personaje paterno en *Todas las almas*, tiene "un ojo [...] color de aceite, el otro de ceniza pálida, uno era cruel y de águila o gato, había rectitud en el otro y era de perro o caballo," mientras que los de Wheeler "variaban según la iluminación que les diera, según el día y según la noche, según la estación y las nubes y la mañana y la tarde y según el humor de quien los dirigía, o eran granos de granada cuando se le achicaban, aquella fruta del primer otoño en mi infancia" (TRM I 103-4).

En *Todas las almas* y *Negra espalda del tiempo* la ambigüedad de los nombres propios sirve en parte para cuestionar los límites entre realidad y ficción.[14] Sin embargo, la confusión intencionada sobre la identidad del narrador y otros personajes alcanza en *Tu rostro mañana* dimensiones extremas, donde el juego de metaficción de las novelas anteriores evoluciona hacia una reflexión escéptica sobre la posibilidad de una esencia a priori, estable, descifrable y trascendente. Este escepticismo se refleja en la ambigüedad onomástica, un elemento muy presente en el *Ciclo de Oxford*. La exploración de la biblioteca de Wheeler en *Tu rostro mañana* le permite al narrador enumerar casos conocidos de artistas que cambiaron de nombre, como por ejemplo

> aquel admirable actor vienés que se había llamado primero Adolf Wohlbrück y que también se desprendió del nombre, y como el Comodoro Mountbatten que fue Battenberg en su origen, británicos postizos todos, ni Tolkien se libraba de eso. (TRM I 457)

Del mismo modo, se recuerda que Max Rieger publica bajo el pseudónimo de Wenceslao Roces (TRM I 150) y que el padre de Deza firmaba sus artículos por su nombre o "bien con el pseudónimo" (TRM I 161). El apellido de Bertram Tupra, quizá el personaje más shakespeareano de la novela, "suena a nombre inventado y bien pudiera serlo" (TRM I 37). Tupra le recuerda a Deza en un momento que "Aquí soy Mr Dundas [...]" o "Hoy soy Mr Reresby [...]" o bien "Se me recuerda más como Mr Ure, en esta zona" (TRM II 69-112). Finalmente, el mismo narrador se presenta como Jaime Deza, pero aclara que Wheeler "era de los que me llamaban Jacobo", y que

> otros como Luisa, me llamaban Jaime [...]. Era yo mismo quien se presentaba con uno o con otro [nombre] o con el más verdadero, según las personas y los ambientes y la conveniencia, según en qué país estuviera y en qué lengua fuera a hablarse. (*ibíd* 113)

La manía de asumir otra identidad parece igualmente extendida entre los personajes. Wheeler, el mentor de Deza, cuenta que "no vine aquí hasta los dieciséis años, y con el apellido también cambiado" (*ibíd* 39), por la razón que

> casi todos sus tiempos eran pasados, y había tenido la oportunidad muy larga de no ser ya el que había sido, o ninguno de los posibles varios que hubiera ido siendo. (Hasta se había desprendido muy pronto del nombre). (*ibíd* 112)

Participando en su propio ejercicio de perspectivismo onomástico, el narrador Deza revela que "Tupra y Mulryam me llamaron Jack" o a veces Iago (TRM I 357) o Jago (TRM II 381), mientras que "la joven Nuix, al igual que Luisa, se inclinó por Jaime" (TRM I 277), a pesar de que "mi verdadero nombre no es Jacobo ni Jaime ni Santiago ni Diego ni Yago [...]" (TRM I 209).

Elide Pittarello reconoce con acierto el "desgaste perdurable de la identidad como percepción discontinua del ser de uno mismo en el tiempo y en el espacio" como una característica típica de la narrativa de Marías (1996: s.p.). El hecho de que el *Ciclo de Oxford* se abra con la descreencia del narrador en que baste "con la facultad de la memoria para que alguien siga siendo el mismo en diferentes tiempos y en diferentes espacios" (*ibíd.*) enfatiza la importancia de la preocupación ontológica en las novelas de Oxford. La lectura unánime que ha efectuado la crítica de las primeras líneas de *Todas las almas* ha sido la de un juego de metaficción borgeano con la finalidad de debatir la separación —o confusión— entre la figura del autor y la voz del narrador. Sin embargo, leer a Marías a la luz de Heidegger, permite una interpretación en clave filosófica que va más allá de cuestiones literarias o estrategias narrativas. Como es costumbre en toda la obra del autor, los temas que generan las reflexiones en sus novelas no se limitan a obras específicas. Más bien, son los mismos Leitmotive que reaparecen de obra en obra, sobre todo a partir de *El monarca del tiempo*, aunque sean tratados desde otros enfoques o en contextos diferentes. La noción de la identidad entendida "como percepción discontinua del ser", por ejemplo, es un tema importante de *Todas las almas*, que se reevalúa y teoriza luego en *Negra espalda del tiempo* hasta madurar en el gran tema, con repercusiones éticas y filosóficas, de *Tu rostro mañana*. La declaración ambigua del narrador de *Todas las almas* acerca de que "el que aquí cuenta lo que vio y le ocurrió, ni tampoco es su prolongación, ni su sombra, ni su heredero, ni su usurpador" (TLA 10) resuena en las citas repetidas de Shakespeare en *Baile y sueño* que "yo no soy lo que soy", (TRM II 109), "yo no era lo que era", "I am not what I am" (113) y "uno no es nunca lo que es" (TRM II 119). La consciencia angustiosa de este desgaste de identidad a través del tiempo es un rasgo que comparte el narrador de Marías con otros de sus personajes. Al final del primer tomo de *Tu rostro mañana*, el mentor de Deza, Wheeler, al contar detalles sobre su pasado misterioso, se pregunta igualmente si

> soy yo el mismo de entonces? [...] ¿No resulta esa posibilidad, esa idea, *esa verdad asumida*, no resulta incongruente en exceso, por ejemplo con el que después he sido? ¿O con los actos que cometí más tarde [...]? [¿Y] cómo puedo yo ser el mismo? (TRM I 470)

Estas reflexiones, con importantes ramificaciones éticas, y no sólo existenciales, consumen a los personajes y al propio narrador, puesto que la consecuencia de esta concepción de esencia dinámica es que "no somos de fiar las personas que por [el tiempo] aún transitamos, tontas e insustanciales e inacabadas todas, tonto yo, yo insustancial, yo inacabado" (*ibíd.* 88).

Pero si suponemos que uno de los temas centrales del *Ciclo de Oxford* consiste en la búsqueda de la autenticidad del ser en el tiempo, y si a la vez se rechaza cualquier noción platónica de una esencia transtemporal, ¿en qué puede consistir la 'autenticidad' de un ser carente de sustancia? En Heidegger, vemos,

> the temporal disclosure of beings, their aletheic coming-into and withdrawing from appearing, their coming to pass (Wesen) does not have the character of permanece. Being's temporality means that there is no meaning of being —nor any being— that is permanent, every-lasting, or unchanging. The meaning of being thus must be thought in a way different from metaphysics. (Schoenbohm 2001: 16)

En Marías es paradójicamente esta misma insustancialidad o discontinuidad o "desgaste perdurable" lo que constituye la característica misma de esencia: una esencia que se equipara, al igual que en Heidegger, a un cuadro nunca acabado, en un constante proceso de creación según sus posibilidades y potencialidades. En *Tu rostro mañana*, Marías se sirve de la misma metáfora de un cuadro en proceso de creación para expresar su visión del ser haciéndose en el tiempo. El problema ontológico que se novela sobre todo en esta obra es la confrontación entre el deseo de no perecer y el peligro de dejar una imagen imborrable, poco halagadora, de sí mismo. Por un lado, la tendencia exhibicionista del narrador es motivada por la necesidad de confirmar su existencia y hacerla perdurar por el testimonio de los demás. Su discurso (o escritura) confesional de crear testigos, para convertir la voz del narrador igualmente en un cerco imborrable. Asimismo, en *Tu rostro mañana* III leemos que

> en esto consiste el complejo Kennedy-Mansfield, en el temor a quedar marcado para siempre por la forma de terminar, desvirtuado, y a que la vida entera parezca haber sido sólo un trámite, un pretexto, para llegar a un acabamiento chillón que *nos retratará eternamente* [...]. (TRM III 46)

Por otro lado, tomando en cuenta la teoría del famoso complejo K-M,[15] el otro-testigo tiene el gran poder de "perjudicar [mi historia, léase esencia] y atraer sobre ella precisamente lo que horroriza tanto, la conversión de su historia en un desastre" (*ibíd.* 193). Por lo tanto,

> es como una doble necesidad contradictoria: quiero que se sepa que soy y que he sido, y que se conozcan mis hechos, lo cual me causa pavor al mismo tiempo, porque puede arruinar par siempre *el cuadro que me estoy pintando*. (*ibíd.*)

Esta teoría, según el narrador de TRM, es la que finalmente le empuja al personaje Dearlove a cometer un asesinato para asegurar su fama y no caer en el olvido, aunque sea por un acto despreciable. A la base de su motivación encontramos, de nuevo, una visión del tiempo basada en una cronología de verdades subversivas, es decir, que se concede siempre al último momento (y a cada momento consiguiente) el protagonismo de verdad absoluta. Gracias a esta visión, durante una vida "todo tiene su tiempo para ser creído" (*ibíd.* 44), mientras que "la muerte es borrón siempre" (*ibíd.* 47), ya que constituye la última pincelada de un cuadro luego fijado para siempre. Desde esta perspectiva se explica la obsesión de los narradores por el pasado de los demás, comprendido como un *pseudo-post mórtem* propio, eternamente retratado.

3.2.3. El revés del tiempo

La cuestión de continuidad y coherencia ontológicas surge en *Todas las almas* inmediatamente después de la noche de la *High*

Table. Las reflexiones del narrador al examinar el cubo de la basura están ligadas temáticamente a la cena de los *dons* y el encuentro epifánico de la mirada de Clare. La búsqueda de autenticidad (término quizá más propicio que esencia, pero que en Heidegger es a menudo intercambiable) nos lleva de nuevo a la negra espalda del tiempo, "del no conocido ni registrado, del no computable, del hipotético, del no vivido, del descartado, del malogrado" (Marías 2000c: s.p.), ahora desde la perspectiva del futuro teleológico de Heidegger. En la dimensión fantasmal de este tiempo shakespeareano reside la preocupación por lo que podría ser y, más importante, por lo que podría haber sido y no fue. Para Marías, cada acto que uno ejecuta implica el rechazo de otro acto, pero nos definen de igual modo las posibilidades no realizadas como el camino elegido. De esta forma, el contenido de la basura examinado al final del día se convierte para el narrador de *Todas las almas* en un testigo de "su mitad descartada, lo que ha decidido no ser ni tomar para sí, el negativo de lo que ha comido, de lo que ha bebido, de lo que ha fumado, de lo que ha utilizado, de lo que ha comprado, de lo que ha producido y de lo que le ha llegado", mientras que la nueva bolsa "es ya la inauguración o promesa del nuevo día: está todo por suceder" (TLA 103).

Imagen suprema de la cotidianidad, la basura ejemplifica el cruce (según Ricoeur) y el entrecruce (según Heidegger) de los dos modos temporales decisivos para el despliegue del Dasein. Lo descartado afirma la presencia del ser en el tiempo, pues "cada vez que uno se acerca al cubo y echa en él algo, vuelve a ver y a tener contacto con las cosas que tiró en las horas previas, y eso es lo que le da un sentido de la continuidad" (TLA 140), y, al igual que su temporalidad originaria, esta "propia e indiscriminada mezcla es el orden y la explicación del hombre". Los objetos descartados durante el día, como hace constar el narrador, constituyen además "el hilo de su vida, también su reloj" (*ibíd.*). Atestiguan su participación en el tiempo público y confirman su vinculación con el mundo como "that entity which in every case has Being-in-the-world" (Bard 1993: 4).

Lo descartado como analogía de la travesía del tiempo, tanto en forma de un reflejo del futuro teleológico como el del revés del tiempo, es una imagen recurrente en el *Ciclo de Oxford*. Al igual que las reflexiones sobre el cubo de basura en el piso del narrador, el gran basurero humano de las calles de Londres resalta tanto temporalidad como continuidad, tanto *ser-en-el mundo* como *Sorge*, y ejemplifica la interpretación de la *negra espalda del tiempo* en Marías según el *Entwurf* (el futuro teleológico) de Heidegger. Por un lado, los mendigos son objetos descartados de la sociedad londinense, y por otro son vestigios del tiempo, los cuales atestiguan no sólo sus propias posibilidades no realizadas, sino que además representan una posibilidad o proyección del futuro del narrador, quien teme reconocer en ellos, al igual que en Gawsworth, un posible *'there' towards which he walks'*. Al igual que la 'lectura' de la máscara mortuoria de Gawsworth, la descripción de las caras con "desdentada sonrisa ausente" (TLA 143) parece una superposición de dos planos temporales, en la que el presente funciona como el basurero del pasado, atestiguando no lo que uno es, sino lo que ha dejado de ser. Y así, como vestigio del pasado, perdura sin embargo como posibilidad de un futuro propio. Al igual que los objetos descartados al final del día, los mendigos son los fantasmas de la negra espalda del tiempo del narrador y los testigos de su propia negación. Son "expulsados de sus respectivos trabajos" (*ibíd.* 142) y del tiempo público, del mismo modo que el narrador, "expulsado a la calle por el niño Eric" (*ibíd.* 144), se ve como objeto descartado del tiempo de Clare. Es por esta expulsión común de un tiempo compartido que "empecé a sentirme uno de [los mendigos] y a temer poder convertirme un día en uno de ellos" (*ibíd.* 145).

3.2.4. *Mit-sein* y *Sein-zum-Tode*

Los conceptos *Mit-sein* (*Estar-con-los-demás*) y *Sein-zum-Tode* (*Estar-hacia-la-muerte*) elaborados por Heidegger en *Ser y tiempo* nos brindan la posibilidad de una interpretación en clave filosófica de los narradores del *Ciclo de Oxford*, ya que explican la importancia de sus notorios intentos de establecer conexiones hipotéticas con los destinos ajenos, y de la función testimonial del otro para otorgarle integridad al propio Dasein. Sin el otro, la búsqueda por el significado del ser tiene que fracasar necesariamente, puesto que mientras vivamos somos inacabados e insustanciales, como declara el narrador de *Tu rostro mañana* tantas veces, los que aún por el tiempo transitamos. Es decir que la propia muerte impide llegar a un estado íntegro y por tanto auténtico, ya que, como se lee en Heidegger, "mientras que el Dasein sea como algo que es, no ha llegado a su 'complemento'" (SZ 236).[16] El cuadro del *ser-en-el-mundo* no se concluye y no acoge su sentido hasta que se agote la última posibilidad del ser. Sin embargo, y de allí surge la paradoja trágica de la existencia humana,

> llegar al complemento del Dasein en la muerte implica al mismo tiempo la pérdida del ser de su estar aquí. La transición al ya-no-estar-aquí impide la posibilidad de experimentar esta transición y entenderla como experiencia. (SZ 236)[17]

La última posibilidad del ser la constituye al mismo tiempo su aniquilación, puesto que "la muerte pertenece a la totalidad; de hecho [la muerte] completa la totalidad de Dasein". No obstante, "la muerte tiene que devenir el tema explícito de la investigación, si el análisis de Dasein habrá de ser completo" (*ibíd.* 237).

Esta paradoja o tragedia existencial forma el eje central de *Tu rostro mañana*. Al traducir figurativamente la alegoría de "El otro" de Borges a términos reales, Deza demuestra que el flujo del tiempo termina por transformar la misma persona en un desconocido, y que por esa razón "acaso el futuro nos condiciona y obliga más que el pasado, lo por conocer que lo conocido" (TRM I 182). Sin embargo, la permanente opacidad del futuro propio y la inconstancia ontológica impiden llegar a un auto-conocimiento, el cual, según Heidegger, provee el único camino hacia un Dasein pleno y auténtico. Y la muerte misma, pieza clave de toda indagación existencial, hace la inteligibilidad del 'ser' imposible.

Estas ideas de Heidegger elaboradas en *Ser y tiempo* nos ofrecen una justificación filosófica de las investigaciones obsesivas del pasado de los demás en el *Ciclo de Oxford.*[18] La obsesión de los narradores por los destinos ajenos, sobre todo los fracasos y la muerte de escritores como él, se hace comprensible si la interpretamos recurriendo a la paradoja propuesta por Heidegger y expresada en el *Mit-sein-zum-Tode.* Dadas la necesidad y la misma imposibilidad de experimentar la propia muerte como estado de complemento del ser, "tanto más trascendental [literal. 'insistente'] resulta la muerte de los demás" (SZ 237)[19], puesto que la contemplación de la muerte ajena como posibilidad propia es la única forma de llegar a una comprensión de sí-mismo. He mencionado antes que detrás de la preocupación del narrador por la recuperación del pasado de los demás se esconde la proyección de un posible futuro propio. En Marías, el destino del otro sirve de espejo. Sirve, si se quiere, como 'medio' de introspección *desde un falso fuera.*

Visto desde esta perspectiva heideggeriana se resuelve otra aparente paradoja en *Tu rostro mañana.* El trabajo de espionaje de Deza consiste en descifrar la esencia de los demás por vía de contemplación y reflexión. Sin embargo, como hace constar Tupra en su propio informe sobre Deza, a pesar de que él

> sabe más de nosotros que nosotros mismos [...] vuelvo a pensar que no se conoce mucho. Y que no se presta atención porque en realidad ha renunciado a ello, a entenderse. Se considera un caso perdido con el que no ha de malgastar reflexiones. Sabe que no se comprende y que no va a hacerlo. Y así no se dedica a intentarlo (TRM I 347) [20]

Asimismo, Wyatt acierta en su calificación del narrador de Marías como un desconocido, un enigma, al que por un lado distingue el don de una lucidez asombrante hacia su entorno, pero por otro lado,

> not so much a distinct individual as a distinctive voice, this narrator speaks to us as if from the lip of a stage, in darkness. The lights never come on. His face is never revealed [...] if we learn the narrator's name at all, to mention it would only conjure a ghost—it is an *alias for someone who remains forever in hiding.* (2005: 92)

Sin embargo, Wyatt desatiende una característica importante del narrador. Cuando Deza describe las características particulares de otras personas propicias a la reflexión nos brinda a la vez una explicación de su propia persona y, de paso, de los otros narradores de sus novelas. Para Marías, estas particularidades no son más que las características de toda consciencia humana. Así pues, el narrador típico de su obra es siempre

> un oyente, un lector, un espectador, un testigo; y un relato y un actor simultáneos, que coinciden con aquéllos: son los propios individuos quienes se van relatando su historia a sí mismos, cada uno la suya, quienes se asoman a ella y se la miran y remiran a diario, *desde fuera hasta cierto punto; o desde un falso fuera*, mejor dicho, la generalización del narcisismo, llamado a veces 'consciencia'. (TRM I 361)

Esto significa que a pesar de su aparente invisibilidad, el rostro del narrador, aunque nos mire desde la sombra o nos hable con voz de fantasma, como destaca Wyatt, es omnipresente. En este sentido podemos recordar de nuevo el cuadro *En el camino* que luce la portada de la novela *Tu rostro mañana*. El rostro del conductor de la motocicleta queda oculta a la vista del espectador, y, no obstante, su presencia implícita llena o hasta usurpa el cuadro entero.

En *Todas las almas* y *Negra espalda del tiempo* el *tunneling process* revela una insistencia obsesiva de la voz narrativa en la recuperación (imaginaria) del pasado, sea de colegas, de amantes, de escritores olvidados, mendigos, vecinos o incluso desconocidos observados por el narrador durante sus andanzas por las calles de Oxford. El intento compulsivo de verse en el otro produce la disolución del tiempo cronológico. O quizá más que disolución, sería apropiado en el caso de Marías de hablar de un *reverso del tiempo*: de la exploración de lo que el narrador, evocando a Shakespeare, denomina "la negra espalda del tiempo". Casi de forma parasítica, el narrador se agarra al tiempo de Wheeler, al presente de Luisa, al pasado de Clare, y busca su imagen en el tío asesinado, en el hermano Julianín al que nunca conoció, en los mendigos de Londres o en el escritor olvidado John Gawsworth. Al investigar la vida fracasada del último en *Negra espalda del tiempo*, el narrador-doble del autor nota el cambio que sufre el escritor a través del tiempo y cómo acaba por convertirse en un pálido reflejo de su propia persona —pero también en una posibilidad todavía no descartada del futuro—, es decir en su propia *negra espalda del tiempo,*

> por dar algún nombre al tiempo que no ha existido, al que nos aguarda y también al que no nos espera y no acontece por tanto, o sólo en una esfera que no es temporal propiamente y en la que quién sabe si no se hallará la escritura, o quizá solamente la ficción. Puede que por eso percibo a menudo el pasado como futuro —o lo vea cuando no era sino eso, futuro— y el futuro como pasado: lo que ha de venir *como si ya hubiera ocurrido y llegado.* (NET 160)

El significado de la máscara mortuoria de Gawsworth se explica gracias a la interpretación de Dasein de Blattner como un cuadro únicamente acabado en la muerte. Fetiche del tiempo, al igual que las fotografías omnipresentes en las obras de Marías, la máscara es la materialización del complemento de su existencia y como tal le permite al narrador descifrar la 'esencia' del escritor fracasado. Es a partir de la superposición del rostro muerto que el rostro vivo de Gawsworth cobra sentido:

> Como sé que ha muerto, *veo en la foto la cara de un hombre muerto.* [...] Pero con este rostro postrero debió vagar por las calles de Londres, con un abrigo o una chaqueta de las que siempre saben procurarse los pordioseros. Esgrimiría botellas y señalaría ante sus iguales sus libros expuestos en los cajones de saldos de Charing Cross Road, que no podría comprar, para incredulidad de ellos. [...] Con este rostro dormiría en los bancos de los parques [...] y con este rostro sería tal vez incapaz de tender la mano que utilizara pluma y pilotara aviones. (TLA 153-7)

Las especulaciones sobre el pasado de Gawsworth se acercan más y más a la vida actual del narrador, quien se obsesiona por descubrir posibles coincidencias entre el destino del escritor inglés y sus propias posibilidades futuras, por temer descubrir su propio rostro mañana en la máscara mortuoria del otro. Martinot ofrece otra imagen que apoya de igual modo mi lectura de Marías. Para ilustrar la idea de Heidegger de un futuro teleológico que forja el Dasein en un proceso de cambio constante, Martinot describe

> The place to which one has 'already' crossed [as] the content of one's intentionality toward that space. [...] The 'there' towards which one walks [*el destino de Gawsworth, de los mendigos*] is the foundation for walking toward it [...]. One becomes absent in being elsewhere and becomes the other who is borne along by that 'elsewhere' [...]. One waits for oneself to arrive at the door toward which one walks [*la identificación del narrador con el escritor olvidado; el verse en el otro*]. (Martinot 2001: 117-8)

Vistas así, las errabundias mentales del narrador se equiparan a un "Persisting through space", lo cual "creates, receives, awaits, and is a means to an end" (*ibíd.*). Quizá la explicación de Martinot aclara la posible confusion entre el futuro percibido como una posibilidad real (que sería una interpretación incorrecta) y el futuro teleológico percibido como una intencionalidad, un *ahora* en el que se despliega el Dasein. Esta misma idea se contempla sobre todo en *Tu rostro mañana*, cuando el narrador declara que

> En realidad las figuraciones *ya son hechos*, y los deseos su cumplimiento, y lo ficticio acaece, aunque nada de esto sea así para el sentido común ni

> para las leyes, que por ejemplo establecen una abismal diferencia entre la intención y el delito, o entre su comisión y su tentativa. Pero la *conciencia no tiene presentes las leyes*, ni el sentido común le interesa ni atañe, sólo a cada *conciencia su sentido propio*, y esa línea tan delgada se difumina a menudo según mi experiencia, y ya no separa nada cuando desaparece, así que he aprendido a temer cuanto pasa por el pensamiento e incluso lo que el pensamiento aún ignora, *porque he visto casi siempre que todo estaba ya ahí, en algún sitio, antes de llegar a él*, o de *atravesarlo*. (TRM I 30)

La usurpación del pasado ajeno por un futuro posible se refuerza aún más por la particularidad del idioma español que no distingue entre la primera persona y la tercera persona del condicional. Marías se aprovecha de esta ambigüedad prescindiendo de cualquier referencia al sujeto original. Por lo tanto, se podría leer igualmente que el narrador, y no Gawsworth, "dormiría [con este rostro] en los bancos de los parques [...] y con este rostro sería tal vez incapaz de tender la mano que utilizara pluma y pilotara aviones". El condicional, tiempo verbal que expresa un valor de probabilidad futura desde el pasado, cede paso al presente del narrador en Londres (el pasado de la narración) al recordar *e inventar*, obsesivamente, denominadores comunes entre ambos escritores: su profesión, las primeras publicaciones a la misma edad, la pasión por la colección de libros raros, el interés en escritores olvidados, la condición de extranjero, y hasta el imaginado cochecito empujado por ambos en un momento de su vida, el del uno lleno de botellas vacías, el del otro con su primer hijo. El narrador termina por proyectar su presente hacia el pasado de Gawsworth, por un lado otorgándole una causalidad desde la muerte ajena, y por otro considerándolo como una 'premonición' para su propio futuro. De nuevo, Marías elige un tiempo verbal que no distingue entre la primera y tercera persona para reforzar aún más la función del pasado de Gawsworth como complemento posible del destino del narrador, casi como si otro estuviese contemplando en retrospectiva su propio futuro, igualmente ya como un pasado ajeno:

> quizá había escrito libros, o había enseñado en Oxford, o había tenido una amante-madre pegajosa primero y evasiva y sin escrúpulos luego (cuando fue más madre); o había venido de un país sureño [...] al que aún no había olvidado que no puede regresarse siempre. (TLA 159)

Recordemos la ya citada imagen de Martinot para ilustrar la idea de Heidegger de un futuro teleológico que forja el Dasein en un proceso de cambio constante. Según Martinot, el "allí" potencial (el futuro lugar imaginado en un sentido espacial o temporal) hacia el cual uno se dirige implica un cambio intríseco en cuanto al ser que lo ocupa. O, más que experimentar un simple cambio, el ser del "aquí" (del presente propio) deviene otro ser en el allí (del futuro potencial ajeno, imaginado como presente propio). De esta forma, las errabundias mentales del narrador se pueden equiparar a un "'persisting through space'", el cual "creates, receives, awaits, and is a means to an end" (*ibíd.*). La explicación de Martinot aclara la posible confusión entre el futuro percibido como una posibilidad real (lo cual sería una interpretación incorrecta) y el valor del futuro teleológico como intencionalidad que influye el sentido y significado del ser en el ahora. En este *ahora*, lugar de encuentros y superposiciones del tiempo (o de *los* tiempos), se despliega el sentido múltiple y cambiante del Dasein. Esta misma idea surge y se explica en *Tu rostro mañana* cuando el narrador explica que

> en realidad las figuraciones *ya son hechos*, y los deseos [léase *intencionalidad*] su cumplimiento, y lo ficticio acaece, aunque nada de esto sea así para el sentido común ni para las leyes, que por ejemplo establecen *una abismal diferencia entre la intención y el delito*, o entre su comisión y su tentativa. Pero la *consciencia no tiene presentes las leyes*, ni el sentido común le interesa ni atañe, sólo a cada *consciencia su sentido propio*, y esa línea tan delgada se difumina a menudo según mi experiencia, y ya no separa nada cuando desaparece, así *que he aprendido a temer cuanto pasa por el pensamiento e incluso lo que el pensamiento aún ignora, porque he visto casi siempre que todo estaba ya ahí, en algún sitio, antes de llegar a él*, o de *atravesarlo*. (TRM I 30)

Según Schoenbohm, el gran valor y la relevancia de Heidegger para el contexto actual consiste en un cambio de enfoque evidente en su pensamiento. El filósofo ya no comprende el ser como ente metafísico, sino como presencia y experiencia (física, histórica) en el mundo. Esta transición "enfolds a change in this thinking of humans —that is, in our being— from thinking and experiencing of 'self' as having whatever character or meaning it has *only in virtue of be-ing-t/here in the world*" (2001: 19). Este aspecto, muy presente en los intentos actuales de trascender el ámbito posmoderno, comprende la esencia o el sentido del ser únicamente en y por sus interrelaciones con su entorno.[21] A fin de solidificar la relación *ser-en-el-mundo*, es imprescindible reconocer el mundo como una "totalidad estructurada" de todas las relaciones entre objetos y sujetos, siempre "vivido por mí en la medida en que encuentro a los demás" (Pániker 1999: 128). En este contexto actual, la distinción de Heidegger entre existencia y *ek-sistencia* tiene una importancia singular. En "Carta al humanismo", el filósofo define *Ek-sistenz* como un abrirse hacia o extenderse en el mundo (WM 326). Mientras que *existir* tradicionalmente describe el ser en oposición a no-ser (el enfoque principal de la metafísica tradicional), *ek-sistir* no se pregunta si el ser es o no es, sino más bien *cuál es* este ser del hombre (ek-sistieren) (WM 327). Y, para Heidegger, "la ek-sistencia del ser humano [es decir la forma en que él está conectado con el mundo y los demás] es su sustancia" (*ibíd.* 329).[22]

El paso de la inautenticidad o estado de *Verfallen,* es decir la pérdida del ser en la mecanización de la rutina diaria, a una *ek-sistencia* auténtica se inicia desde un estado emocional marcado por el aburrimiento. El aburrimiento prepara el ambiente propicio para poder separarse del 'das Man' e iniciar el despertar ontológico. Esta separación del 'Man', como nos explica Heidegger, produce vértigo, el cual, a su vez, se manifiesta en un sentimiento de perturbación. El vértigo temporal es consecuencia de la consciencia de *Geworfenheit* (el reconocerse de repente *tirado* al mundo). Se trata de

> not just an intellectual but also a moodal attunement to the experience of no longer being able to rely on previous interpretations of one's being in order to make sense of it, the experience of being without any ground. (Schoenbohm 2001: 30)

En el *Ciclo de Oxford* el estado de aburrimiento que precede el sentimiento de perturbación o vértigo es clave, ya que llama la atención a un presente vacío, el cual es preciso llenar con observaciones y divagaciones. Del mismo modo, para Heidegger, el tedio es una condición necesaria para preparar el proceso del *desocultamiento* del Dasein. En *Ser y tiempo*, el filósofo insiste en que "no se debe entender la cotidianidad únicamente como un simple 'aspecto'. Incluso en ella y también en el modo de no-autenticidad se encuentra a priori la estructura de la existencialidad", puesto que "incluso en [la cotidianidad] el Dasein se preocupa por su ser, se vincula con él en la cotidianidad, aunque sea sólo en el modo de huida o olvido de ella" (SZ 59).[23]

En Heidegger, el segundo paso en el camino hacia el autoconocimiento es el estado de perturbación o angustia (en el sentido kierkegaardiano), producido por la separación de *das Man* y la consiguiente experiencia de *Geworfenheit*. Este paso del tedio inicial a una angustia existencial se observa en varias escenas de *Todas las almas*. Durante la cena de los *dons*, por ejemplo, el narrador comenta que "el vino y la observación [*digresión*] se convierten en el "único recurso contra el hambre y el tedio" (TLA 61), mientras que más tarde, una vez lograda la liberación del tiempo público, se da cuenta de que

> me veía de pronto fuera del mundo, como si se me hubiera trasladado a otro elemento, el agua. Tal vez la consciencia plena de mi *condición perturbada* me había venido de la inesperada aparición de mi infancia en la mirada de Clare Bayes. (*ibíd.* 82)

En esta escena se concreta a la perfección la importancia del tedio como un mecanismo de apertura que prepara y posibilita la vinculación del ser con los demás; en este caso, la del narrador con la imaginada infancia de su futura amada. Asimismo, en "¿Qué es metafísica?" leemos que

> el profundo tedio que se mueve por los abismos del Dasein como una niebla callada, congrega a todas las cosas, a todos los hombres y también le acerca a uno mismo, en una extraña indiferencia compartida. Este tedio revela el ser en su totalidad. (WM 110)[24]

Es por esta razón que en Marías el amor y el deseo contrarrestan las digresiones y el proceso del desocultamiento del Dasein, precisamente porque impiden que surja la consciencia del abismo del Dasein en su estado de *Geworfenheit*. Contrapunto del tedio, el deseo aísla, encierra y desvincula: "'te deseo', pensé, y dejé de pensar después de este pensamiento" (TLA 179). En cambio, el abandono de su amante Clare durante la enfermedad de Eric produce en el narrador un estado de profundo aburrimiento, generando sus muchas errabundias físicas y mentales, las cuales inician el proceso de su epifanía existencial.

En Marías, el vértigo temporal se manifiesta en el sentimiento de perturbación cuando el narrador se reconoce a sí-mismo "como si de hecho no fuéramos siempre también los demás además de nosotros" (TLA 36). La percibida falta de una estabilidad ontológica propia refuerza el deseo de solidificar su existencia (esencia) en el tiempo. La primera experiencia abismal ocurre en la noche de la cena de la *High Table* cuando el narrador se ve ("se congrega") en el pasado de Clare y se da cuenta de la necesidad y también de la falta de un testigo de su propio tiempo: "eso es lo que me resulta perturbador, dejar de estar en *este* mundo. Que no haya ningún testigo de mi continuidad, no haber estado siempre en el agua" (TLA 83). La necesidad de tener un testigo y también de convertirse en testigo del otro para poder vincularse en el mundo es clave en Heidegger y un leitmotiv en la obra de Marías. El testimonio del otro construye este tiempo compartido en el cual la voz narrativa encuentra su legitimación y afirmación existencial. Evocando la noción presocrática de que el *ser* nunca puede ser un *no-ser*, el narrador parece recurrir a la misma solución que Parménides. Como es fútil negar tanto la existencia (el ser) como la muerte (el no-ser), el filósofo llega a la conclusión que no es el ser que cesa de ser, sino que el mundo mismo es ilusorio. En *Tu rostro mañana*, el narrador de Marías desarrolla la misma idea afirmando que "puesto que de ti no hay rastro, no tuviste lugar, no has ocurrido. No cruzaste el mundo ni pisaste la tierra, no exististe. Ya no te veo, luego nunca te he visto. Puesto que ya no eres, nunca has sido" (TRM II 216).

Pero mientras que Parménides resuelve la paradoja de la muerte declarando que el mundo es ilusión, el narrador de Marías se limita a aceptar que el mundo es ilusorio *mientras no exista un testigo*, y que el tiempo individual sólo puede prolongarse y subsistir en un tiempo compartido. Del mismo modo que la experiencia compartida del tiempo público vincula al ser en el mundo, es esta misma experiencia lo que también le otorga su esencia. La consecuencia de la expulsión de un tiempo atestiguado implicaría el fin de la temporalidad del ser (*Innerzeitigkeit*), ya que sin un testigo "ya no avanzas. Te has convertido en pintura helada o en memoria helada o en un sueño acabado, y ya ni siquiera te veo desde la adversa distancia" (*ibíd.* 216). Por lo tanto, "ya no eres" y "nunca has sido" (*ibíd.*).

Puesto que la 'solidificación' del ser ocurre a raíz de su relación *ser-en-el-mundo*, el narrador entiende la comunicación, tanto en forma verbal como en forma de silencio, como una herramienta para plasmar un tiempo compartido y quitarle así al mundo su carácter ilusorio. Asimismo, los diálogos entre el narrador y sus muchos interlocutores, sean éstos vivos o muertos, reales o imaginados, no sólo cumplen un papel narratológico, sino además una función existencial. Es por esta razón que el propósito de estas entrevistas-diálogos que ocupan un espacio extenso en el *Ciclo de Oxford* no radica en el intercambio de información, tipo pregunta-respuesta. Más bien, su objetivo principal consiste en la retención de información, en la insinuación y la evasión, en la alimentación de la curiosidad y no su satisfacción.

Mientras que la enunciación y la recepción de la palabra crean el primer vínculo con el otro, *la expectativa* creada por una palabra todavía no enunciada pero sí ansiada por el otro, prolonga este tiempo comunal y solidifica el ser en su mundo (la ek-sistencia). Dos escenas representativas, la primera una conversación entre el narrador y Cromer-Blake en *Todas las almas*, la segunda la llamada telefónica a Luisa en *Tu rostro mañana* II, exponen la estrategia del interlocutor de prolongar al máximo este tiempo compartido. El ejemplo de la conversación entre Cromer Blake y el narrador durante la noche de la *High Table* elucida la preocupación constante del narrador por el discurso, es decir, por *cómo* decir —o mejor dicho *no decir*— algo, frente a la casi irrelevancia del *qué* decir. Como una reminiscencia de la yuxtaposición de dos planes temporales típica de la narración de Marías, se observa la coexistencia de dos conversaciones: la conversación en voz alta, de una importancia secundaria, y otra 'imaginada', propulsada por la falta de colaboración del interlocutor. Al igual que durante el *tunneling process*, el narrador se ve forzado a asumir tanto el papel del entrevistador como el de su interlocutor, imaginándose posibles respuestas no enunciadas, evaluándolas, anticipándolas, amplificando e interpretando lo dicho o lo callado. Las 'quejas' del narrador sobre la imposibilidad de sacar información de Cromer-Blake revelan los motivos detrás de sus propias tácticas narrativas. Del mismo modo que el narrador en otras ocasiones, Cromer-Blake

> es capaz de perorar durante horas sobre cualquier tema haciendo que parezca que está hablándome de Clare Bayes, pero *aún no me ha dicho nada de lo que me conviene saber*; es capaz de revelarme sus deseos más íntimos y sus ambiciones más verdaderas, de hacerme toda clase de confesiones que no le pido. (TLA 98)

Lo 'que le conviene saber' al narrador es simplemente si Clare Bayes estaría dispuesta a considerar una relación amorosa fuera de su matrimonio. Durante veinte páginas que trascurren entre la decisión de formular la pregunta y su enunciación, el narrador elabora una serie de consideraciones sobre cómo preparar la pregunta, cuándo hacerla ("en cuanto haya servido las copas y esté sentado le preguntaré por ella y por su marido" *ibíd.* 82), o cómo manipular (dirigir) la conversación para crear un ambiente propicio, y qué reacciones posibles produciría en el interlocutor. El obstáculo principal que impide la enunciación de la pregunta no es la falta de ocasión, sino más bien la consciencia del peligro del acabamiento de la conversación, ya que "seguramente para él todo aquello carecía de novedad e interés" (*ibíd.* 85). Mantener el interés del otro —y no el intercambio de la información deseada— se convierte en la *ética* de la conversación, según la cual se decide si "no debería pensar estas cosas, debería pensar en cosas más interesantes. Sobre todo hablar de cosas más interesantes" (*ibíd.* 92). Las reflexiones sobre *cómo* y *cuándo* formular una pregunta alimentan la curiosidad (nunca satisfecha) del lector y de paso abren otras preguntas con más relevancia. Este tabú implícito de formular preguntas que no permiten evasión se formula otra vez en *Baile y sueño*, cuando el narrador evita preguntar de una manera directa, puesto que "sabía [...] que si le preguntaba directamente o intentaba que se centrara en un suceso determinado, [Wheeler] no haría caso y lo rehuía" (TRM II 66).

Desde esta perspectiva heideggeriana y su valoración existencial de un tiempo compartido, podemos comprender el significado y las ramificaciones de la frase inicial a *Tu rostro mañana*, "uno no debería contar nunca nada", a la que siguen, dependiendo de la edición, unas dos mil páginas. Uno no debería contar nunca nada, porque la misma palabra que crea vínculos, una vez pronunciada nos expulsa del tiempo del otro. Las respuestas que satisfacen inician ruptura, mientras que la retención y la vacilación de la palabra mantienen estos vínculos necesarios para llenar el vacío existencial del Dasein, pues "cuanto más [el otro] eluda o demore decirme las cosas que me interesen, mayor se hará ese interés, más urgente, más exclusivo, más abarcador" (TLA 99).

Las conversaciones con Luisa en *Tu rostro mañana* son otro ejemplo de esta táctica. Además, teniendo en cuenta la explicación ontológica de Heidegger, podrían leerse claramente como una continuación o hasta ampliación de las conversaciones entre Cromer Blake y el narrador en *Todas las almas*. La pregunta que sirve de pretexto para mantener vivo el interés, y así la presencia del interlocutor, está relacionada con el descubrimiento de la gota de sangre en la biblioteca de su mentor Peter Wheeler. El pudor por querer saber si la menstruación de una de las invitadas podría haber sido el origen de la gota de sangre sirve de justificación para la demora de la enunciación de la pregunta. Cuando el narrador se anima, "tras un preámbulo y dos disculpas", Luisa contesta, riéndose "pero qué pregunta es esa". La risa del interlocutor —y no la respuesta ansiada en forma de un 'sí' o 'no' infecundos— da lugar a interpretaciones de su reacción, del tono de su voz, de posibles motivos escondidos, de su manera de vacilar, de sus gestos imaginados, es decir que la pregunta y la consiguiente reacción del interlocutor (y no la respuesta misma) literalmente dan cuerpo a la presencia del otro. Estas mismas estipulaciones abren espacio, generan el monólogo interior (*tunneling process*), y "desocultan" otra pregunta. Esta pregunta es la esencial y verdadera, la fecunda y nunca enunciada, y por la cual el narrador prolonga cuanto más le sea posible la conversación y así su tiempo compartido. Lo que realmente quiere saber es que "no le era indiferente y que acaso le escociera un poco, o bien que le diera lo mismo [...]. Y *me dio tiempo* a pensar que si hablaba así [...] *podía significar que* [...]. *Y eso podía significar a su vez que* [...]" (TRM II 187).

Es muy significativa la referencia del narrador a las *Mil y una noches* poco después de la conversación telefónica con Luisa, donde se novela, como es sabido, cómo la protagonista se mantiene viva mientras logre mantener el interés de su interlocutor. Asimismo, la vida de Sherezade depende de la observación de la ley suprema

> de que nunca hay que perder la palabra ni que terminar el cuento, rajar sin fin y no parar nunca, pero ni siquiera para contar historias ni para persuadir con razones o con cizañas, a menudo nada de eso hace falta, puede ser

> suficiente con *entretener el oído ajeno como si se vertiera en él música* o se lo arrullara, *y así evitar que se nos marche*. Y eso puede bastar, para salvarse. (TRM II 210)

El discurso del no saber establece lazos, tanto entre los personajes como entre la voz narrativa y el lector. Y el único objetivo de estos lazos consiste en crear un tiempo compartido para "evitar", como dice Deza, "que [el otro] se nos marche" (TRM II 246). A raíz de la falta de una esencia trascendental y duradera, encontrar un testigo permite vincularse al mundo y "salvarse" al impedir la propia transformación, como se repite tanto en el *Ciclo de Oxford*, en nieve sobre los hombros. En Marías, el verdadero peligro de aniquilación ontológica no es la muerte física, sino la imposibilidad de *ek-sistencia*, es decir, acabar "sin dejarme partícipe ni tan siquiera testigo" del tiempo del otro. Expulsado del tiempo del otro,

> soy como nieve sobre los hombros, resbaladiza y mansa, y la nieve siempre para [...]. Seré eso, lo que fue que ya no ha sido. Es decir seré tiempo, lo que jamás se ha visto, y lo que nunca puede ver nadie'. (TRM II 246)

La introspección "*desde un falso fuera*" cobra sentido si recordamos otra vez el cambio importante que implica el pensamiento de Heidegger de un "thinking and experiencing of 'self' as having whatever character or meaning it has only in virtud of being-t/here in the World" (Schoenbohm 2001: 19). Esta misma incertidumbre de un *being-t/here* en un mundo constantemente amenazado por la aniquilación (la expulsión del tiempo del otro), requiere un esfuerzo de distanciarse de sí mismo para, como dice Heidegger primero, "im Namenlosen zu existieren", o sea, antes de poder encontrarse con el otro es necesario *aprender a existir sin nombre* (léase rostro) propio. Pittarello, cuando describe los narradores de Marías, habla de su "forcejeo azaroso de un estado crónico de indefinición" (1996: s.p.). Lejos de ser un obstáculo con connotaciones negativas, para Heidegger, este estado crónico de indefinición (das Namenlose) es un paso importante y necesario para poder, desde la distancia, "avanzar" hacia la verdadera esencia del ser. La explicación del filósofo, citada de su ensayo "La esencia del Fundamento", nos ofrece una interpretación en clave existencialista de las 'errabundias' y el distanciamiento notorios del narrador del

Ciclo de Oxford. Encontramos la siguiente idea heideggeriana, con todas sus connotaciones éticas (contenido) y ramificaciones estéticas (estilo), claramente novelada en el *Ciclo de Oxford*:

> Y así, siendo trascendencia existente, el ser humano desbordado de sus propias posibilidades, *es un ser de la distancia*. Sólo gracias a estas lejanías originarias, construidas por él-mismo en su trascendencia con todo ser en el mundo, surge en él la verdadera proximidad con las cosas. Y sólo si él es capaz de *escuchar en la distancia* la naciente respuesta del Estar-con-el-otro, en su ser-con-el-otro, puede dar presencia a su Dasein y *ganarse a sí mismo como ser auténtico*. (WM 175)[25]

Entendidas como introspección *desde un falso fuera*, las errabundias en Marías cumplen la función de este "escuchar en la distancia" del ser en el tiempo, en búsqueda de su propia integridad ontológica. Para "ganarse a sí mismo como ser auténtico", según Heidegger, es necesario desprenderse primero del yo, para luego poder encontrarse en el reflejo de otro Dasein compañero. La experiencia o amenaza de la expulsión de un tiempo compartido descrita en *Todas las almas* intensifica el estado de perturbación del narrador, muy evidente durante sus errabundias por las calles de Londres. Según María Zambrano es este estado de perturbación lo que propulsa la confesión, puesto que "sin una profunda desesperación el hombre no saldría de sí, porque es la fuerza de la desesperación la que le hace arrancarse hablando de sí mismo" (Zambrano 1995: 33). El tono confesional es una característica notable de la narración de Marías. Ello justifica leer novelas como *Todas las almas*, *Negra espalda del tiempo*, y también *El siglo* y hasta gran parte de *Tu rostro mañana* y de *Los enamoramientos,* como un pensamiento literario-confesional novelado.[26] Extranjero y sin nombre, el narrador de *Todas las almas* nos confiesa su experiencia errando por las calles de Londres. La ciudad británica se convierte así en el ámbito real y simbólico de la propia indefinición (das *Namenlose*) donde el narrador sin nombre, expulsado del Dasein compañero, deambula entre los mendigos buscando su reflejo en los rostros ajenos. Este período de cuatro semanas de vagabundeo se describe como "el auge de mi perturbación y de mi *identidad brumosa*" (TLA 137). El tono confesional de la narración, desde la óptica heideggeriana, inicia el proceso de des-ocultamiento y un "salir de sí", aunque sea en forma de implicar parentescos posibles con los destinos fracasados que encuentra en las calles. Para darse cuenta de todas las implicaciones filosóficas de las errabundias (físicas o mentales) del personaje, conviene recordar de nuevo que el término *Dasein*, en Heidegger, remplaza el concepto de esencia de la filosofía tradicional, el cual el filósofo estima insuficiente para describir adecuadamente la experiencia vital del hombre. En Heidegger, Dasein, la forma particular de estar en —o habitar— el mundo, *es* la esencia del ser. Aún más importante, Dasein implica un abrirse hacia el mundo (*ek-sistencia*: ex-tenderse hacia el mundo que nos rodea). De hecho, en una relectura actual de *Ser y tiempo*, Thomas Sheehan y Corinne Painter (1999) optan por traducir Dasein al inglés directamente como "Openness", o "estado de apertura", respetando así la insistencia original del filósofo en "Dasein, understood as the essence of human beings," y que "Da" expresa "lo abierto". Más que "estar-aquí", Dasein significa "being-the-open", literalmente, "ser lo abierto" (1999: s.p.).

Así pues, desde la distancia (*el falso fuera*) y desprendido de su propio nombre y tiempo, el narrador se abre hacia (se ex-tiende por) este otro Dasein compañero, reconstruyendo un rostro grotesco a partir de sus miedos y perturbaciones confesados. Los mendigos de Londres, expulsados como él, personifican su estado de vértigo. Al igual que él, "vagan. Son, de toda la población, los únicos que no saben a dónde van y dan vueltas y más vueltas por las calles grises y rojizas, bajo la lluvia o las nubes bajas" (TLA 139). Para reforzar este paralelismo —o usurpación, si se quiere— el narrador describe gestos y detalles de los mendigos que en otros momentos de la novela se le atribuyen a él. Después de seguir a Clare Bayes y su hijo Eric al museo, por ejemplo, el narrador se enferma y considera vomitar en el río Isis (TLA 240). Asimismo, "De vez en cuando se detiene uno de [los mendigos] a vomitar sobre el río Isis" (*ibíd.* 139).

Dewar es otro de los muchos personajes que cumplen la función de un espejo corvado, percibido y temido por el narrador como propio destino potencial. Intérprete como él, Dewar da clases en la universidad, ejerce una profesión similar a la de Deza en *Tu rostro mañana*, es "otro soltero más de la ciudad de Oxford" (*ibíd.* 218), y "como yo, otro perturbado" (*ibíd.* 219). Sin embargo, Dewar se describe como un personaje incapaz de escaparse de este limbo existencial. La expulsión temporal del tiempo compartido que produce la perturbación en el narrador es, para Dewar, permanente.

Según Heidegger, Dewar ejemplificaría un *no*-Dasein: una existencia que se cierra en vez de abrirse hacia el mundo y que, por tanto, realmente no es (no *ek-siste*). Ser sin esencia y expulsado del tiempo de los demás, Dewar es "un alma muerta" (*ibíd.* 219). Así lo describe el narrador:

> Pasarán los días rutinariamente sin que nada ocurra [...] desentendido cada vez más del teléfono— no tendrá ya apenas reparo en ahuyentar y neutralizar todos los demás sonidos permanentemente con su ruido blanco. Yo ya no soy un solitario como él, ni un vivo muerto, pero creí ser eso, durante un tiempo. (*ibíd.* 220)

Emilio Lledó recuerda que *especular*, "derivada, como es sabido, de *speculum, espejo*, vuelve a moverse en el mismo territorio semántico que reflejar" (1999: 59). De la misma manera en que la desintegración del tiempo público constituye una trasgresión de la normalidad anestesiante, necesaria para el camino hacia el auto-conocimiento, las incesantes reflexiones del narrador le acercan a su ser auténtico, dado que "lo especulativo rompe el orden dogmático de la experiencia diaria y la imposición que, ante los sentidos, ejerce el orden de la vida, al mostrar un aspecto de ella que sólo es reflejo" (Lledó 1999: 59). Al *especular* desde su percibida "identidad brumosa" (das Namenlose) sobre el mundo externo, los narradores del *Ciclo de Oxford* se van abriendo y revelándose a sí mismos —se des-ocultan, en términos de Heidegger— hasta extenderse por las páginas con su omnipresencia invisible. Además, a través de la especulación se abre y se extiende un espacio nuevo: "el espacio de la mente, de la interioridad que construye esa otra ciudadanía, la de las palabras, la de las ideas, que forman el ser propio del hombre" (Lledó 59). A pesar de su aparente pasividad (Pittarello habla de su notoria renuncia a la acción), el yo en Marías siempre forma el eje de la narración, y es su palabra —para evocar el principio de *Fausto*— que se hace acto y constituye la acción principal. Asimismo, para Heidegger, esta "ciudadanía de las palabras" es "la casa del ser", puesto que la articulación misma de la experiencia vital, sobre todo en forma de confesión, brinda ya una forma de habitar el mundo, de vincularnos con él y con los demás.

3.3. Travesía del horizonte: Heidegger y el pensamiento literario

Das Bedenklichste in unserer bedenklichen Zeit ist, dass wir noch nicht denken[27]

Ein Zeichen sind wird, deutungslos[28]

La siguiente parte de nuestra lectura heideggeriana del *Ciclo de Oxford* se centra en cómo el ser se manifiesta y construye en el tiempo, y cómo habita su tiempo. Será preciso, por lo tanto, volver al rasgo esencial de la narrativa de Javier Marías, su pensamiento literario. Leer a Marías a la luz de Heidegger revela hasta qué punto el estilo mismo del autor es un reflejo de su pensamiento. Marcado por oraciones que abarcan páginas, conectadas con interminables "o.., o", frases entre paréntesis, paréntesis entre paréntesis: el estilo digresivo de Marías presta atención al ritmo y la melodía de las palabras, introduce elementos y temas que se repiten, incluso de una obra a otra, cita libremente de otros autores desde los clásicos a los contemporáneos y hasta de sus propias novelas. Por su musicalidad y estilo libre, unos han comparado su escritura a una composición sinfónica, y otros la han desestimado por sus presuntas violaciones sintácticas, o por girar sin fin y dirección por el propio ombligo de un autor narcisista. Sea cual sea el juicio de los lectores, la narración 'errante' del autor se ha convertido sin duda en el rasgo más inequívocamente 'mariesco'. El pensamiento literario de Marías se construye encima de asociaciones e incertidumbres y una resistencia al saber que genera reflexiones e interrogaciones constantes, muchas veces sin ofrecer respuestas del todo satisfactorias. Mientras que este tipo de narración le ha ganado el nombre 'Javier Manías' y el adjetivo 'mariasno' entre algunos críticos malevolentes, otros, como Pittarello, valoran su "estética de la desorientación" (1996). Tanto la escritura como el pensamiento de Marías apuestan en gran medida, como ya se explicó en los capítulos previos, por la intuición, la insinuación, y si los narradores revelan datos, en muchos casos es para dar a entender otros misterios nunca aclarados.

En lo que sigue veremos la gran afinidad entre el pensamiento literario de Marías y lo que Heidegger propone como un nuevo tipo de pensamiento, más propicio para las exigencias de nuestra época, la cual califica de *bedenklich*, en el doble sentido de "preocupante" y, literalmente, una época que "da que pensar". Dentro del marco de estas preocupaciones actuales, expresadas por el filósofo ya hace más de medio siglo, se nos hace aún más evidente la importancia y relevancia del escritor madrileño para el contexto (intelectual, literario) actual.

3.3.1. La negra espalda del pensamiento

What seest thou else
in the dark backward and abysm of time?[29]

Como bien explica Heidegger en los ensayos recogidos en su casi profético volumen *Qué quiere decir pensar*, lo que marca nuestro tiempo es que hemos perdido la facultad de pensar, gracias en parte a una mentalidad occidental monopolizada por el racionalismo. Heidegger cuestiona esta misma base del pensamiento occidental, construida encima del *cogito ergo sum* cartesiano. Si bien define el ser humano como animal racional, para Heidegger el pensar no es una facultad innata, sino una capacidad anhelada y aprendida y, en consecuencia, es también un don que se puede perder (literalmente, *verlernen* o des-aprender). El hombre se hace humano, no porque piensa, sino porque ansía (*vermögen*, lo que expresa voluntad, deseo y poder) pensar. Heidegger denuncia que en un momento dado hemos perdido la capacidad de pensar, y que los asuntos relevantes, lo que da que pensar y merece ser cuestionado (lo *Bedenkliche*, lo que es *fragwürdig*), "le *da la espalda al hombre*, incluso más, que *hace ya tiempo que le está dando la espalda*" (WD 8).[30] Es interesante notar que en Heidegger reencontramos en contextos diferentes, pero insistentemente, al igual que en Marías, la imagen de la espalda como metáfora predilecta para un ámbito (sea del tiempo, de la memoria o del pensamiento) que se nos esconde o evade, y al que es preciso penetrar para poder recuperar algún significado trascendental. Pruebas de esta importancia metafórica de la espalda en la obra de Marías son los muchos diseños eligido por el autor para las cubiertas de sus novela. Asimismo, en su prólogo a

Corazón tan blanco (2006), Pittarello nos brinda una interpretación muy lograda de una de las escenas de la novela, donde se hacen evidentes sus implicaciones filosóficas. Comentando un gesto de Luisa hacia Juan, Pittarello explica cómo

> quitar la visibilidad, milenaria metáfora de la inteligencia, imposibilita la identificación y obstaculiza la acción adecuada. La figura de espaldas, expuesta al control ajeno, suele conjurar lo que se le escapa a la razón, desde el misterio al desasosiego. (Pittarello 2006: 35)

Para Heidegger, desde luego, esta exclusión de la inteligencia no constituye una limitación, sino todo lo contrario, puesto que abre un espacio de creación y de pensamiento.

Mientras que en el capítulo anterior se exploraba la imagen de la negra espalda que Marías adaptada de Shakespeare y de Juan Benet como ámbito del tiempo ficticio, propongo ahora reconsiderarla como metáfora lograda del pensamiento literario del autor, acercándola al concepto heideggeriano de verdad. Recordar la redefinición de verdad en Heidegger es útil, sobre todo para el contexto actual de agotamiento del posmodernismo. Durante los últimos cincuenta años, el discurso intelectual y gran parte del ámbito literario han sido dominados por la desmitificación y la implicada destrucción —la *différance* interminable derridiana— del sentido. Aunque este proceso de deslegitimación haya sido necesario y fértil en su momento, las exigencias particulares del nuevo siglo requieren otro enfoque. En vez de deslegitimar el concepto de verdad absoluta o desconstruir esencias ubicadas en un supuesto centro de las cosas, Heidegger vuelve a la raíz misma del concepto de verdad para recordarnos su mismo origen de *α-γηδεια*, o des-ocultamiento. En el ya citado prólogo, Pittarello define el valor de la escritura en Marías de un modo muy parecido, como "un discurso errático que se expande a través de una hipertrofía de nexos subjetivos, relacionados con las apariencias, es decir, la superficie del enigma *que dice la verdad ocultando*" (2006: 76). Mientras que el pensamiento posmoderno, erigido sobre la desconstrucción derridiana, se centra en los límites, los márgenes, los huecos y las ausencias (lo que no es posible saber), Heidegger, y lo mismo es cierto para el pensamiento literario de Marías, se enfoca más bien lo que sí es conocible, aunque no en forma de un saber racional y estéril, sino como un conocimiento expansivo y fértil, y siempre por vía del arte y la imaginación.

Como Marías explica en su ensayo "La negra espalda de lo no venido", la espalda tiene un valor metafórico en su obra que expresa "el revés del tiempo, su negra espalda, su vuelco", el "envés del tiempo", el "tiempo ido, alejándose su espalda", y citando a Manrique, como "lo no venido" dado "por pasado", y, más importante, como "*acaecimiento*" (LF 336-7). Enseñar o darle la espalda a otro es un gesto que expresa no-accesibilidad, alejamiento, rechazo, resistencia, *retirada*. Implica una comunicación interrumpida, silenciada, que marca distancia. Gesto simbólico, la espalda enmarca una región oculta a la vista (incluyendo el rostro del otro), implica desconocimiento y ausencia. Una idea central en la obra de Hölderlin, de gran importancia para Heidegger e igualmente relevante en la obra de Marías, es que "our world is disclosed above all, as a world permeated by absence" (Young 2001: 75). La revelación o apertura del mundo (novelístico) motivada por las ausencias es otra interpretación posible de la negra espalda del tiempo en Marías. Para Heidegger, las ausencias inspiran el sentimiento de duelo. Sin embargo, no se trata de una nostalgia por algo perdido, sino de un duelo en un sentido más bien nietzscheano, es decir, un duelo creativo y creador (*schöpferisch-erzeugend*). Este duelo es creador en cuanto es también "a 'remembering', or better 'commemorative thinking'", y también "a *projective founding*" (Young 2001: 75). Esta idea es sumamente útil para interpretar el significado y las ramificaciones del duelo en Marías. En el *Ciclo de Oxford* sobre todo, las ausencias son un móvil importante de la escritura, como expresa también la muy (auto)citada consciencia del escritor como un "hilo entre los muertos y los vivos". Ausencias, o espectros de la herencia —para tomar prestado el término logrado de Isabel Cuñado— juegan un papel esencial en las novelas de Marías: desde la omnipresente ausencia del hermano y de la madre muertos, a los que el autor dedica *Negra espalda del tiempo*, a la del mentor Juan Benet, la del padre y la de los amigos paternales —reales y ficticios, muertos o moribundos— en *Todas las almas*, la de la amante muerta en *Mañana en la batalla piensa en mí*, la de la tía y primera mujer del padre que desencadena la narración en *Corazón tan blanco*, la ausencia lamentada de Luisa en *Tu rostro mañana* y, desde luego, la de los muchos escritores muertos u olvidados, cuyas sombras habitan y sostienen su obra, siendo pues su *projective founding*.

El duelo creador tiene su correspondencia con el concepto de retirada (*Entzug*) en Heidegger. Es llamativo reconocer también en este aspecto importante la gran afinidad entre el filósofo y el escritor. Para ambos, la retirada no lo constituye un agotamiento o una interrupción estéril, sino más bien lo contrario. Es justamente este gesto de *retirada*, preludio al duelo, lo que prepara y abre el ámbito del pensamiento. Como explica Heidegger,

> Retirada es acontecimiento. Lo que se retira puede concernirle al hombre *de un modo más esencial y puede interpelarlo de un modo más íntimo que cualquier presencia que le alcance y le afecte*. Tendemos a interpretar nuestra consternación por lo real como aquello que determina la realidad de lo real. Pero precisamente la afección que tiene lugar por obra de lo real, puede encerrar al hombre aislándolo de lo que le concierne, y que le concierne de un modo ciertamente enigmático: *el de concernirle escapándosele al retirarse*. La retirada, el retirarse de lo que está por-pensar, podría, por esto, como acaecimiento propio, *ser ahora más presente que todo lo actual*. (WD 10-11)[31]

Esta retirada, o darle la espalda, solicita una reacción que Heidegger describe como un señalar[32] hacia aquello (lo *Bedenkliche*) que al retirarse nos arrastra consigo. En estas páginas el filósofo propone características importantes para la redefinición de su "*cogito* heideggeriano" (en oposición al cartesiano), igualmente relevantes para el pensamiento literario de Marías: un pensamiento marcado por un dejarse llevar (abrirse y ser arrastrado), una aparente pasividad (reacción o quizá *disponibilidad* más bien que acción) y, aún más sugestivo, un *señalar hacia* los enigmas que se evaden del conocimiento en vez de pretender resolverlos racionalmente. Es este señalar (en oposición a analizar o explicar) lo que abre un espacio semi-oculto (la negra espalda en Marías, retirada, claro del bosque u horizonte en Heidegger), inaccesible al pensamiento científico y hasta metafísico, cuya exploración misma es lo que constituye su *ergo sum*. Este pensar, en forma de atraversar la región indefinible de la contemplación, es lo que Heidegger llama habitar (*wohnen*) el mundo:

> Señalando hacia [la espalda], el hombre *es* un ser que señala. Sin embargo, el hombre no es primero hombre y luego, como un atributo adicional, el que señala, sino: arrastrado hacia lo que se retira, en este arrastre mismo hacia la retirada y señalando hacia la retirada, es cuando el hombre es humano. (WD 11)[33]

La última frase de esta cita de *Qué quiere decir pensar* describe ingeniosamente el pensamiento literario de Marías y, de paso, el motivo detrás de sus estrategias narrativas. Se podría resumir o simplificar la trama de su obra como una elaboración novelística de un señalar constante hacia lo que se evade del conocimiento racional, lo que queda a oscuras, es decir hacia este "abismo [...] que aparece no como cosa distinta de la espalda sino como su refuerzo o sinónimo" (LF 337). Como explica Marías en el ya citado ensayo que elabora esta metáfora, el original de Shakespeare no es "negra" espalda, sino "oscura" espalda, *dark back of time*. Este ámbito de lo no-conocido que se evade de la luz de la razón inspira la contemplación justo por su ocultamiento y en su misma *retirada*. Por lo tanto, ya a partir de su primera obra de peso más filosófico, *El monarca del tiempo*, Marías introduce un juego de luces y sombras que señala el revés de la actitud racionalista, y que reaparecerá con variantes en sus novelas consiguientes. La luz se asocia con el *desconocimiento*, y la sombra con la contemplación y un conocimiento por vía de la creación artística. Ya en el primer cuento recogico en MT el narrador nos dice que

> Nada sabemos, porque el ejército no admite los casos dudosos ni es cognoscible, y allí donde asoma su esencia *demasiado relampagueante para ser contemplada* no caben más que la indiferencia, el disimulo, la omisión y el silencio. Cuando así se muestra su naturaleza terrible, mejor no intentar aprehenderla, mejor no enterarse de ella. (MT 51)

El pasaje que captura más explícitamente este juego de inversión de luces y sombras lo encontramos en la "Llama tutelar", en la conversación entre el maestro Lemarquís, defensor del pensamiento científico, y Valerio, ángel tutelar, para quien las sombras son proféticas y la luz racional sólo le inspira fe al apagarse:

> Así soy yo ante la fugaz presencia nebulosa y ardiente de esas sombras, ¡profetas del pasado y del presente, de lo condicional y del futuro, emisarios de la aurora de quermes que a todos llega, inunda y estremece!

> Como una hermosa flor indiferente que sortea los flébiles amores de aquel que la contempla, alienta y besa celoso día a día, embelesado, así soy yo ante su saber siniestro, ¡reflejo de impureza y de los tiempos que el Tiempo olvidará y borrará el viento! [...] *así soy yo ante el sino que me espera, negrura y horror y negrura y llanto, por buscar el saber en lugar de aguardarlo. [...] Su saber se ha apagado y mi fe crece.* (MT 162-3)

Esta teoría sobre las limitaciones del conocimiento (luz) y el poder del arte dionisíaco (sombra) como vía alternativa se extiende de ahí en adelante por toda la obra del autor, forjando su estilo, temática y estrategias literarias. Sobre todo *Negra espalda del tiempo*, su novela más teórica despues de MT, es un ejemplo de puesta en práctica de estas ideas ya maduradas. El narrador-escritor cierra NET con la aserción de que

> carezco de espíritu periodístico [...]. Es como si [yo] despreciara cualquier conocimiento forzado o arrebatado y activo y ansioso [...]. Esta actitud sería sin duda incompetente e imperdonable en un erudito o en un reportero o en un científico, pero yo no soy ninguno de ellos [...]. (NET 410)

Así pues, cuando el "saber se apaga" y las preguntas se quedan *sin* respuestas, se abre y crece el espacio del pensamiento y de la narración. Como consecuencia, el pensamiento que propulsa la narración en Marías se puede describir como un explorar en forma de 'errar' por esta zona de sombras.[34] Este "errar con brújula", o pensamiento errabundo, ya muy comentado, es una característica particular del estilo literario de Marías. No sólo evoca, como expliqué en el capítulo anterior, la estructura temporal fluida de Bergson de una manera parecida a su mentor Juan Benet. Esta forma de novelar que renuncia una clara y aparente línea narrativa desde el principio hasta el final de sus novelas, está íntimamente ligado a su pensamiento literario. Como el mismo autor explica en un ensayo breve precisando su estilo,

> lo principal es que carezco enteramente de visión del futuro. No sólo no sé lo que quiero escribir, ni adónde quiero llegar, ni tengo un proyecto narrativo que yo pueda enunciar antes ni después de que mis novelas existan, sino que ni siquiera sé, cuando empieza una, de qué va a tratar, o lo que va a ocurrir en ella, o quiénes y cuántos serán sus personajes, no digamos cómo terminará. (LF 100)

Marías rebautiza esta forma de narrar como un *instalarse en la errabundia* (LF 101), la misma técnica narrativa que admira en Proust, Sterne, Nabokov, Bernhard o Benet. Sin embargo, tampoco se trata de un errar gratuitamente por las páginas. El autor califica, por ejemplo, su "errabundia" de "aparente" (*ibíd.* 101), e insiste también en la última página de este breve pero significativo ensayo en que sí está persiguiendo un objetivo importante: el de querer verse "obligado a detenerme por una divagación o una digresión o un inciso", no por capricho o razones puramente estéticas, sino porque "quiero verme forzado a pararme a pensar [...]" (*ibíd.* 102).

Como afirmaba el propio Marías, *novelar* es pensar. Las paradas o demoras en este camino constituyen tanto impulsos de creatividad (la novela que se está construyendo) como pequeñas iluminaciones entre las sombras, ya que éstas, según explica el autor, le permiten aprender, junto con sus lectores, aspectos trascendentales sobre la condición humana, sobre todo "de la persuasión y la instigación, [...] de la imposibilidad del saber y la imposibilidad de ignorar, de la sospecha, del hablar, del callar" (*ibíd.* 102). Recordemos de nuevo en este contexto la importancia de la influencia dionisíaca de Nietzsche en Heidegger, lo que demuestran también sus dos extensos volúmenes sobre la obra del filósofo (Nietzsche I y II) y los muchos ensayos más dedicados a su predecesor, como por ejemplo "Wer ist Nietzsches Zarathustra" (VA). Heidegger, en el ámbito filosófico, habla de una necesidad de "repensar" el acto de pensar, describiéndolo como un cuestionar, caminar, detenerse, pausar, volver. Muy parecido al pensamiento literario de Marías, se trata en Heidegger de un pensar en forma de peregrinaje, cuyo único fin es el camino mismo o, mejor dicho, es un pensar que "hace camino". Esta característica esencial se refleja ya en los títulos mismos de la obra del filósofo[35] y constituye otro punto de encuentro importante entre el novelista y el filósofo, el cual resalta aún más la utilidad de Heidegger en cuanto a "crítica literaria" para la obra de Marías. No podría pensar en una calificación más apropiada para el autor de *Tu rostro mañana* que aquella que le otorga George Steiner a Heidegger: tanto el filósofo como el novelista, aunque cada uno en su particular manera y dentro de su ámbito de creación, son "indefatigable walker in unlit places" (1978: 18).

Como ya mencionamos, una estrategia clave en Marías para convertir este pensamiento errante en materia de sus novelas, consiste en erigir una estructura narrativa basada en interrogaciones que no llevan a una respuesta definitiva, sino a la contemplación y anticipación de varias posibles respuestas, las cuales abren más preguntas. Aunque los diálogos forman el eje central de novelas como *Toda las almas* y *Tu rostro mañana,* parecen más bien monólogos disfrazados de diálogos. A pesar de esta estructura dialogada hay poco intercambio eficaz de información (en el sentido de que éste avanza la revelación de datos) entre los personajes que a menudo cumplen el papel de entrevistado y entrevistador. La conversación entre Cromer Blake y el narrador 'perturbado' es una muestra de la permanente consciencia de la narración, esto es, de la importancia del *cómo* narrar y la -casi- irrelevancia del *qué.* No se trata únicamente de una preocupación por la narración en sí, sino además por la recepción del interlocutor ficticio (Cromer Blake, Rylands, Wheeler) y del lector (cómo leerá, anticipará e interpretará la información revelada). Además, el 'intercambio' entre los dos personajes demuestra la coexistencia de dos 'conversaciones': la conversación 'real', enunciada a voz alta, y la conversación 'mental' (las especulaciones, interpretaciones y amplificaciones de lo dicho. Conversación imaginada, ya que el narrador *se* pregunta para sus adentros y se imagina igualmente posibles respuestas del interlocutor).

Las 'quejas' del narrador sobre la imposibilidad de sacar información de su interlocutor Cromer-Blake reflejan la táctica misma que forja la narración en la novela. Al igual que el narrador sin nombre, el lector se da cuenta de que el narrador/ Cromer-Blake

> es capaz de perorar durante horas sobre cualquier tema haciendo que parezca que está hablándome [de Clare Bayes], pero aún no me ha dicho nada de lo que me conviene saber; es capaz de revelarme sus deseos más íntimos y sus ambiciones más verdaderas, de hacerme toda clase de confesiones que no le pido. (TLA 98)

Lo 'que le conviene saber' al narrador es simplemente si Clare Bayes estaría dispuesta a considerar una relación amorosa extramatrimonial. Por esa razón, el narrador busca la compañía de Cromer Blakes a fin de "preguntar ahora mismo por la mujer de la cena" (*ibíd.* 82). La intención de plantear la pregunta propulsa la narración de las siguientes veinte páginas, aplazando el 'ahora mismo' hasta la página 101. Durante estas veinte páginas que trascurren entre la decisión de formular la pregunta y su enunciación, el narrador elabora una serie de reflexiones y consideraciones sobre cómo preparar la pregunta, cuáles serían las condiciones óptimas para pronunciarla ("en cuanto haya servido las copas y esté sentado le preguntaré por ella y por su marido", *ibíd.* 82), cómo manipular la conversación para crear un ambiente propicio para hacer la pregunta más eficaz y qué emociones y reacciones producirían en el interlocutor ("yo iba a referirme a la salaz y atolondrada conducta del *warden* y a aprovechar para interrogar a Cromer-Blake acerca de Clare y Edward Bayes, pero seguramente para él todo aquello carecía de novedad e interés", *ibíd.* 85). El narrador sigue revelando al lector sus tácticas para acercarse al tema, mientras que la anticipación, por el momento favorable, termina en frustración ("en otras circunstancias yo habría preguntado"; "tenía prisa por saber de Clare Bayes y sólo estaba a la espera de algún resquicio en la conversación que me permitiera volver a ella," *ibíd.* 88). Después de diez páginas de insistir en "voy a preguntarle inmediatamente si Clare Bayes tiene o ha tenido amantes," "voy a preguntarle si puedo ser el fructuario," "voy a preguntárselo en el acto," "voy a preguntárselo a bocajarro," etc, y en no cumplir, después de innumerables intentos frustrados y evasiones constantes de Cromer-Blake, éste último le pregunta por fin si "estás pensando en serio en Clare Bayes," y él contesta: "en realidad no" (TLA 91). La explicación del narrador por qué no hace la pregunta (porque podría carecer de *interés* para el interlocutor, igual que para el lector) es la clave para entender esta estética de desorientación a la que se refiere Pittarello. Mientras que el narrador reflexiona sobre el *cómo* y *cuándo* de esta pregunta ("no debería pensar estas cosas, debería pensar en cosas más interesantes. Sobre todo hablar de cosas más interesantes. Perdona", *ibíd.* 92), no sólo alimenta la curiosidad del lector (quien, desde luego, ansia saber), sino que abre durante este proceso otras preguntas que parecen tener aún más relevancia, pero las cuales tampoco se pueden formular, ya que desviarían demasiado del tema Clare ("*He querido saber* quien era la persona ['Jack'] que Dayanand y Cromer-Blake pretendían en aquellos días o que tal vez, mejor dicho, pretendían conservar; *he querido saber* quién fue el nexo tan grave que los unió", *ibíd.* 90).

Marías demuestra que las respuestas no sólo siempre decepcionan (a la pregunta directa si Clare tiene amantes, Cromer-Blake contesta "'Sí. No. No lo sé'", *ibíd.* 101), sino —y esto es más importante— que no tienen ningún valor narrativo. Como admite el narrador de *Todas las almas*:

> si lo que quiere [Cromer-Blake] es distraerme [al evitar respuestas], disuadirme, se está equivocando de método. *Cuanto más eluda o demore decirme las cosas que me interesen, mayor se hará ese interés, más urgente, más exclusivo, más abarcador.* (*ibíd.* 99)

Esta estrategia de narrar sin revelar, respetando el 'tabú' de hacer preguntas que no permiten evasión, se formula otra vez en *Baile y sueño,* cuando el narrador evita preguntar de una manera directa, puesto que

> sabía [...] que si le preguntaba directamente o intentaba que se centrara en un suceso determinado, *él no haría caso y lo rehuiría* [...], sin duda no comprendía a esas personas que disfrutan contando lo que han vivido y ya conocen de sobra, desenlace incluido, y menos aún a esas escritores narcisistas de diarios que no acaban de zafarse nunca de sus jornadas vencidas, y las reiteran con florituras. (TRM II 66-67)

Quizá más que "estética" podemos hablar también de una "ética de desorientación". Las interrogaciones veladas en Marías sirven para anticipar respuestas y abrir caminos hacia nuevas digresiones. Asimismo, en Heidegger esta táctica se valora como una expansión del pensamiento, ya que, como explica Heidegger, "die Frage baut an einem Weg" o "la pregunta construye un camino" (TK 5), mientras que las respuestas directas rematan el pensamiento. En Marías, el arte de interrogar, de narrar y de enganchar (de arrastrarnos hacia lo que se oculta) apuesta por lo que *no* se narra, por lo que se insinúa como una presencia posible, el rostro que se nos oculta al otro lado de la espalda.

En "Imaginar para creer", Marías explica que su escritura intenta lograr "que se vea lo no mostrado. Es decir que a través de los preparativos, o de las consecuencias de una escena, veas esa escena", sin que se haga presente o presencia explícitamente (LF 27). Una vez des-ocultado lo oculto y todas las posibilidades interpretativas eliminadas, la escena pierde interés como objeto de contemplación, como estímulo del pensamiento y como obra de arte. De un modo parecido, Heidegger habla de la parálisis del movimiento de retirada y arrastre entre el contemplador y su objeto de contemplación. Es por esta razón que Marías reconoce el peligro de la escritura como un acto que "fija y dibuja y hiela", ya que al eliminar las últimas sombras esteriliza el proceso de la creación:

> Escrito está y se repite idéntico sin compasión ni esperanza —la historia es ésta y éstas son las palabras—, contando o diciendo lo mismo cada vez que se lee u hojea o consulta, del mismo modo que la acción elegida y congelada de un cuadro jamás avanza ni retrocede, y en él nunca veremos el rostro de quien fue pintado de espaldas ni la nuca de quien se retrató de frente no el lado oculto de quien ofreció el perfil. [...] *Contar es lo que más mata y lo que más sepulta, lo que fija y dibuja y hiela nuestro rostro* [...]. (NET 73)

La primera frase de *Tu rostro mañana*, "No debería uno contar nunca nada", se ha interpretado como una alusión al tema de la traición. Sin embargo, tomando en cuenta este pasaje de *Negra espalda del tiempo* y la característica de un pensar productivo en Heidegger, podemos leerla más bien como una advertencia del gran riesgo de la escritura como sepultura. Esta consciencia del escritor se manifiesta en diversas tácticas narrativas para evitar que la escritura se convierta en un proceso determinante que elimina futuras posibilidades.

Desgraciadamente, al traducirlo a otros idiomas, se pierden muchas alusiones importantes de Heidegger, basadas muchas veces en las etimologías (no siempre científicas, pero siempre fértiles) de las palabras alemanas. Veamos un caso representativo: *Zeigen* se puede traducir como *señalar*, pero también como *enseñar* (el dedo índice en alemán es *Zeigefinger*). También, *Zeiger* es la manilla del reloj que marca la hora. Heidegger juega con la aparente semejanza de las palabras *zeigen* (señalar), *Zeit* (tiempo), *Zeichen* (signo) para establecer una serie de significados entrelazados entre el acto de señalar, el tiempo y el signo, los cuales, según él, *congregan* el acto de pensar. De hecho, *congregación* como sinónimo de pensamiento es muy adecuado. El filósofo explica en otro ensayo que una parte del significado de la palabra *pensar* era *congregar* (*legéin*), el cual se perdió al traducirse inadecuadamente al latín como *ratio*. Lo que insinúa Heidegger con esta reflexión es que toda la base del racionalismo y de la mentalidad occidental es el resultado de una mala traducción.

Para escaparse del peligro de una escritura que sepulta o produce un pensamiento "lúcido" y por tanto estéril, Marías crea narradores que, más que actores o investigadores periodísticos, son observadores o contempladores que, en palabras de Pittarello, habitan la sombra de esta negra espalda del tiempo, lo que "requiere, además de la inercia, el silencio" (1996: s.p.). En vez de actuar, los narradores anticipan y aguardan, se dejan llevar (arrastrar) por los enigmas en vez de resolverlos, y *señalan* construyendo escenas como artefactos visuales (imagen-cristal o imagen-memoria, para hacer de nuevo referencia a Bergson, o *cúmulos*, pensando en Benet), que por su ambigüedad y poder de evocación conjuran (*congregan*) una gama de interpretaciones, con la finalidad de hacer ver [en términos de Heidegger, *señalar*] lo que no se muestra. En sus *Vorträge*, Heidegger insiste justamente en las mismas tres calidades que también definen el pensamiento literario de Marías como pensamiento apropiado para nuestro tiempo. El filosófo escribe que si hemos perdido la capacidad de pensar es porque hemos perdido la paciencia de esperar la llegada del pensamiento (*das Zu-denken*). Este esperar (quizá más que *inertia*) se equipara en Heidegger a *avizorar* lo que se dirige hacia nosotros desde el des-ocultamiento:

> Esperar significa aquí: dentro de lo ya pensado, *buscar con la vista* lo aún no-pensado que se mantiene todavía escondido en lo ya-pensado. Esperando así estamos ya, pensadores, en camino hacia lo que queda por pensar (*das Zu-denkende*). Este camino podría bien ser un *andar errante*. [Este andar errante] se dirige, no obstante, siempre hacia lo que da a pensar. (VA 139)[36]

No se trata, ni en Heidegger ni en Marías, de una simple revaloración de la intuición en oposición a la razón, ni tampoco de una vuelta al irracionalismo del siglo XIX. El *cogito ergo sum* de Heidegger se distancia de la visión cartesiana, puesto que propone una forma de pensar cuyo objetivo yace en la exploración de esta región oculta ("unlit places") que se retira y, al darnos la espalda, nos arrastra hacia ella. De hecho, Heidegger se abstiene de otorgarle un sentido esencialista a su propuesta del *cogito*, como sí lo propone Descartes. Más bien, el filósofo alemán especifica que el pensador —en cuanto a ser que señala (*zeigt*)— es un signo mismo (*Zeichen*), pero un signo que desde hace tiempo (*Lang/ ist die Zeit*) está vacío de significado (*deutungslos*). Como cita de Hölderlin, "Ein Zeichen sind wir, deutungslos", refiriéndose con este "nosotros", desde luego, al hombre moderno que perdió la facultad del pensamiento.

La evocación de Hölderlin introduce el siguiente paso en este aprendizaje de un pensar nuevamente genuino y productivo, explayado en *Qué quiere decir pensar*. Más que construir *un puente* entre el pensamiento científico y el pensamiento poético,[37] hace falta un *salto* (WD 10). El pensamiento literario desarrollado en las novelas de Marías constituye un ejemplo de este salto. Desde esta perspectiva, podríamos reconsiderar la construcción de la imagen por medio de la narración —la técnica narrativa más esencial y extendida en sus novelas— como un "pensar-señalar-errar", capaz de escaparse de una escritura que sepulta (decimonónica, realista), como advierte el autor de *Negra espalda del tiempo*, y en el cual emerge el *cogito* como ser en el tiempo, en búsqueda de un significado más trasendente, a través de la expresión artística.

He afirmado que el estilo literario de Marías se reconoce por su ambigüedad, y puede que ése sea uno de los rasgos más comentados de su obra. Navarro Gil comenta la peculiaridad del estilo del autor, identificando una "fórmula narrativa" que el autor crea y sigue a partir de *El hombre sentimental*. Esta fórmula, según Navarro Gil, consistiría en dos pilares:

> la configuración de un narrador reflexivo o especulativo que cuenta en primera persona hechos pertenecientes a un pasado brumoso en el que indaga para encontrar un sentido coherente y, de otro, la confección de un discurso en espiral basado en la acumulación de digresiones que interrumpen de continuo un frágil hilo argumental. (2004: 188)

Según la crítica, este discurso en espiral es la directa influencia de *Tristram Shandy* de Sterne, mientras que la "errabundia", los constantes digresiones y incisos "figuran así uno de los aspectos más personales del estilo narrativo de Marías [...]" (*ibíd.* 191)[38]. En el último párrafo del artículo se dedican tres frases directas al estilo del autor. Observando que el *cómo* de la narración tiene mas peso en Marías que el *qué*, Navarro Gil explica que

> Una narración de este tipo [digresivo] precisa de un párrafo largo repleto de oraciones subordinadas. Es especialmente frecuente el empleo de oraciones comparativas que sirven para expresar las frecuentísimas asociaciones que tienen lugar en la mente del narrador. Las cláusulas parentéticas, las oraciones disjuntivas, los incisos y la reflexión sobre el propio lenguaje utilizado en el discurso son también características predominantes de las narraciones del escritor. (*ibíd.* 192)

No cabe duda de que la observación de Navarro Gil es acertada y obvia. Tampoco se debe desestimar la influencia del estilo de Sterne en Marías. Sin embargo, en Marías contenido y estilo no son dos aspectos separables, ni satisface del todo resaltar su estilo digresivo como una simple cuestión de influencias. Más bien, vale buscar una justificación de las particularidades del estilo del autor en su pensamiento mismo.

Marías reconoce en una entrevista la importancia de la ambigüedad y ambivalencia, las cuales, según él mismo, se expresan por medio del abundante uso de los "muchos quizás, muchos esto, o lo otro, o lo de más allá" (Iborra 2001: 158). Estos *quizás*, más que abrir la puerta a su estructura digresiva o discurso en espiral, son clave en un autor que evita narrar para iluminar hechos (esto sería una escritura que "fija que dibuja y hiela") y cuya obra se inspira más en este juego de luz y sombras de un constante des-ocultamiento (errar en "unlit places"). El lenguaje de Marías, elogiado por unos, condenado por otros, cumple en sus novelas el papel de un *performance*, cuyo objetivo consiste en demostrar (*señalar hacia*) lo que significa habitar el mundo. Es decir, su estilo precisa la función del lenguaje como congregación del pensamiento (*legéin*), y no como su traducción adulterada *ratio*.

Al igual que en Heidegger, en Marías el lenguaje no es instrumento del pensamiento, sino que *es* pensamiento. En "Carta sobre el humanismo", Heidegger expresa la necesidad de liberar el lenguaje de los confines de la gramática para repensarlo como la poetización de un pensamiento libre. Dándole la espalda a *ratio* a fin de recuperar la capacidad de pensar como *legéin*, Heidegger propone abrir la mente a "anxiety and essential ambiguity and ambivalence" (Krell 1986: 124). Este propuesto cambio en la forma de pensar afecta el uso del lenguaje, ya que "something irreversable happens to discourse: representational, propositional, evaluative, and all 'necessitarian' modes go silent as thinking approaches the core of human finitude at the center of the hermeneutical encirclement" (*ibíd.*). El estilo de Marías refleja a la perfección este giro propuesto por Heidegger, lo cual le libera además de la paradoja inherente a la escritura que por un lado ofrece la posibilidad de trascendencia y por otro lado "fija y hiela". Este nuevo discurso que desprecia la claridad inequívoca prefiere dar vueltas —no alrededor del propio ombligo— para poder cumplir la función de un lenguaje-pensamiento libre de "conjeturar, cavilar [...] con máxima libertad" (MT 51), y "sin motivo ni apenas orden y sin trazar dibujo ni buscar coherencia" (NET 41). De esta forma, es decir "sólo como fenómeno estético" como ya lo expresaba tan apropiadamente Nietzsche en el *Nacimiento de la tragedia*, "se puede justificar eternamente nuestro estar en el mundo, y el mundo mismo" (*ibíd.* 47). Y —podríamos añadir además— con todas sus contradicciones y enigmas inherentes intactos.

Uno de los textos fundacionales del pensamiento de Marías, como expliqué en el capítulo introductorio, lo constituye su lectura de *Julius Cesar*, de Shakespeare, "Fragmento y enigma y espantoso azar" (MT). El propósito del ensayo de Marías consiste en la refutación de la premisa generalmente aceptada de que no hay más que una verdad. Según Marías, el gran acierto de la tragedia consiste en el hecho de que

> no se trata de confrontar una verdad o quizá veracidad con una obvia falsedad y ver si ésta triunfa en su momento presente (no lo hará), sino de comprobar cómo [...] entre dos o más verdades o quizá veracidades, cada momento presente hará prevalecer la suya. Y la hará prevalecer, aun cuando esas dos o más se excluyan y nieguen mutua y aparentemente. (MT 114)

La verdad redefinida como noción dinámica y ambigua, en vez de absoluta y excluyente, refuerza de nuevo el papel del lenguaje como *performance* que manipula, engancha y convence (*arrastra*) en vez de informar de hechos. Como explica Marías en este ensayo, "el término *verdad* ha de entenderse en su sentido 'político' o quizá 'social', es decir, como lo convincente, como lo que *obra* como verdad y no como otra cosa de más altos vueltos" (MT 114). O, para simplificar, podemos definir el término *verdad* también como el efecto exitoso de un *performance* del lenguaje.

Como lo demuestran los títulos de sus novelas y los muchos motivos, citas y préstamos de personajes shakespeareanos (Desdemona, Yago, Otelo, Macbeth, Ricardo III, etc.) que reaparecen en toda su obra, en Marías, la influencia de Shakespeare es obvia, y lo demuestra también el lugar privilegiado de este ensayo suyo, el cual se puede leer como manifiesto de su poética de la verdad. Precisamente es hablando de Shakespeare cuando Heidegger y Marías encuentran otro denominador común que demuestra la afinidad de su pensamiento. En "Heidegger and Tragedy", Michael Gelven[39] identifica importantes paralelismos entre el uso y la función del lenguaje en la obra del filósofo y la del dramaturgo, también relevantes para nuestra lectura de Marías. Destacando la afinidad entre Shakespeare y Heidegger, Gelven explica que el efecto que produce la tragedia en el espectador es el resultado de una estrategia de justamente *no* elaborar hechos,

> but to establish *respect for the meaning of human existence*. It takes just three words to inform someone that Romeo loves Juliet, but the knowledge of such fact is not the purpose of Shakespeare's art. Through his art he establishes the *meaning* of such love. His language is true, *not because it is accurate, but because it is performative*. That is to say, we attend the theatre, not to find out what is going to happen, but to celebrate its meaning [...]. In tragedy, *language does not reveal what is the case, it establishes an order of meaning, for its nature is performative*. (Gelven 1976: 225)

Igualmente, el pensamiento literario de Marías se construye por medio de un lenguaje que en sí mismo ya es pensamiento, y como tal, es evocativo, sugestivo, y no preceptivo o preciso. La expresión discursiva se centra en establecer no *un* significado, sino *un orden* de significados. En el estilo de Marías esta insistencia en el orden de posibles significados, y no en un significado mismo, se manifiesta en una sintaxis determinada por los muchos "esto, o lo otro", "o...o", "lo de más allá", etc. La preferencia sintáctica de Marías transmite este esfuerzo de *aproximación* a un sentido por definición siempre evasivo. Se ha dicho que desde un punto de vista gramatical o racional, el lenguaje de Marías es impreciso o, según algunos, hasta a veces incorrecto. Sin embargo, si reconsideramos el habla como reflejo del pensamiento heideggeriano —más que vehículo—, se podría argüir que lo contrario es cierto. Puesto que no se acepta la posibilidad de una verdad o saber absolutos (Marías prefiere el término "veracidades", o "probabilidades convincentes", mientras que Heidegger opta por *aletheia*, o des-ocultamiento), sólo existe la posibilidad de un acercamiento. Este acercamiento por vía de circumlocuciones se concreta en la predilección de frases largas, oraciones subordinadas, paréntesis e incisos, no para pecar de excesos o de imprecisiones gratuitos, sino justamente para ser lo más preciso posible y evitar excluir ninguna posibilidad de significado. Por esta misma razón, como demuestra la muy comentada (y criticada) primera frase de *Negra espalda del tiempo* ("Creo no haber confundido *todavía nunca* [...]" NET 9), Marías elige las palabras, no porque quepan léxicamente, sino por su peso evocativo.

La constante preocupación por articular la expresión más precisa para capturar el sentido evasivo del mundo, y la misma consciencia de su imposibilidad, es lo que genera el estilo errante de Marías. Y es esta misma añoranza por la palabra única, perfecta e inalcanzable, que genera el pensamiento del Heidegger tardío. La observación de David Wood al respecto viene muy a cuento para comprender la conexión entre estilo y pensamiento en Marías:

> One could try to interpret the apparent orientation [of the later Heidegger] to the *unique word as the very principle that generates constant revision.* For it is unachievable! One of the names of this principle would be 'desire'. To that extent one could *justify belief in truth as a regulative ideal*, not because one thereby gets closer to it, *but because it generates a multiplicity of texts*, and in the succession of such texts, and *the light generated by their constant displacement of one another, is the only truth.* (Wood 2001: 149)

Esta perspicaz observación de David Wood nos remite de nuevo al juego frecuente en Marías entre luz y sombras, manifestación de la inversión del racionalismo (inversión, ya que la claridad impide conocimiento) y de la importancia del lenguaje como des-ocultamiento. Como dice David Wood, la fe en la verdad no está basada en una creencia en lo real, sino que funciona como generador de una multiplicidad de textos. Del mismo modo, Isabel Cuñado comenta acerca de la escritura de Marías que "es posible que en estos espacios de fragmentación y de dispersión [de su narración] la única constante sea la incógnita y que el *desconocimiento sea el impulso del proceso narrativo*" (2004: 53). Heidegger nos proporciona la teoría del conocimiento ligado al lenguaje, y es en este contexto en que hay que situar el uso notorio de los "muchos quizás" del autor. De hecho, Krell describe un encuentro personal con Heidegger durante el cual el filósofo analiza la palabra *quizá* y le otorga una importancia esencial, parecida a una suerte de clave de acceso a esta región oculta de la razón:

> [...] Heidegger suddenly spoke of [Lichtung/claro] in a new way, repeating several times in an animated and even elated manner the word *vielleicht*, 'perhaps', 'possibly', separating the two syllables by scarcely audible breath and raising the tone of his voice on the second, *'viel-leicht!'* And this suggests 'very readily', 'very likely'. The *vielleicht*, with respect to *lichtendes Bergen*, implied the possibility of an openness in which what presents itself —and perhaps even presencing itself— can come to the fore. (Krell 1986: 94)

Para comprender mejor la observación acertada de Krell e interpretar el gesto de Heidegger, hay que recordar que los dos componentes de la palabra alemana "vielleicht" (quizás) significan literalmente "mucho" (viel) y "ligero" (leicht). Los rasgos estilísticos de Marías (los "muchos quizás, muchos esto, o lo otro, o lo de más allá"), reconsiderados en este contexto heideggeriano, sirven para "hacer ligero" el pensamiento, es decir, liberarlo de los confines pesados y estériles de la razón, para poder re-aprender *was heisst Denken*, o qué quiere decir pensar. Esta nueva forma de pensamiento, muy evidente en el estilo mismo de Marías, recupera, pues, el sentido original de *legéin*, un pensar en forma de congregar, como el camino y manifestación propios del Dasein: su "thoughtfull dwelling" y "existential ground of thinking" (Stark 1998: s.p.).

3.3.2. Horizonte y *α-γηδεια*: la esfera oculta del rostro

En resumen, siguiendo ideas desarrolladas en *Qué quiere decir pensar* y otros ensayos de Heidegger, se puede interpretar la espalda en Marías como símbolo del des-ocultamiento heideggeriano de la verdad. Como tal, representa la metáfora ideal de su pensamiento literario. La espalda se entiende como dominio del pensamiento y también como motor de la creación artística, justo porque indica no-accesibilidad, alejamiento (retirada) y resistencia al saber.[40] Lo que merece ser contemplado (lo *Fragwürdige*) es lo que se mantiene en la sombra, lo que nunca se puede saber con certeza, o sólo como acercamiento en forma de circumlocuciones y aglomeración de posibilidades. Esta concepción poco ortodoxa de la fe en la verdad que crece al apagarse la luz de la razón, para retomar de nuevo un elemento de la "Llama tutelar", produce una multitud de textos con nexos e incisos. Llámese negra espalda del tiempo, retirada, arrastre, claro del bosque u horizonte, esta región delimita sus confines imprecisos a través de un juego de luces y sombras. En este ámbito se yuxtaponen dos éticas de pensamiento, según Heidegger: el pensamiento metafísico (excluyente e ineficaz) y un pensar post-metafísico (incluyente y errante). El cuestionamiento del alcance positivista de la razón no es, desde luego, únicamente un tema en Heidegger. Lo que el filósofo expresa sobre todo en la segunda fase de su carrera está también muy extendido en la consciencia de la generación de Marías, que rechaza las pretensiones de los escritores realistas. Como respuesta, en la obra de Marías se oponen a menudo dos estéticas narrativas, una pretenciosa e inválida (el supuesto saber absoluto del realismo decimonónico) y otra más cercana a la experiencia vital (una narración "errabunda" fundada en la contemplación, la sugestión y la evocación). En este contexto del juego de luces y sombras se revela la importancia del uso de un lenguaje ambivalente. Se revela también cómo estilo y contenido están íntimamente ligados y cómo, a fin de cuentas, el lenguaje mismo llega a cumplir la función de pensamiento.

La importancia del pensamiento-lenguaje como des-ocultamiento se hace aún más evidente al entrar en otro aspecto muy comentado de la obra del autor: la revaluación del antagonismo entre ficción y realidad,[41] resultado del cuestionamiento de la verdad positivista y, por tanto, de los límites del conocimiento. Sin embargo, antes será preciso volver a la piedra angular que da cohesión al pensamiento de Heidegger, a saber: la pregunta sobre qué quiere decir *verdad*, qué significa *Da-sein*, *mundo* y sobre cómo un acercamiento filosófico (post-metafísico o post-posmoderno, si se quiere) a la escritura de Marías nos permite reconsiderar temas como el espionaje (el "don de Deza") en *Tu rostro mañana* como una metáfora del esfuerzo del novelista por descifrar el mundo, y, a la vez, encontrarle de nuevo algún sentido a este signo sin significado que es el ser en el tiempo.

La estética o ética de la desorientación en Marías halla su cabida en *α-γηδεια*. Término adaptado por Heidegger de los presocráticos, esta re-definición de la verdad determina todo su pensamiento desde *Sein und Zeit* hasta sus últimos escritos enfocados en el pensamiento poético. Literalmente traducido, *α-γηδεια* o *αγηδεια* significa des-ocultamiento, lo cual implica un proceso dinámico del conocimiento, un movimiento bidireccional constante en el que ambas partes, ocultamiento y desocultamiento, ocupan un lugar de igual importancia. La lectura de Young, citado en adelante, es sumamente útil, puesto que logra resaltar el valor actual de aletheia, tal como lo adapta Heidegger, y nos ayudará a demostrar la relevancia del pensamiento literario de Marías para el contexto contemporáneo:

> [t]he fundamental insight contained in the theory is that truth as 'correspondence' or 'adequacy' to the facts —the account of truth offered, since Roman times, by the philosophical tradition— actually presupposes a more 'primordial' truth which has the task of establishing what kind of 'facts' there are to which statements may, or may not, correspond. Heidegger calls this 'truth as disclosure' or 'aletheia', which he sometimes writes 'a-letheia' to highlight *the idea of the foundation of truth as consisting in a coming-out-of-oblivion.* (Young 2001: 22-23)

Esta reconsideración de la verdad como un proceso de establecimiento de conexiones (establecer correspondencias entre hechos, más que resaltar hechos mismos) recuerda la estructura temporal en Bergson, elaborada en el capítulo anterior. Sin embargo, mientras que las ideas de Bergson arrojan luz sobre el fondo filosófico de la estructura narrativa en Marías, el concepto heideggeriano de *verdad* permite acercar aún más estilo, estructura y temática de sus novelas. De un modo similar a Bergson, Heidegger entiende el mundo como una red de nexos, sólo que para el filósofo alemán estos nexos los constituyen horizontes y, más que una imagen temporal, fundan la esencia misma del ser-en-el-mundo, de *Mit-sein*, y también de *Sorge*. *Sorge* (recordemos que Sorge es "cuidado", consecuencia del tener que lidiar con el mundo), en este contexto atemporal, demuestra que un comprender*se* es únicamente posible como un reflejo recibido desde horizontes ajenos. Así pues, en Young leemos que:

> Truth as correspondence presupposes reference, and reference presupposes —a point often overlooked— a 'horizon of disclosure' which, through disambiguation, first makes it possible. Only when we know what kinds of beings belong to a given domain of disclosure do we know what kinds of facts there are to which propositions may or may not correspond [...]. Heidegger, however, thinks of every human being as born into a very fundamental, 'trascendental' horizon of disclosure —as it were, the horizon of all one's horizon— and it is this that he calls 'world'. (Young 2001: 23)

La imagen del horizonte como ámbito de revelación y de ocultamiento no se debe entender como una refutación o contradicción de la *negra espalda*. Más bien, ambas imágenes representan las dos caras de la misma medalla, o son la misma cosa en sus dos manifestaciones, las cuales, en su asociación, sí demuestran una naturaleza contradictoria inherente: una limitación que a la vez es expansión y una retirada que implica también apertura. Young aclara los dos polos del des-ocultamiento al recordar el significado en Heidegger de *Tierra* y *Mundo*, entre los cuales se abre el horizonte como "domain of disclosure".[42] "Domain of disclosure" se puede traducir como dominio de revelación, aunque esta traducción no captura del todo el sentido implícito de "disclosure", de exponer, divulgar, abrir y hacer público. Esta región, ilimitada e inefable, remite de nuevo a este juego de luces y sombras, y nos permite conectarlo finalmente con el gran tema del *Ciclo de Oxford*, a saber: la posibilidad de conocer nuestro "rostro mañana". *Erde*, tierra, para Heidegger, representa la idea de que cada vez que se revela una perspectiva (un horizonte), otras se ocultan. Estos horizontes (los ocultos y *el* desvelado) se equiparan a los distintos rostros que constituyen a cada ser. Habitar un horizonte (enseñar una cara) esconde otro, pero, naturalmente, no lo hace inexistente. Sin embargo, y esto es esencial, lo hace perceptible en y por su ocultamiento. *Welt*, mundo, por otro lado, es la totalidad de todos los horizontes,

> within which all perspectives available to us are containted [...] This means that, through reflection on the character of truth, we know that belonging to our 'truth', in the sense of 'world', is an *indefinitely large totality of*

> *other possible 'truths', alternative horizons of disclosure*, 'views' disclosing other 'sides' of our world of beings that are equally disclosive of Being (reality) itself, yet blocked by our disclosure and, in fact, utterly unintelligible to us. It is this *region of ineffability*, the, as it were, epistemological depth to Being, which Heidegger calls 'earth'. (Young 2001; 39-40)

Es a partir de esta región de inefabilidad, esta totalidad ilimitada de las muchas posibilidades y *cúmulo* de horizontes alternativos que Marías construye el mundo de sus novelas. La concepción del mundo y del ser como una región inefable que sólo es visible, o conocible, como des-ocultamiento (es decir que cada desvelar implica a la vez un ocultar) aparece ya en *Sein und Zeit*, donde Heidegger le adjudica a lo oculto un valor temporal, como un *no-todavía* y sin embargo ya presente como proyección o posibilidad futura.

Antes de leer el siguiente pasaje de Heidegger, será útil, para reconocer una vez más la relevancia de su pensamiento como posible teoría literaria para las novelas de Marías, recordar una de las citas más repetidas de los tres tomos de *Tu rostro mañana*. Deza insiste tantas veces que todos "llevan sus probabilidades en el interior de sus venas, y sólo es cuestión de tiempo, de tentaciones y circunstancias que por fin las conduzcan a su cumplimiento" (TRM I 231-2). La misma idea de *Tierra* y *Mundo* heideggerianos se expresa en esta cadena de preguntas sugestivas:

> ¿Cómo puede no verse en el tiempo largo que quien acabará y acaba perdiéndonos nos va a perder? ¿No intuirse ni adivinarse su trama, su maquinación y su danza en círculo, no oler su inquina o respirar su desdicha, no captar su despacioso acecho y su lentísima y languideciente espera, y la consiguiente impaciencia que quién sabe durante cuántos años habría tenido que contener? ¿Cómo puedo no conocer hoy tu rostro mañana, *el que ya está o se fragua bajo la cara que enseñas o bajo la careta que llevas*, y que me mostrarás tan sólo cuando no lo espere? (TRM I 199)

Es interesante notar que las fotos de Marías elegidas para las solapas de sus novelas capturan esta mismo idea del des-ocultamiento del rostro o *α-γηδεια*. En este contexto, recordemos que Heidegger escribe en *Sein und Zeit* que

> Se puede decir, por ejemplo: a la luna le falta todavía el último cuarto para estar llena. El no-todavía se reduce con el ir menguando de la sombra

> encubridora. Pero, al ocurrir esto, la luna ya está siempre ahí como un todo. Prescindiendo de que la luna, incluso como luna llena, jamás puede aprehenderse *por entero*, el no-todavía no significa aquí en modo alguno un no-estar-todavía-juntas las partes componentes, ni que atañe únicamente a la aprehensión percipiente. Pero el no-todavía que forma parte del Dasein no es sólo provisional y ocasionalmente inaccesible a la experiencia propia y ajena, sino que no 'es' todavía 'real' en absoluto. El problema no atañe a la aprehensión del no-todavía del Dasein, sino a su posible ser o, correlativamente, no ser. (SZ 240)[43]

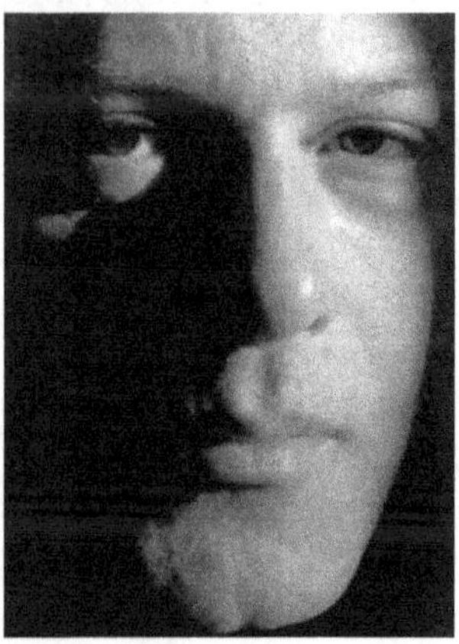

La creencia en la inaccesibilidad a un conocimiento absoluto (sean hechos pasados, posibilidades futuras o el *único verdadero* carácter de una persona) y la creación literaria como generadora de la verdad le interesan a Marías desde los principios de su carrera como escritor. Recordemos, por ejemplo, el epígrafe de Ovidio que marca el tono de *El monarca del tiempo* y de las novelas siguientes: "la mano no (re)conoció las armas excepto en juego"; es decir, sólo la mano que escribe ficción reconoce (por medio de este juego que es la invención literaria) sus armas y así puede acceder a otra forma de conocimiento. La famosa y muy repetida cita en *Negra espalda del tiempo* adjudica la misma idea al oficio del novelista para cuestionar la línea (de sombra) que separa ficción y realidad: "Relatar lo ocurrido es inconcebible y vano, o bien es sólo posible como invención" (NET 10). En *Tu rostro mañana* Marías recoge de nuevo este hilo y le da aún más peso, tanto en un sentido metaliterario como filosófico.

3.3.3. *Wozu Dichter*: la mirada de Rilke, el don de Deza y los zapatos de Van Gogh

None deserves the name of Creator
except God and the Poet[44]

En "El origen de la obra de arte" (HW),[45] Heidegger nos brinda una herramienta útil para interpretar los informes de Deza como novelización del proceso de la escritura en *Tu rostro mañana*, y también para reflexionar sobre la costumbre del novelista de inspirarse en objetos cotidianos para conformar su pensamiento literario. Sacar el mundo a la luz por medio del arte (literario) es una idea que Heidegger asimila de Nietzsche y de Rilke. Las dos fuentes son relevantes para una lectura de Marías, ya que conoce bien la obra de ambos escritores. Como ya mencionamos, de Nietzsche cita de *El nacimiento de la tragedia* en *El monarca del tiempo*, y a Rilke le dedica una de sus *Vidas escritas* ("Rainer Maria Rilke a la espera", 81-88). Nótese el significado del título: "estar a la espera", para Heidegger, es sinónimo de pensamiento (ED 47-9).

La diferencia entre Heidegger, Nietzsche y Rilke es que en Rilke el mundo que sale a la vista puede ser despreciable y asqueroso. En Heidegger *Welt* sale en esplendor, mientras que en Nietzsche es siempre un mundo, por sombrío que sea, que afirma la vida (Young 2001: 42). En Marías, sin embargo, la ficción como proceso de acercamiento a la esencia de la realidad queda lejos de una calificación, ya que le ocupa más el poder de la invención como descubrimiento mismo. Teniendo en cuenta la valorización de verdad como *αγηδεια,* el trabajo de Deza para el MI6 británico se puede leer como metáfora de la labor del escritor quien, gracias a su don de invención, hace ver lo que no se percibe, es decir, que en vez de copiar la realidad que le rodea, penetra su superficie para sacar a la luz su lado oculto. O, para retomar términos atribuidos a Heidegger, el objetivo de su escritura consiste en que *tierra* (el horizonte del ser) emerja de *mundo* (la totalidad de los horizontes), y que "rises up, that is to say, in its incomprehensibility" (Young 2001: 41). Cuando Deza reflexiona sobre la precisión de sus informes, por ejemplo, admite que

> a medida que uno se va atreviendo, las preguntas se le multiplican y se le atribuyen más facultades, la perspectiva de lo cognoscible está siempre en un tris de perderse, y uno se encuentra un día con que de él se espera que vea lo indiscernible y esté enterado de lo inverificable, que conteste no ya a lo probable e incluso a lo sólo posible, sino a lo incógnito insondable. (TRM I 320)

En un acto de ventrilocuismo reminiscente de *Negra espalda del tiempo*, la voz del novelista habla por la boca de Deza cuando describe su responsabilidad de "intérprete de vidas" como un "escuchar y fijarme e interpretar y contar" (*ibíd.* 27), y su labor como "mis tareas de invención" (*ibíd.* 316), por medio de "asociaciones, más que interpretaciones o desciframientos o análisis" (*ibíd.* 378). Es importante fijarse en que los personajes en las novelas de Marías cumplen raramente el papel de actores que avanzan la acción, sino más bien, al igual que los muchos objetos contemplados en su obra, se mantienen casi estáticos en el tiempo, como si se tratara de retratos expuestos en una galería de un museo. Y el narrador se pasea por esta "novela-museo" evaluando a los personajes-objetos como si fueran cuadros acabados. Asimismo, las interpretaciones de Deza ocurren casi exclusivamente a través del filtro de la representación, sea una pantalla, una fotografía o un cuadro, y él mismo describe su trabajo como un escrutar "los rostros hasta no verlos ya más como rostros vivos y en movimiento, observándolas como a pinturas, o como a dormidos o muertos, o como al pasado" (*ibíd.* 318). Deza los describe, los analiza y juzga, no en un sentido moral o ético, y ni siquiera psicológico. Más bien, los exhibe a la vista del lector en su 'enteridad', completando, por medio de la ficción, los varios lados o horizontes de su esfera del ser: el lado iluminado por medio de la contemplación, tanto como el lado oscurecido por medio de la evocación. La evocación del horizonte oculto se des-oculta gracias a las reliquias del pasado y su *constitutivum*, su todavía no-ser, o sea, la invención.

En un sentido, Marías sigue la misma táctica que Heidegger cuando éste analiza el cuadro de Van Gogh en "Origen de la obra de arte" (HW). Ambos arrancan objetos del uso diario de su cotidianidad (los zapatos en Heidegger, el cubo de basura en Marías). Desvinculados de su entorno habitual (del lado de la esfera iluminado), los objetos diarios se elevan, por medio de la contemplación, al rango de objeto de arte. Como explica Young, "In everyday experience in and through real art [world] becomes translucent, transparent to 'earth'. Experienced as the self-disclosure of an unfathomable 'mystery' it acquires radiance [...]" (Young 2001: 45).

Inmersos en su lugar habitual, los objetos se hacen opacos y se reducen a una mera presencia según su función. Una vez desvinculados y contemplados desde su pedestal, los objetos, ahora traslúcidos, se redepositan en el contexto de su mundo (la esfera entera). La traslucidez del objeto se extiende por el mundo, ambos recreados como y por medio del arte. Del mismo modo Shelley define la esencia de la poesía como un arte capaz de "purge from our inward sight the film of familiarity which obscures from us the wonder of being" y "creates anew the universe after it has been annihilated in our minds by the recurrent impressions of blunted familiarity".[46] Así pues, "a normally inconspicuous object is brought to salience by being put on exhibition, so that *the work can be thought of as putting its world 'on exhibition'*" (Young 2001: 38). Esta técnica o estrategia para desvelar el signifcado escondido de los objetos también se emplea para descifrar el significado semántico de las palabras. Heidegger intenta romper el velo de su familiaridad, la cual tiende a ocultar su significado originario alejando signo y significado. Por lo tanto, en *Aus der Erfahrung des Denkens*, el filósofo sugiere no *pensar* las palabras, sino *moverse libremente* dentro de ellas (ED 54). Este movimiento libre, dentro de las palabras, es lo que constituye la narración y el pensamiento de Marías. Sus narradores son intérpretes, traductores que constantemente "exhiben" y evalúan las palabras, contemplándolas en su des-ocultamiento. Tanto como los objetos y los personajes, las palabras se arrancan de su familiaridad y se examinan, se analizan o se reimplantan en una sintaxis aparentemente forzada ("*todavía nunca*"), para hacer resaltar todo el peso evocativo de su(s) significado(s).

En "El origen de la obra de arte", Heidegger inicia su análisis de los zapatos de Van Gogh, contrastando lo que ve el ojo (el objeto-fragmento iluminado) y lo que *ve* el artista (el objeto vinculado con su mundo, la esfera entera). En un primer plano se ve "un par de zapatos de campesino y nada más", a lo que Heidegger añade un enfático y significativo *Y sin embargo* ("Und dennoch", HW 22). Al apropiarnos de la estrategia etimológica habitual de Heidegger, podemos "descubrir" un paralelismo explicativo entre el alemán "vielleicht" de Heidegger, analizado antes, y el "sin embargo" español. "Sin *embargo*" significa literalmente sin *retención*, sin *impedimento*, del mismo modo que "viel*leicht*" contiene la palabra "ligero". Ambas palabras implican, por lo tanto, una eliminación de peso, una liberación o superación de un freno (de la realidad, si se quiere, o del realismo o de las limitaciones del conocimiento positivista, o bien de la aparente inaccesibilidad de la esfera oculta).

Los "quizás" de Marías, interpretadas desde la perspectiva de este "Und dennoch" de Heidegger, conceden a la invención artística una función nuevamente *con*structora (más que *des*constructora), la cual ofrece una alternativa a la *différance* derridiana y también su posible superación[47]. En cuanto a "veracidades posibles" el conjunto de estos "quizás" revela *aletheia*, al igual que un círculo de árboles encierra el claro de un bosque. Es decir, este claro del bosque se define por lo que *no* es. Como afirma Deza en *Tu rostro mañana* al describir su trabajo de intérprete de vidas: "aquello [los informes] fue quizá siempre impreciso (*y la indefinición era su esencia*)" (TRM I 262). Estas palabras (*Und dennoch, vielleicht*) resumen la función del arte literario, *son* la materia de la obra de arte, ya que implican el cruce de la línea de sombra (a la región de la inefabilidad, a la negra espalda del tiempo) y la revaloración de la invención como descubrimiento. O bien, en palabras bíblicas de Deza, logran "que lo ilusorio adquiriera verbo y tomase cuerpo" (TRM I 345).

En Marías este *sin embargo* como arranque de la narración aparece ya en varios pasajes de *El monarca del tiempo*[48] y refleja una vez más el credo de Heidegger de que "Wahrheit [...] geschieht, indem sie gedichtet wird", o sea, que la verdad acontece inventándola (HW 59). De hecho, es este ver o *eräugnen* (*eräugnen* significa literalmente, acoger con el ojo) lo que Heidegger relaciona etimológicamente con el verbo acontecer, *ereignen*. Vale recordar de nuevo que Marías expresa lo mismo en varias ocasiones: en *Negra espalda del tiempo*, "La huella del animal", "La mágica de lo que pudo ser", para mencionar sólo algunos ejemplos representativos.

Para Heidegger "ver" y "fabular" (dichten) y "pensar" son sinónimos. La mirada penetrante o "des-ocultante" se hace posible por medio de la invención, específicamente, por medio de la invención literaria. El *Dichter* (en el sentido heideggeriano "fabulador" o, más general, escritor de ficción), por ejemplo, se distingue por su don de ver más allá de la realidad ("über die Wirklichkeit hinweg sehen"). En "Der Spruch des Anaximander" leemos que "pensar es fabular y no lo es únicamente en el sentido de fabulación como poesía o canto. [...] *Todo fabular en este sentido más amplio y más estrecho de lo poetíco es en su fundamento un pensar*" (HW 328-9).[49] Para lo que sigue es muy importante llamar la atención a la traducción inexacta habitual de *dichten* como "poetizar" o *Dichter* como "poeta". Como explica Heidegger en "Anaximander", el verbo *dichten* abarca todo discurso ficticio, por lo que sus críticos lo definen como "a generic term for *heightened authentic discourse*, whether in verse or in prose" (Halliburton 1981: 11).

Podemos, pues, comprender la afirmación de Deza de que su don de "leer" a las personas no es nada de otro mundo, como un comentario que remite de nuevo al fondo filosófico-literario de la obra. Los informes de Deza son ejemplos del proceso de acontecimiento de la verdad por medio de la ficción. Al resaltar un evidente paralelismo entre el análisis de Heidegger del cuadro de Van Gogh y de su inspiración, la descripción de la casa en ruinas en una novela de Rilke y los informes de Deza, veremos cómo la mirada del escritor logra ampliar y completar un horizonte-mundo fragmentado. El objetivo y el fin de los informes de Deza consisten menos en reconocer el valor o la calidad actuales de las personas en cuestión; más bien, se trata de averiguar de qué serán capaces en el futuro, o sea, cuál podría ser su rostro mañana y, basada en esta especulación, cuál sería su condición del ser en cuanto a sus posibilidades todavía no excluidas. Igualmente, cuando Heidegger "lee" el cuadro de Van Gogh, la descripción de los zapatos "goes from the thing as it appears to the Being of the thing, i.e., from the concrete being *to the condition of its possibility*" (Kockelmans 1985: 131). La contemplación del objeto abre horizontes hasta exhibirlo en su totalidad, incluidos todos los vínculos con su mundo: la campesina, su anticipación del día, el olor de su tierra, su labor, su cansancio, el atardecer de su mundo. Heidegger subraya la importancia de mirar la obra, y no sólo la cosa, para acercarnos a su esencia y así poder "elevar la barrera de lo común y apartar de nosotros los usuales términos de las aparencias" (HW 24-5).[50]

La capacidad de iluminar un mundo aparentemente inexistente en el cuadro es una muestra de la diferencia entre la imitación de la realidad[51] y la creación (descubrimiento) artística. Otra coincidencia destacable entre Heidegger y Marías es que la palabra *dictaminar*, empleada por Tupra para describir el trabajo de los intérpretes de vida del MI6, es casi la misma a la que recurre el filósofo (*dictare*) para explicar el origen de la palabra *dichten* (fabular como invención). Tupra le explica a Deza que "a nosotros nos lo envían [la persona a investigar] sólo para que *dictaminemos*, es decir, opinemos, sobre su grado de convencimiento y su veracidad" (TRM I 248). Y Heidegger, en "Der Spruch des Anaximander", escribe que "El pensar es originalmente dictare.. [...] Todo poetizar en este sentido amplio y específico de lo poético es en el fondo un pensar" (ED 328-9).[52] Heidegger no reproduce unos zapatos específicos (los del cuadro), sino que evoca algo esencial del objeto (una esencia general, universal) y, por extensión, hace que el objeto ilumine el mundo vinculado a él. En este sentido, el análisis de los zapatos de Van Gogh y los informes de Deza comparten dos rasgos esenciales: el primero, la desvinculación del objeto de su entorno familiar, en Marías, por la interposición de pantallas, fotografías. Justo antes de empezar un informe en base de una grabación, Deza comenta que

> Ese es el éxito de la televisión sin duda, porque en ella se ve y se mira a la gente como jamás puede hacerse en la realidad a menos que se oculte uno, y aun así en la realidad no se dispone más que de un solo ángulo y una sola distancia [....]. (TRM I 265)

El segundo rasgo es el intento de deducir de lo específico un conocimiento universal a través de la fabulación: aunque a Deza aparentemente le interese descifrar una persona específica, en el fondo la cuestión que siempre se plantea, sobre todo en la última parte de la novela, es cuál será su propio rostro mañana y, en un plano universal, si es posible averiguar del todo "lo que está delante, lo que nos aguarda o depararemos tarde o temprano" (TRM I 53).

Rilke se encuentra entre los escritores que más influyen en las teorías de arte de Heidegger. El filósofo elogia del escritor alemán sobre todo su capacidad de novelista para recrear mundos, tomando como punto de partida imágenes que en sí exhiben carencia, desgaste y ausencia (el claro del bosque, si se quiere), para luego otorgarle a este mundo carente de esencia una profundidad filosófica y universal. Al analizar un pasaje de las *Aufzeichnungen des Malte Laurids Brigge*, en *Die Grundprobleme der Phänomenologie*, Heidegger hace una inversión interesante entre el sujeto (el que mira) y el objeto (el muro contemplado), la cual, como veremos, también se puede aplicar a los informes de Deza en cuanto a generadores de la realidad.

El filósofo estima las descripciones en la obra de Rilke no como una invención gratuita en la que se puntualizan verdades por azar; más bien, la mirada (ficticia) del novelista actúa como un depósito donde primero se acoge y luego se explaya la esencia del objeto en su plena integridad, es decir, integrado a su mundo con su pasado, presente y proyección futura. Así lo explica Heidegger cuando comenta la descripción en la novela de Rilke de un muro expuesto de una casa en ruinas:

> Lo que Rilke resalta con sus frases sobre este muro desnudo, no es una fabulación impuesta al muro, sino al revés, la descripción es sólo posible como interpretación e iluminación de aquello que el muro en realidad ya es, lo que se desprende de él como proceso natural. El *Dichter* no sólo puede ver este mundo originario —y no pensado o teóricamente inventado— sino que Rilke entiende además lo filosófico de la esencia de la vida, lo cual Dilthey ya averiguaba y que nosotros llamamos *existencia como ser-en-el-mundo.* (GP 246-7)[53]

Según Heidegger, la descripción de lo que realmente ya *no* existe en este espacio vacante entre las casas está lejos de una fabulación infundada. Es al revés: el novelista logra que debajo de este muro emerja un mundo que yacía o yace debajo de la superficie opaca. Esto sólo es posible como interpretación o iluminación de aquello que "en realidad/en verdad" ya estaba ahí. Y lo que se desprende, en Heidegger literalmente lo que "salta" de este muro a la vista del novelista con todo su resplendor, es la consecuencia natural de este ya-estar-ahí. No se trata, desde luego, nunca de caprichos de la imaginación. Heidegger insiste en que "Dichtung no es un concebir errático, arbitrario, y tampoco un imaginar o figurarse, trasladado al ámbito de lo irreal" (HW 60).[54] Recordemos otra vez el pertinente comentario de Marías en "La huella del animal" (LF), artículo de sus comienzos como novelista, en el que retrotrae la etimología de la palabra *inventar* a su orígen latín *invenire*, que en latín también significa descubrir. Por lo tanto, Deza puede afirmar que "lo más curioso o lo más aterrado era que en todas las ocasiones acababa por ver algo o *por vislumbrarlo (quiero decir que no lo inventaba, no eran visiones ni astutas fábulas)*" (TRM I 342). El énfasis, tanto en Heidegger como en Marías, está en el acto de ver, y no sólo ver lo que significa ser/estar en el mundo, sino y sobre todo, compartir esta mirada con el lector. De nuevo, estamos lejos de una visión romántica o idealista del mundo, que crea su propia imagen de la realidad como una experiencia subjetiva y única. Todo lo contrario:

por vía de este descubrimiento común y compartido, el novelista se vincula con su mundo, fragua su "existence as Being-in-the-world [...] (Entdecktwerden der Existenz als des In-der-Welt-seins)" y, de paso, "through what is expressed the world becomes visible to the others, who before this are blind" (Halliburton 1981: 11).

Lo que vislumbra y comparte la mirada del narrador de Rilke genera la descripción de las casas inexistentes, asegurándole al mismo tiempo al lector que "That's what I saw. I saw. [...] nothing left out, *of course nothing added, either*" (Rilke 2008: 32). Sin embargo, al mismo tiempo Brigge admite abiertamente que "But to be precise, they were houses that were no longer there. Houses that had been torn down from top to bottom" (*ibíd.* 32). El único testigo de una presencia pasada es el último muro que queda de estas casas. Al igual que los zapatos simples y aislados del cuadro de Van Gogh, y como los gestos congelados en el tiempo de los personajes observados en Marías, Brigge brinda una elaborada descripción de los muebles, las vidas de inquilinos y hasta los olores y emociones de sus "vidas escritas". Al final, el narrador cierra su descripción con la vuelta a la superficie opaca de la realidad: "I said, didn't I, that all the walls had been pulled down except for the last? Now this is the wall I have been speaking about all this time" (*ibíd.* 34).

Siguiendo la misma estrategia narrativa, los objetos descartados en el famoso cubo de basura en *Todas las almas* remiten a momentos pasados y gestos ausentes, del mismo poder evocativo que los muros desgastados o hasta ausentes en la novela de Rilke. Brigge llena páginas de su diario describiendo espacios interiores que ya no existen, pero logra "reconstruir" por medio de la contemplación de un trozo de muro decaído. Asimismo, la arruinada fachada en Rilke recuerda, desde luego, la descripción de los mendigos desdentados en *Todas las almas* y *Negra espalda del tiempo*, que cumplen la misma función de vestigios del tiempo y la anticipación de la propia decadencia futura. Tanto en Rilke como en Marías vemos la misma técnica empleada en el análisis de los zapatos de Van Gogh: la mirada acoge la imagen opaca y unidimensional, vuelve traslúcida la superficie, debajo de la cual sale (*hervorspringen*, literalmente, saltar afuera) su ser-en-el-mundo en toda su potencialidad pasada y todas sus posibilidades futuras, venideras. Tampoco en Rilke se trata de una imaginación arbitraria, tipo romántica. Brigge "ve" lo que persiste en el tiempo, gracias a la testarudez e insistencia del objeto mismo que se resiste a desaparecer:

> The *tenacious* life of these rooms *had not let itself be stamped out*. It was still there, it hung on the remaining nails that had been left, it stood on the hand's breadth of floor that was left, it had shriveled into the stubs of the corners, where there was still a little bit of interior space. [...] There remained the noons and the illnesses and the exhalations of the smoke of years, and the sweat that breaks out in the armpits and makes clothes heavy, and the bad breath of mouths and the oily smell of yeasty feet. In it remained the sharpness of urin and the burning of soot and gray potato odor and the heavy, smooth stink of rancid fat. The sweet, long smell of neglected infants was in it, and the odor of fear from children going off to school and the sultriness form the beds of pubescent boy. And much had mingled with all this that had risen from below, from the abyss of the narrow, transpirating street, and other smells that had trickled down from above the rain [...]. (2008: 33-4)

Para Heidegger, este pasaje de Rilke ilustra que la tarea del *Dichter* (sea poeta, novelista o filósofo) consiste no sólo en ver lo que yace debajo de la superficie, sino, y sobre todo, convertirlo en una obra de arte para exhibirlo a la vista del mundo. El objetivo consiste en lograr que lo observado "tome palabra" por medio del arte, para los otros (lectores) que de antemano están ciegos: y así, "el mundo [...] se hace visible" (GP 246).[55] Marías, Rilke y Heidegger, a pesar de escribir en contextos distintos y de dirigirse a públicos diferentes, demuestran sobre todo para un lector de hoy una consciencia artística y filosófica singulares. Cada uno en su forma particular (reflexión filosófica, narración poética, pensamiento literario), pero con objetivos similares (un acercamiento entre arte y vida, entre imagen y consciencia), nos enseñan lo que puede aportar el arte del *Dichter* a la literatura actual. Filósofo, poeta, novelista, tienen el don de hacernos ver no *su* mundo, sino que nos permiten asimilar su mirada como si fuera nuestra. Y más que construir un objeto del arte y presentarlo a la vista, nos enseñan como "ver" nuestro propio mundo cotidiano, para vislumbrarlo plenamente y reconocernos como ser-en-el-mundo. Brigge termina la descripción de las casas derrumbadas cerrando el círculo comunicativo entre objeto-artista y mundo-lector: "I recognize all these things here, and that is why it enters me so readily: it is at home in me" (2008: 34). Es ésta la misma calidad que Nietzsche busca en un arte/artista nuevo. Parecido a la imagen del cuento de hadas alemán, del rostro del *Urkünstler* se desprenden los ojos de sus cuevas para redirigir, desde un falso fuera, la mirada hacia sí mismo. Este nuevo artista, pensador literario, se distingue por "a different and superior vision *that is not 'beyond' the everyday* [no es de otro mundo] *but is the everyday simply seen* (Halliburton 1981: 19).

Teniendo en cuenta las ideas elaboradas en este capítulo sobre la función del escritor-pensador y las ramificaciones filosóficas del pensamiento literario de Marías a la luz de Heidegger, propongo visitar una vez más el último encuentro entre Deza y Custardoy en las calles de Madrid. En el momento en que se cruzan sus miradas, el narrador comenta cómo "de pronto se me cruzó como un relámpago una imagen [...] o fue como un rayo sin trueno que despedaza callando [...]" (TRM III 699). Como vimos en el capítulo anterior, la descripción particular de la mirada de Deza evoca el cuadro de Baldung Grien. De hecho, adoptando la técnica de Heidegger del análisis del cuadro de Van Gogh, se podría reconstruir toda la obra novelística de Marías a partir de este cuadro.

No obstante, Grien no sólo captura cómo el autor "pinta" el ser en el tiempo. Recurrir a Heidegger nos permite otorgarle aún otro sentido a esta gran escena final de *Tu rostro mañana*. La imagen del relámpago es la representación figurativa de la importancia de la mirada en Marías como pensamiento, "como *un rayo sin trueno* que despedaza callando". Es llamativo notar que en el siguiente pasaje de "Die Technik und die Kehre," Heidegger asocia *blitzen* (relampaguear) y *blicken* (mirar) de una forma que expresa a la perfección el poder y la función de la mirada en Marías. Desgraciadamente, es imposible traducir la siguiente cita sin perder el juego de significados, ya que éste depende en gran parte de las semejanzas fonéticas de las palabras en su idioma original. Como explica Heidegger,

> 'relampaguear' [blitzen] es según la palabra y la cosa: mirar [blicken]. En la mirada [Blick] y siendo mirada, *entra el ser en su propia luz*. En este elemento de luz, la mirada vuelve a recobrar lo mirado en su mirar. Este mirar, sin embargo, preserva a la vez en su luz lo oscuro de su origen como lo no-iluminado. (TK 43)[56]

No hay mejor manera de resumir e interpretar la larga mirada que el narrador sin nombre intercambia con Clare en *Todas las almas*, iluminando —y hacer que se ilumine— a la vez su mundo y el mundo-origen, oculto, de ella. El comentario siguiente de Hofstadter sobre este pasaje enigmático de Heidegger lo acerca aún más a la base del pensamiento literario de Marías, puesto que el crítico insiste en otro juego de palabras de Heidegger, el de *ereignen* (acontecer) y *eräugnen* (neologismo del filósofo alemán que significa "acoger con el ojo") para articular la idea de una mirada que acoge el objeto y así, en este acto de acogida, lo convierte en un acontecimiento creador:

> Thus ereignen comes to mean, in his writing, the *joint process by which the emergence into the light and clearing occurs*. [...] The mutual lighting-up, reflecting, *eräugnen*, is at the same time the mutual belonging, appropriating, ereignen; and conversely the happening, das Ereignis, by which alone the meaning of Being can be determined, is this play of eräugnen and ereignen: *it is an Eräugnen which is an Ereignen and an Ereignen which is an Eräugnen*. (Hofstadter 2001: xx)

La interpretación de la mirada del artista como acontecimiento creador o, en las palabras de Martín-Estudillo con fuertes resonancias a Merleau-Ponty, como "la penetrante visión hermenéutica" (2009: 118) que "especula, contempla su objeto de estudio, lo examina e ilumina" (*ibíd.* 116), se equipara en Heidegger a un relámpago que hace visible lo oculto sin comprometer su ocultamiento. Más específicamente, hace que el mundo así mirado *se* ilumine por sí mismo. Heidegger llama esta iluminación "el relámpago de la verdad del ser": una mirada que penetra la superficie y que constituye también un (re)conocimiento (TK 43).[57] Con esta doble imagen de relámpago-mirada ligada al conocimiento ("Einblick"), Heidegger define su nueva forma de pensar post-metafísica. Y es esta forma de pensar que se cristaliza en la novelística de Javier Marías, la que demuestra el gran valor del escritor como pensador literario, y la que permite considerarlo un verdadero *Dichter*.

Notas

[1] William Shakespeare, *The Tempest* (I, 2).

[2] Una vez que tenemos la cosa enfrente de los ojos y en el corazón el oído para recibir su palabra, entonces acierta el pensamiento (ED 77).

[3] TRM II (246).

[4] Paul Ricoeur fue muy influenciado por Aristóteles, Kant y Hegel. Sin embargo, sus influencias más importantes son Heidegger y Gadamer. De un modo parecido a Deleuze, quien adapta ideas de Bergson al mundo literario, Ricoeur se aprovecha de una buena parte de la filosofía del tiempo de Heidegger para profundizar sus propios análisis literarios del tiempo narrativo. Ricoeur adapta *Weltzeit* o *Jetzt Zeit* de Heidegger, llamando el paso cronológico en las novelas dimensión episódica, tiempo monumental, tiempo oficial o tiempo público, y el tiempo narrativo no-cronológico dimensión configuracional (1980: 178), tiempo vivo (*ibíd.* 159), tiempo de la consciencia (*ibíd.* 160) o tiempo íntimo (*ibíd.* 161).

[5] Término de Rafael Conte (2004) para describir la escritura de *Tu rostro mañana*. Por las mismas razones, Grohmann se refiere al estilo de Marías como "errant narration" (2002: 103). Véase también el capítulo 2, "Memoria y digresión. *Tiempo perdido*".

[6] En *Temps et récit*, Ricoeur considera 'fábulas del tiempo' al *Zauberberg* de Thomas Mann, *Mrs. Dalloway* de Virginia Woolf y *À la recherche du temps perdu* de Proust. A pesar de que considero las tres obras igualmente idóneas para un análisis comparativo con Marías, me limito a *Mrs Dalloway*, dadas las obvias semejanzas estructurales entre las dos obras, la conocida afinidad del autor con la literatura inglesa y las limitaciones impuestas por el marco central de este estudio.

[7] Ricoeur, Paul. "Entre le temps mortel et le temps monumental: Mrs. Dalloway". Capítulo 4, I, de *La configuration dans le récit de fiction*. Temps et récit II.

[8] El carácter determinista del tiempo monumental se expresa sobre todo en los primeros y últimos párrafos de *El siglo* (1983), donde la imagen de las aguas congeladas remite a la prefiguración de la muerte.

[9] Kafka convierte el ejemplo de la recorrida de un mismo camino en un cuento angustioso sobre el tiempo, el cual llega a ser un personaje caprichoso y malévolo. Para Kafka, aguantar la distorsión de la realidad o "confusión cotidiana" del tiempo, requiere un verdadero "heroísmo cotidiano" (*Eine alltägliche Verwirrung. Die Erzählungen.* 1999: 348-9).

[10] [...] eine halbe Stunde sind nicht 30 Minuten, sondern eine Dauer, die überhaupt keine Länge hat im Sinne einer quantitativen Erstreckung. Diese Dauer ist je aus gewohnten alltäglichen 'Besorgungen' her ausgelegt.

[11] Autenticidad es una traducción inexacta. Heidegger no escribe Authentizität, sino Eigentlichkeit, un neologismo suyo, formado a partir de "eigen", *propio*, o "eigentlich", *realmente* o *propiamente*, y que expresa el hecho de ser uno propiamente *de* sí-mismo, o sea, un pertenecer-*se* uno a sí mismo.

[12] [...] the anonymous one, the fallen Das Man, the identification with the 'they' of everydayness as averageness is a direct alusion to a constricted Dasein. This inauthentic mode of Being is a retreat from the ontological obligations that Dasein demands. In these extreme modes, Dasein is a reduced self, a stifled existence, a false being" (Blattner 1999: 46). Para un análisis detallado del *Man*, *Verfallenheit* y autenticidad en Heidegger, véase Mill, Jon. "The False Dasein: from Heidegger to Sartre and Psychoanalysis" (1997).

[13] Traducción de Rivera. "[Dasein] ist meines wiederum je in dieser oder jener Weise zu sein [...] Das Seiende, dem es in seinem Sein um dieses selbst geht, verhält sich zu seinem Sein als seiner eigensten Möglichkeit. Dasein ist je seine Möglichkeit, [...] bestimmt sich als Seiendes je aus einer Möglichkeit, die es ist und d.h. zugleich in seinem Sein irgendwie versteht" (SZ 57-8). De hecho, la traducción de Rivera no es exacta. Heidegger escribe "Dasein es su propia posibilidad, [...] se determina a sí mismo como ser según estas posibilidades".

[14] Abundan estudios sobre ficción y autobiografía en *Todas las almas* y *Negra espalda del tiempo*. Véanse por ejemplo Grohmann (2002: 133-149), Herzberger (2001; 87-94), Lesser (*New York Times* 2001), Herzberger, Bouguen y Pittarello (en Steenmeijer 2001: 29-37; 105-112; 125-134, respectivamente).

[15] Para una definición más a fondo del "complejo K-M" y el precursor de esta teoría de Marías, véase el capítulo 1, "Los rostros de Sánchez Ferlosio".

[16] [...] solange das Dasein als Seiendes ist, hat es seine 'Gänze' nie erreicht.

[17] [...] das Erreichen der Gänze des Daseins im Tode ist zugleich Verlust des Seins des Da. Der Übergang zum Nichtmehrdasein hebt das Dasein gerade aus der Möglichkeit, diesen Übergang zu erfahren und als erfahrenen su verstehen.

[18] Véanse también mis comentarios en el apartado 1.4.1., "El estilo del mundo", sobre la predilección en Marías por la sustitución-representación.

[19] [...] um so eindringlicher [...] ist der Tod Anderer.

[20] Las dos últimas frases se repiten en *Tu rostro mañana* II (357), hecho que demuestra la importancia de esta idea en el pensamiento del autor.

[21] Véase por ejemplo Nicolás Bourriaud (2009a, 2009b y 2002).

[22] Die Ek-sistenz des Menschen ist seine Substanz.

[23] [...] die durchschnittliche Alltäglichkeit des Daseins darf aber nicht als ein bloßer 'Aspekt' genommen werden. Auch in ihr und selbst im Modus der Uneigentlichkeit liegt a priori die Struktur der Existenzialität. Auch in ihr geht es dem Dasein in bestimmter Weise um sein Sein, zu dem es sich im Modus der durchschnittlichen Alltäglichkeit verhält und sei es auch nur im Modus der Flucht davor und des Vergessens seiner.

[24] Die tiefe Langeweile, in den Abgründen des Daseins wie ein schweigender Nebel hin- und herziehend, rückt alle Dinge, Menschen und einen selbst mit ihnen in eine merkwürdige Gleichgültigkeit zusammen. Diese Langeweile offenbart das Seiende im Ganzen.

[25] Und so ist der Mensch, als existierende Transzendez überschwingend in Möglichkeiten, ein Wesen der Ferne. Nur durch ursprüngliche Fernen, die er sich in seiner Transzendez zu allem Seienden bildet, kommt in ihm die wahre Nähe zu den Dingen ins Steigen. Und nur das Hörenkönnen in die Ferne zeitigt dem Dasein als Selbst das Erwachen der Antwort des Mitdaseins, im Mitsein mit dem es die Ichheit darangeben kann, um sich als eigentliches Selbst zu gewinnen.

[26] Para una elaboración más extensa de la escritura de Marías como discurso confesional zambraniano, véase mi artículo 'Rostros y trastornos: Marías, Bernhard y el género de la confesión' (Scharm 2012).

[27] Lo que más da a pensar en este preocupante tiempo nuestro, es que todavía no pensamos (WD 7).

[28] Signo somos, sin significado (Hölderlin, *Mnemosyne*).

[29] William Shakespeare, *The Tempest* (I, 2; 49-50).

[30] Paginación de la *Gesamtausgabe*, texto alemán. Traducción de Eustaquio Barjau. En el texto original se lee, "Dass wir noch nicht denken, kommt vielmehr daher, dass dieses zu-Denkende selbst sich vom Menschen abwendet, langher schon abgewendet hat".

[31] Aunque adapto la traducción de Barjau como base de esta cita, me permito hacer varios ajustes para acercarla más a su original: "Entzug ist Ereignis. Was sich entzieht, kann sogar den Menschen wesentlicher angehen und in den Anspruch nehmen als alles Anwesende, das ihn trifft und betrifft. Die Betroffenheit durch das Wirkliche hält man gern für das, was die Wirklichkeit des Wirklichen ausmacht. Aber die Betroffenheit durch das Wirkliche kann den Menschen gerade gegen das absperren, was ihn angeht, angeht in der gewiss rätselhaften Weise, dass es ihm

entgeht, indem es sich ihm entzieht. Das Ereignis des Entzugs könnte das Gegenwärtigste in allem jetzt Gegenwärtigen sein und so die Aktualität alles Aktuellen unendlich übertreffen (WD 10-11).

[32] Desgraciadamente, en la traducción se pierde gran parte del juego de palabras de Heidegger, sobre todo su explicación basada en el parentesco fonológico en alemán entre los verbos re-tirar, ent-*ziehen*, y señalar, *zeigen*,.

[33] Als der dahin Zeigende *ist* der Mensch der Zeigende. Der Mensch ist hierbei jedoch nicht zunächst Mensch und dann noch ausserdem und gelegentlich ein Zeigender, sondern: gezogen in das Sichentziehende, auf dem Zug in dieses und somit zeigend in den Entzug, ist der Mensch allererst Mensch.

[34] La sombra como metáfora para la creatividad literaria en Marías reaparece también en el título de sus ensayos (*Mano de sombra*) y varias menciones a la línea de sombra de Joseph Conrad, como línea de conocimiento o línea que separa ficción y realidad.

[35] *Caminos del bosque* o *Sendas perdidas (Holzwege)*, por ejemplo, o *Hitos* (*Wegmarken*: literalmente *Marcos en el camino*) o *De camino al habla (Unterwegs zur Sprache)*.

[36] Warten heisst hier: Ausschau halten und zwar innerhalb des schon Gedachten nach dem Ungedachten, das sich im schon Gedachten noch verbirgt. Durch solches Warten sind wir bereits denkend auf einen Gang in das zu-Denkende unterwegs. Der Gang könnte ein Irrgang sein. Er bliebe jedoch einzig darauf bestimmt, dem su entsprechen, was es zu bedenken gibt.

[37] No se puede insistir demasiado en la dificultad de traducir a Heidegger, y en la inmensa pérdida de significado cuando se intenta trasladar su pensamiento, tan enraízado en la lengua alemana, a otros idiomas. Un ejemplo es el verbo *dichten* y todas sus derivaciones. Al traducir *dichten, Dichtung* al inglés o al español se pierde una parte importante. *Dichten* no significa exactamente *poetizar* y no se limita a escribir en verso, mientras que poesía o *poetry* es sólo una variación de *Dichtung*. *Dichtung*, en alemán, abarca toda la creación literaria, y también invención o fabulación, ya que incluye también lo oral.

[38] Para un estudio detallado de la "errabundia" en Marías y otros novelistas de los años 90, véase Alexis Grohmann, *Literatura y errabundia* (2011).

[39] Véase también la tesis doctoral de Karen Gover, "Heidegger and the Question of Tragedy" (2005).

[40] Para estudios que tratan de la resistencia a saber en Marías véanse también Carlos Javier García (1999) y Álvaro Fernández (2003).

---

[41] Para un breve resumen de artículos que tratan del tema, véase capítulo 1.

[42] La traducción de *disclosure* es revelación. Sin embargo, la traducción es inadecuada para este contexto, ya que no captura del todo el sentido de un exponer, divulgar, abrir y hacer público.

[43] Traducción de Jorge Eduardo Rivera (1997).

[44] Percy Bysshe Shelley, 'A Defence of Poetry'.

[45] 'Der Ursprung des Kunstwerkes'. Escrito en 1935-36 y recogido en *Holzwege* (HW).

[46] Citado en *The Times Literary Supplement* 5016 (21.5.1999).

[47] Derrida propuso la deconstrucción, uno de los fundamentos del posmodernismo, como un nuevo modelo de lectura, basado en su interpretación y crítica de la *Destruktion* heideggeriana. Desde entonces, la crítica (filosófica y literaria) ha estado dividida en cuanto a la interpretación derridiana de Heidegger. Aunque no es el lugar adecuado para entrar en la polémica y compleja discusión sobre Derrida y Heidegger, ya que ésta nos alejaría demasiado de la obra de Marías, la lectura que propongo en este capítulo resalta indirectamente mi propia posición acerca de lo que yo considero una de las grandes diferencias entre el filósofo alemán y el pensador francés. Quizá sea la siguiente frase de Gadamer la que mejor resume el eje de este capítulo y que aclara también por qué sitúo la obra de Marías entre las obras de arte recientes que marcan el inicio de la superación del posmodernismo, entendido este último dentro del marco de la deconstrucción derridiana. En su ensayo "Destrucción y deconstrucción" (1986), Gadamer escribe que Derrida "contrapone [al logocentrismo de Heidegger] el lema del sentido *siempre inconexo y descentrado que hace saltar en pedazos la reunión en una unidad* [...]". Es cierto que en esta breve cita reconocemos una de las características clave del posmodernismo —y una característica también muy presente en la obra de Marías. Sin embargo, como explicaré en la última parte de este capítulo, la escritura de Marías supera la eterna *différance* del sentido, al igual que ya proponía Heidegger, gracias a una forma de pensar y de escribir que devuelve al arte su poder unificador.

[48] Véase el capítulo introductorio donde se analizan más en detalle citas textuales de *El monarca del tiempo*, y en particular el uso notorio de *sin embargo* y *no obstante* en Marías, muy parecido al *Und dennoch* de Heidegger en "El origen de la obra del arte".

[49] Das Denken jedoch ist Dichten und zwar nicht nur eine Art der Dichtung im Sinne der Poesie und des Gesanges. [...] Alles Dichten in diesem weiteren und im engeren Sinne des Poetischen ist in seinem Grunde ein Denken.

[50] Worauf es ankommt ist eine erste Öffnung des Blicks dafür, dass das Werkhafte des Werkes, das Zeughafte des Zeuges, das Dinghafte des Dinges uns erst näher kommen, wenn wir das Sein des Seienden denken. Dazu ist es nötig, dass zuvor die Schranke des Selbstverständlichen fallen und die geläufigen Scheinbegriffe auf die Seite gestellt werden.

[51] Recordemos el oficio (juzgado despectivamente) de copista de los cuadros del Prado, del antagonista de Deza, Custardoy.

[52] Das Denken ist das ursprüngliche dictare. [...] Alles Dichten in diesem weiteren und im engeren Sinne des Poetischen ist in seinem Grunde ein Denken.

[53] Was Rilke hier mit seinen Sätzen aus der blossgelegten Mauer herausliest, ist nicht in die Mauer hineingedichtet, sonder umgekehrt, die Schilderung ist nur möglich als Auslegung und Erleuchtung dessen, was in diese Mauer 'wirklich' ist, was aus ihr im natürlichen Verhältnis zu ihr herausspringt. Der Dichter vermag diese ursprüngliche, obzwar unbedachte und gar nicht theoretisch erfundene Welt nicht nur zu sehen, sondern Rilke versteht auch das Philosophische des Lebensbegriffes, den Dilthy schon ahnte und den wir mit dem Begriff der Existenz als In-der-Welt-sein fassten.

[54] Dichtung ist kein schweifendes Ersinnen des Beliebigen und kein Verschieben des blossen Vorstellens und Einbildens in das Unwirkliche [...].

[55] Die Dichtung is nichts anderes als das elementare Zum-Wort-kommen, d.h. Entdecktwerden der Existenz als des In-der-Welt-sein. Mit dem Ausgesprochenen wird für die Anderen, die vordem blind sind, die Welt erst sichtbar.

[56] Blitzen ist dem Wort und der Sache nach: *blicken. Im Blick und als Blick tritt das Wesen in sein eigenes Leuchten.* Durch das Element seines Leuchtens hindurch birgt der Blick sein Erblicktes in das Blicken zurück. *Das Blicken aber wahrt im Leuchten zugleich das verborgene Dunkel seiner Herkunft als das Ungelichtete.*

[57] Die Einkehr des Blitzes der Wahrheit des Seins ist Einblick.

4. Conclusión

Con este estudio filosófico-literario del *Ciclo de Oxford* he querido demostrar la profundidad de la prosa y del pensamiento literario de Marías, así como la accesibilidad y sobre todo la utilidad de releer a los grandes pensadores, en este caso a Henri Bergson y Martín Heidegger, desde una perspectiva del siglo XXI. Así espero haber podido, por vía de la obra de Javier Marías, acercarles de nuevo al lector de hoy. Asimismo, mi propósito ha sido recordar el gran potencial de la filosofía como posible soporte de la teoría literaria, en un momento en que se nota el agotamiento de interpretaciones postmodernas. Por último, espero que esta lectura de Marías haya desvelado otra faceta de este gran novelista y pensador excepcional, cuya obra documenta y responde, con gran sensibilidad, a las exigencias de esta época agitada que vivimos.

Leer a Marías desde una perspectiva no sólo literaria, sino además filosófica, nos ofrece nuevas posibilidades de interpretación de su obra que demuestran su relevancia actual. La filosofía de Bergson y de Heidegger específicamente nos brindan herramientas útiles para redirigir el foco de lectura hacia el descubrimiento de nuevos significados interconectados. En vez de limitarse a descalificar la verdad como una quimera para siempre inalcanzable, Marías redefine el concepto de verdad mismo como un proceso de des-ocultamiento que se sitúa en el ámbito de la creación literaria donde se acogen, sin contradicción alguna, veracidades probables, significados opuestos, imágenes múltiples. Tan esencial en toda la obra de Marías, la metáfora de la negra espalda del tiempo llega a su pleno sentido en las asociaciones y conexiones con el horizonte y claro del bosque heideggerianos.

A la luz de Bergson y Heidegger hemos visto cómo el arte de contar de Marías logra a distanciarse definitivamente del estatismo de un realismo calcificante y trasciende los propósitos posmodernos de la deconstrucción y la *différance* eterna de los significados. De esta forma, en la mirada del narrador del *Ciclo de Oxford* renace la visión bergsoniana del universo como un todo compuesto de partes inseparables y en continuo movimiento y cambio. Es cierto que la obra de Marías, concebida en plena edad posmoderna, adapta el escepticismo hacia el lenguaje como portador de una verdad única. Escritor entre siglos, Marías todavía participa plenamente en la disolución de campos y géneros, la desaparición de fronteras tradicionales, la redefinición de esencias, la pérdida de raíces determinantes y el fin definitivo de las utopías religiosas, metafísicas, ideológicas y políticas. Sin embargo, mientras que una escritura postmoderna llamaría la atención a las limitaciones e insuficiencias inherentes al lenguaje, la percepción dinámica del tiempo y espacio en Marías, tan cercana a la de Bergson, hace surgir nuevos significados en las interconexiones de sus mundos inventados.

Octavio Paz proclamaba en su discurso de aceptación del premio Nobel al final del siglo pasado que "estamos al fin de un período histórico y al comienzo de otro" (1991: s.p.). Precisamente en el contexto actual, cuando estamos experimentando la articulación de una nueva fase de modernidad y el surgimiento de expresiones artísticas correspondientes, el pensamiento de Bergson y de Heidegger se están releyendo con nuevo interés y, en cierto sentido, se están rehaciendo (Mullarkey 1999, Lawlor 2006, Beistegui 2005). Si bien Bergson basaba sus teorías de interconectividad en su visión científica del cosmos, los cambios presentes de un mundo más y más globalizado convierten sus teorías científicas en una auténtica expresión de la realidad actual y, por lo tanto, en una herramienta de lectura idónea para obras literarias concebidas en este mismo contexto. Del mismo modo, las ideas de Heidegger surgen de su intento de superar la metafísica occidental, según él estancada, volviendo la atención a la *originariedad* de la palabra poética en búsqueda de una alternativa al pensamiento racionalista. Su redefinición de *logos* como un lugar de encuentros, "as the gathering of opposed elements, [which] composes them *all* into *one*, yet without suppressing their mutual opposition" (Sallis 1980: 12) es sumamente útil al reconsiderar nuestra forma de leer obras como la de Marías, donde la desconfianza en la palabra y la confianza en el poder de la invención literaria encuentran una acogida libre de contradicción. Liberada de las connotaciones políticas de su época y releída desde la perspectiva del siglo XXI, reconocemos en el malinterpretado "esencialismo" de Heidegger la influencia de los presocráticos. Este esencialismo, basado en una redefinición de esencia que rechaza la idea de pureza o estaticismo (recordemos el cuadro en proceso de ser pintado), resuena en la obra de Marías y corresponde igualmente a la era de hibridez que vivimos. Es cierto que ni la forma de pensar de Bergson o de Heidegger, ni las estrategias literarias mismas de Marías son "nuevas", ya que enlazan claramente con una tradición literario-filosófica bien establecida. Sin embargo, como he intentado demostrar, las idiosincrasias de nuestra época les adjudican su "novedad" o, quizá mejor dicho, demuestran su relevancia y urgencia actuales. En su libro *The New Heidegger* (2005), Miguel de Beistegui nos ayuda indirectamente a comprender la actualidad de Heidegger desde una perspectiva post-posmoderna. Lo que motiva al posmodernismo es la desmitificación de la utopía moderna en cuanto al conocimiento absoluto. Para Heidegger, esta cuestión de *qué* podemos saber sobre el mundo no es una pregunta que vale hacerse. Lo que sí debemos preguntarnos es:

> [w]ho exactly is this being that I am, this being whose being is called upon in each and every one of my experiences, in my dreams as well as in my everyday dealings, in my scientific endeavours as well as in my *rêveries*? Can we *describe* precisely and define rigorously what it means *to be* for this being? [...] is it not precisely *at the moment when our familiar world, and so our very self, seems to dissolve into nothingness*, leaving us in a state *of utter perplexity, if not anxiety*, that we may *catch a glimpse* of who we really are, and what we are really about? (2005: 13)

Con estas preguntas, Beistegui resume a la perfección el eje central de las novelas de Marías donde la cuestión del saber no es nunca más que un pretexto para poder crear un lienzo sobre el cual el autor dibuja el rostro de sus narradores en un estado de perplejidad o ansiedad, "captando un destello" de lo que significa estar en el mundo, sin pretender resolver sus enigmas.

Para Nicolás Bourriaud, el cambio de *Zeitgeist* actual está ya muy presente en las obras de arte contemporáneas, pero nos cuesta reconocerlo, ya que las contemplamos todavía con una mirada posmoderna. Según el crítico, lo que distingue estas obras es el énfasis en una "esthétique relationnelle," una estética basada primariamente en interconexiones y nexos tradicionalmente considerados imposibles o insospechados y, muy en el espíritu de la evolución creadora de Bergson, en la edificación incesante de nuevas relaciones entre signos, más que en la deconstrucción de jerarquías y significados. Por lo tanto, la característica más saliente de la expresión artística actual —y la que constituye también, como he intentado demostrar en estos capítulos, el eje central de la obra de Marías— es la concepción y la definición del arte mismo como un "estado de encuentros" (Bourriaud 2002: 18). Desde esta perspectiva, la redefinición heideggeriana de *logos* como un lugar de encuentros tiene una actualidad asombrosa y, aplicado al pensamiento literario de Marías, nos sirve para reconocer la relevancia de su obra como expresión lograda de nuestro *Zeitgeist*. Muy parecido al pensador heideggeriano, definido por Steiner como un "indefatigable walker" entre signos, Bourriaud define al artista actual como *semionauta*. Esta tendencia, observada por Bourriaud, la podemos igualmente reconocer en la obra de Marías:

> What these artists aim for in their works is not to accumulate heterogeneous elements, but to make meaningful connections in the infinite text of world culture. In a word, to produce itineraries in the landscape of signs by taking on the role of *semionauts*, inventors of pathways within the cultural landscape, nomadic sign gatherers. (2009a: 39)

Mientras que el posmodernismo y el mal-llamado post-posmodernismo comparten muchas características, el segundo "post" encuentra su justificación mayormente en un cambio de enfoque y el deseo, la necesidad y el esfuerzo de trascender el primero. Como explica Bourriaud en *Altermodern*, exposición y libro inspirados en la novela de W.G. Sebald *Los anillos de Saturno* (1995), el arte actual propone, de forma implícita y no moralizante, cómo "to inhabit the world in a better way, instead of trying to construct it" (Bourriaud 2002: 13). Recordar el significado ontológico de "dwelling" o habitar en Heidegger —libre de cualquier connotación moral o moralizante— nos ayuda a reconocer el *Ciclo de Oxford* de Marías como una novelización lograda de estas mismas ideas.

Finalmente, la lectura de los ensayos de Heidegger al unísono con las novelas de Marías nos ha permitido reconsiderar las técnicas narrativas del escritor madrileño, y no sólo el contenido de sus obras, como la manifestación de su pensamiento literario, muy cercano al *logos* heideggeriano y a la visión dinámica del cosmos bergsoniana. Al igual que Bergson, el filósofo alemán parece tener aún más relevancia en nuestra época que en su propio siglo. Stark nos recuerda que cuando Heidegger proponía una nueva forma de pensar para poder hacer frente a los desafíos de nuestra era, se estaba refiriendo igualmente a una forma de existir: "Thinking is the gathering of that which calls to be gathered —the modes of our existence and Being as such" (Stark 1998: s.p.). Stark cimienta esta afirmación con una cita de Heidegger de su *Discourse on Thinking*: "Thinking demands ... that we engage ourselves with what *at first sight* does not go together at all" (Heidegger 1962: 53). No hay mejor forma de resumir los narradores de Marías y su pensar incesante, el cual es, a fin de cuentas, también su forma de estar en el mundo; y, asimismo, expresa la concepción del autor de la literatura y de su pensamiento literario. Por lo tanto, en las novelas de Marías, el estilo y la temática —es decir, forma y contenido— son dos aspectos inseparables que se complementan y explican mutuamente. Más que el resultado de meras preocupaciones estéticas o influencias de estilos ajenos, la sintaxis, el ritmo, el énfasis y la pensada selección de ciertas palabras, el uso notorio de digresiones, pausas (un pensar que *quiere decir espera*, diría Heidegger) y las muchas repeticiones o "retornillos" expresan profundas ideas filosóficas sobre el ser en el tiempo, todas reflejadas en una estética relacional unificadora. En este sentido, Marías comparte el afán por expresar la existencia del ser humano como *ek-sistente*, es decir, como un Dasein que se abre y se extiende por el mundo, siempre también pendiente de otro Dasein compañero para encontrar su sentido (su *cabida*), con muchos escritores preocupados por el estado de la modernidad durante las últimas décadas (basta con mencionar la obra de María Zambrano, de Octavio Paz, de Carlos Fuentes, en el ámbito hispánico).

No carece de cierta ironía que la fase novísima del autor haya producido sus obras menos "modernas", mientras que la obra de su madurez —más tradicional y nutrida de filosofía y literatura clásica— se puede contar entre las obras más actuales y más relevantes para el contexto presente. Novelista, pensador, inventor de caminos, *semionauta*, recolector de signos y *Dichter*, Javier Marías concibe la escritura como un pensamiento literario incesante, donde ver es pensar, pensar es congregar y fabular es descubrir. Es por esta razón que sus novelas — rayos y relámpagos sin trueno— tienen la capacidad de iluminar nuestro mundo y hacernos ver lo que significa ser en el tiempo y, más específicamente, ser en *nuestro* tiempo.

Bibliografía

Alperson, Philip. 1980. 'Musical Time and Music as an Art of Time'. En: *The Journal of Aesthetics and Art Criticism* 38, 4 (verano): 407-417.

Al-Saji, Alia. 2004. 'The Memory of Another Past: Bergson, Deleuze and a New Theory of Time'. En: *Continental Philosophy Review* 37: 203-239.

Alvar, Manuel. 1995. 'À la recherche de Proust'. En: *Blanco y Negro* (05.03.1995): s.p.

Amago, Samuel. 2006. *True Lies. Narrative Self-Consciousness in the Contemporary Spanish Novel*. Lewisburg: Bucknell University Press.

Antliff, Mark. 1999. 'The Rhythms of Duration'. En: John Mullarkey (ed.), *The New Bergson*. Manchester: Manchester University Press: 184-208.

Azúa, Félix. 1995. 'Les topiques de l'espagnolade'. En: *Magazine littéraire* 330 (marzo): 18–20.

—. 2007. 'Lanzas, espadas, rostros y nada'. En: *El País* (10. 10. 2007): s.p.

Bard, Brian. 1993. 'Heidegger's Reading of Heraclitus'. Tesis doctoral, University of San Francisco. En línea en: http://www.geocities.com/Athens/Delphi/9994/heidher.htm (consultado 01.12.2008).

Barthes, Roland. 1998. *La cámara lúcida. Nota sobre la fotografía*, Barcelona: Paidós.

Becherer, Richard. 1996. 'Past Remembering: Robert Mallet-Steven's Architecture of Duration'. En: *Assemblage* 31 (dic): 16-41.

Behiels, Lieve. 2001. "'Hay que saber prolongar la incertidumbre": horizontes de expectativas en *Travesía del horizonte* de Javier Marías'. En: Steenmeijer (2001): 87-93.

Benet, Juan. 1976. *En ciernes*. Madrid: Taurus.

—. 1981. *Una tumba y otros relatos*. Madrid: Taurus.

—. 1994. *Sub rosa*. Madrid: Alianza.
—. 1999. *La inspiración y el estilo*. Madrid: Alfaguara.
Berg, Karen. 2006. *Javier Marías's Postmodern Praxis: Humor and Interplay between Reality and Fiction in his Novels and Essays*. Tesis doctoral. University of Massachussets Amherst.
Bergson, Henri. 1970. 'La personalidad' (tr. M. G. Morente). En: *Études bergsoniennes* IX. Paris: Presses Universitaires de France: 56-113.
—. 1959. *Œuvres*. Paris: Presses Universitaires de France.
Beistegui, Miguel de. 2005. *The New Heidegger*. New York, London: Continuum International Publishing Company.
Bernard, Jonathan. 1995. 'Elliot Carter and the Modern Meaning of Time'. En: *The Musical Quarterly* 79 4 (invierno): 644-682.
Blanco, María Luisa. 2007. 'Javier Marías, todas las voces'. En: *El País Babelia* (19. 09. 2007).
Blanco Aguinaga, Carlos. 1959. *El Unamuno contemplativo*. México: Colegio de México.
Blattner, William. 1996. 'Existence and Self-Understanding in Being and Time'. En: *Philosophy and Phenomenological Research*, 56 (marzo): 97-110.
—. 1999. *Heidegger's Temporal Idealism*. Cambridge: Cambridge University Press.
Blesa, Túa. 2001. '"Hem de fer foc nou". Vigencia y balance de 'Nueve novísimos poetas españoles'". En: *Ínsula* 652 (abril): 9–13.
Borges, Jorge Luis. 2002. *Otras Inquisiciones*. Madrid: Alianza Editorial.
Bou, Enric. 1992. 'Sobre mitologías (A propósito de los "novísimos")'. En: Joan Ramon Resina (ed.), *Mythopoesis: literatura, totalidad, ideología*. Barcelona: Anthropos, 1992: 191-200.
Bouguen, Carmen. 2000. *Secret et vérité dans l'oeuvre de Javier Marías*. Tesis doctoral, Université de Toulouse.
Bourriaud, Nicolas. 2002. *Relational Aesthetics*. Dijon: Les Presses du réel.
—. 2009a. *The Radicant*. New York: Lukas & Sternberg, New York.
—. 2009b. *Altermodern*. London: Tate Publishing.

Caputo, John D. 2004. *Heidegger, Hölderlin, and the Subject of Poetic Language*. Fordham University Press: New York.

Castellanos, Luis. 1989. 'La magia de lo que pudo ser. Entrevista con Javier Marías'. En: *Quimera* 87: 24-31.

Coetzee, J. M. 1982. *Waiting for the Barbarians*. New York: Penguin.

—. 1998. *Age of Iron*. New York: Penguin.

—. 2003. *Elizabeth Costello*. New York: Viking Penguin.

Conte, Rafael. 2002. 'La maldición de la palabra'. En: *El País* Babelia (26. 10. 2002).

—. 2004. 'El origen del terror'. En: *El País Babelia* (13. 09. 2004).

Cooren, Sylvie. 1998. 'Un aspect des Novísimos: *El hombre sentimental* (1986) de Javier Marías'. En: Jean Bessière et al. (eds.), *Formes et imaginaire du roman*. Paris: H. Champion, 1998: 213-23.

Corngold, Stanley. 1976. 'Sein und Zeit: Implications for Poetics'. En: *Boundary 2* 4.2 (invierno): 439-454.

Cortanze, Gérard de. 1995. 'L'Espagne est en fausse paix avec elle–même'. En: *Magazine littéraire* 330 (marzo): 26–28.

Cruz, Juan. 2007. 'Escribir para ver'. Entrevista. En: *El País Cultura* (23. 09. 2007).

Cuñado, Isabel. 2004. *El espectro de la herencia. La narrativa de Javier Marías*. Amsterdam, New York: Rodopi.

—. 2009. '*Tu rostro mañana* y la ética de la memoria'. En: Grohmann y Steenmeijer (2009): 235-250.

Dastur, Françoise. 1998. *Heidegger and the Question of Time*. New Jersey: Humanities Press.

De Falbe, John. 2001. Reseña de *Negra espalda del tiempo*. En: *The Spectator* 287: 37.

Delattre, Floris. 1948. 'Bergson et Proust'. En: *Les Études bergsoniennes*. Vol 1. Paris: Albin Michel: 13-111.

Deleuze, Gilles. 1964. *Marcel Proust et les signes*. Paris: Presses Universitaires de France.

—. 1981. *Différence et répétition*. Paris: Presses Universitaires de France.

—. 1983. *Image-mouvement*. Paris: Éditions de Minuit.

—. 1985. *Cinéma 2. L'Image-temps*. Paris: Éditions de Minuit.

—. 1994. *Bergsonisme*. Paris: Presses Universitaires de France.

Demske, James. 1970. *Being, Man, and Death. A Key to Heidegger*. Kentucky: The University Press of Kentucky.

Dubucs, Jacques y Mikaël Cozic. 1998. 'L'Expérience du présent dans *La Pensée et le mouvant* d'Henri Bergson'. En: Marie-Christine Bellosta (ed.), *Expériences du présent*. Paris: Belin Sup-lettres: 7-100.

Egginton, William. 2001. 'Facing the Defacement of Death: Heidegger, Deleuze, and García Lorca'. En: Elizabeth A. Scarlett, Howard Blakely Wescott (eds.), *Convergencias Hispánicas: Selected Proceedings and Other Essays on Spanish and Latin American Literature, Film, and Linguistics*. Newark, DE: Juan de la Cuesta: 103-17.

Eshelman, Raoul. 2001. 'Performatism, or the End of Postmodernism'. En: *Anthropoetics* VI 2 (Otoño 2001): s.p. En línea en: http://www.anthropoetics.ucla.edu/ap0602/perform.htm (consultado 01.12.2008).

—. 2008. *Performatism, or the End of Postmodernism*. Colorado: The Davis Group Publishers.

Fernández, Álvaro. 2003. 'Contar para olvidar. La política del olvido en *Corazón tan blanco*'. En: *NRFH* LI 2: 527-79.

Ferrari, Marta Beatriz. 1996. 'Postismo/Novísimos: ¿la tradición de la ruptura?' En: *Letras de Deusto* 26 72: 95-108.

Fiddian, R. W. 1974. 'Unamuno-Bergson: a Reconsideration'. En: *Modern Language Review* 69.4 (Oct): 787-795.

Fitton-Brown, A.D. 1985. 'The Unreality of Ovid's Tomitan Exile'. En: *Liverpool Classical Monthly* 10 (2): 18-22.

Florenchie, Amélie. 2005. 'Marías en clave borgeana'. En: Irene Andrés-Suarez y Ana Casas (eds.), *Cuadernos de narrativa. Javier Marías*. Madrid: Arco/Libros S. L.: 155-168.

Gans, Eric. 2000. 'The Post-Millenial Age'. En línea en: http://www.anthropoetics.ucla.edu/views/vw209.htm (consultado feb 2007).

García, Ángeles. 2002. 'En el hablar y el callar se descubre la esencia de las personas'. Entrevista. En: *El País Cultura* (15. 09. 2002).

—. 2004. 'Quiero dar presencia al tiempo que no percibimos'. Entrevista. En: *El País Cultura* (03. 10. 2004).

García, Carlos Javier. 1999. 'La resistencia a saber y *Corazón tan blanco* de Javier Marías'. En: *ALEC* 24: 103-120.

García Morente, Manuel. 1986. 'La filosofía de Bergson'. Prólogo a *Introducción a la metafísica. La risa*. México: Editorial Porrúa, S. A.

Gelven, Michael. 1976. 'Heidegger and Tragedy'. En: William Spanos (1976): 215-228.

Grene, Marjorie. 1952. 'Authenticity: An Existential Virtud'. En: *Ethics* 62. 4 (July): 266-274.

Grohmann, Alexis. 2002. *Coming into one's Own. The Novelistic Development of Javier Marías*. Amsterdam, New York: Rodopi.

—. 2003. '*Los dominios del lobo* by Javier Marías: Hollywood and Anticasticismo Novísimo'. En: Federico Bonaddio y Xon de Ros (eds.), *Crossing Fields in Modern Spanish Culture*: 165–76.

—. 2005. '"Con las espadas altas y desnudas': Relating Wars and the Protagonism of Time in Javier Marías's *Tu rostro mañana*'. Ponencia presentada en *War Memories — Memory Wars. Violence in Contemporary Spain*, University College, Cork, 16-17 September 2005.

—. 2009. *Allí donde uno diría que ya no puede haber nada*. Alexis Grohmann y Maarten Steenmeijer (eds.). Amsterdam, New York: Rodopi.

—. 2011. '"Deux hommes qui observent": Javier Marías e Marcel Proust'. En: Antonio Motta (ed.), *Javier Marías: Quarant'anni di libri. Il Giannone* IX 17 (enero-junio): 135-143.

—. 2011. *Literatura y errabundia*. Amsterdam, New York: Rodopi.

Guillén, Claudio. 1995. *El sol de los desterrados. Literatura y exilio*. Barcelona: Sirmio.

Gunter, Pete A. Y. 1999. 'Bergson and the War against Nature'. En: John Mullarkey (ed.), *The New Bergson*. Manchester: Manchester University Press: 168-183.

—. 2007. 'Bergson's Creation of the Possible'. En: *SubStance* 36.3: 33-41.

Habermas, Jürgen. 1988. 'Philosophie und Wissenschaft als Literatur?' En: *Nachmetaphysisches Denken*. Frankfurt: Suhrkamp: 242-279.

Halliburton, David. 1981. *Poetic Thinking. An Approach to Heidegger*. Chicago: The University of Chicago Press.

Hamilton, George Heard. 1956. 'Cézanne, Bergson and the Image of Time'. En: *College Art Journal* 16.1 (otoño): 2-12.
Heidegger, Martin. 1962. *Discourse on Thinking* (tr. J.M. Anderson y E.H. Freund). New York: Harper & Row.
—. 1967. *Sein und Zeit*. Tübingen: Max Niemeyer Verlag.
—. 1976. *Aus der Erfahrung des Denkens*. Gesamtausgabe. Frankfurt am Main: Vittorio Klostermann.
—. 1976. *Interview*. En: *Der Spiegel* 23: 193-214.
—. 1976. *Vorträge und Aufsätze*, Band 7. Frankfurt: Vittorio Klostermann.
—. 1976. *Was heisst Denken*. Gesamtausgabe. Frankfurt: Vittorio Klostermann.
—. 1976. *Wegmarken*. Gesamtausgabe. Frankfurt am Main: Vittorio Klostermann.
—. 1988. *Die Technik und die Kehre*. Stuttgart: Neske.
—. 1994. *¿Qué quiere decir pensar?* (tr. Eustaquio Barjau). En: Martin Heidegger, *Conferencias y artículos*. Barcelona: Ediciones del Serbal. En línea en: http://www.heideggeriana.com.ar/textos/textos.htm (consultado: mayo 2008).
—. 1997. *Ser y tiempo*. (tr. Jorge Eduardo Rivera). Santiago de Chile: Editorial Universitaria. Edición digital. En línea en: www.philosophia.cl (consultado: mayo 2008).
—. 2001. *Hitos* (tr. Helena Córtes y Arturo Leyre). Madrid: Alianza Editorial.
—. 2002. *De camino al habla*. (tr. Ives Zimmermann). Barcelona: Ediciones del Serbal.
Herzberger, David. 2001. 'The Real and the Make-Believe: Hermeneutic Consciousness in Javier Marías' *Negra espalda del tiempo*'. En: *Romance Studies* 19 (junio): 87-94.
Hofstadter, Albert. 2001. 'Introducción'. En: Martin Heidegger. *Poetry, Language, Thought*. (tr. Albert Hofstadter). New York: Perennial Classics: ix-xxii.
Iborra, Juan Ramón. 2001. *Confesionario*. Barcelona: Ediciones B.
Jäger, Hans. 1952. 'Heidegger's Existential Philosophy and Modern German Literature'. *PMLA* 67.5: 665-683.
Kafka, Franz. 1999. *Die Erzählungen*. Frankfurt: Fischer Verlag.
Kansteiner, Wulf. 2002. 'Finding Meaning in Memory: A Methodological Critique of Collective Memory Studies'. En: *History and Theory* 41.2 (mayo): 179-197.

Kaufmann, Walter. 1965. *Existentialism from Dostoevsky to Sartre*. Cleveland: Meridian Books.

Keck, Frédéric. 2005. 'The Virtual, the Symbolic, and the Actual in Bergsonian Philosophy and Durkheimian Sociology'. En: *MLN* 120.5 (dic): 1133-46.

Kiernan, Doris. 1978. *Existenziale Themen bei Max Frisch*. Berlin: Walter de Gruyter.

Kockelmans, Joseph. 1985. *Heidegger on Art and Art Works*. Dordrecht: Martinus Nijhoff Publishers.

Kolkman, Michael. 2007. 'Henri Bergson'. En: *SubStance* 36.3: 3-6.

Krell, David Farrell. 1986. *Intimations of Mortality*. Pennsylvania: Penn State Press.

Kristeva, Julia. 1992. En: Eliane Boucqey, *Un Chasseur dans l'image*. Paris: Armand Colin: 9-10.

Lanz, Juan José. 2002. 'Himnos del tiempo de las barricadas: sobre el compromiso en los poetas novísimos'. En: *Ínsula* 671–672 (nov–dic): 8–13.

Larrabee, Harold Atkins. 1949. 'Introducción'. En: *Selections from Bergson*. New York: Appleton-Century-Crofts.

Lawlor, Leonard. 2003. *The Challenge of Bergson: Phenomenology, Ontology, Ethics*. New York: Continuum.

—. 2006. 'Bergson Revisited'. En: *Symposium* 10.1 (primavera): 35-52.

Lesser, Wendy. 'Stranger than Fiction'. En: *The New York Times* (06.05.2001): 26.

Lledó, Emilio. 1999. *El silencio de la escritura*. Madrid: Espasa.

Logie, Ilse. 2001. 'La traducción, emblema de la obra de Marías'. En: Steenmeijer (2001: 67-76).

López, José y Garry Potter. 2001. *After Postmodernism*. London, New York: The Athlone Press.

Mackay, D. S. 1945. 'The Illusion of Memory'. En: *The Philosophical Review* 54.4 (julio): 297-320.

Marías, Javier. 1989. 'Charla de Javier Marías'. Fundación Colegio del Rey. En: *Seis calas en la narrativa española contemporánea* (s.ed.). Alcalá de Henares: 78–84.

—. 1995. 'Espagne, une nouvelle littérature 1975-1995'. En: *Magazine littéraire* 330 (marzo): 15–76.

—. 1996. 'La farsa de la desolación'. En: *El País Babelia*. (21.11.1996).

—. 2000. *Negra espalda del tiempo*. Madrid: Suma de letras.
—. 2000. *El siglo*. Madrid: Alfaguara.
—. 2000. *Corazón tan blanco*. Madrid: Suma de Letras.
—. 2000. Entrevista. *La Tercera*. En línea en: http://www.javiermarias.es/PAGINASSUELTAS/links.html (consultado: mayo 2008).
—. 2002. 'La fiebre de las palabras'. Entrevista. En: *El País Babelia* (26. 10. 2002): s.p.
—. 2002. *Todas las almas*. Madrid: Suma de Letras.
—. 2003. *El monarca del tiempo*. Madrid: Reino de Redonda.
—. 2005. *Donde todo ha sucedido. Al salir del cine*. Barcelona: Galaxia Gutenberg.
—. 2007. *Literatura y fantasma*. Barcelona: Random House Mondadori, S. A.
—. 2002-2007. *Tu rostro mañana* I, II, III. Madrid: Alfaguara.
—. 2009. 'Discurso de ingreso a la RAE'. En: Grohmann y Steenmeijer (2009): 15-35.
Marías, Julián. 1966. *Miguel de Unamuno* (tr. Frances M. López-Morillas). Cambridge: Harvard University Press.
—. 1975. 'La juventud como instalación en el mundo histórico'. Discurso pronunciado en la Fundación Juan March. Madrid (31.1.1975). En línea en: http://www.march.es/conferencias/anteriores/index.asp (consultado 01.12. 2008).
Marrati, Paola. 2005. 'Time, Life, Concepts: The Newness of Bergson'. *MLN* 120.5 (dic): 1099-1112.
Martín-Estudillo, Luis. 2009. 'Del pensamiento visual al pensamiento literario'. En: Grohmann y Steenmeijer (2009): 115-132.
Martinot, Steven. 2001. *Maps and Mirrors: Topologies of Art and Politics*. Illinois: Northwestern University Press.
Meyerhoff, Hans. *Time in Literature*. Berkeley: University of California Press, 1968.
Miller, Stephen. 2001. 'The Spanish Novel from Pérez Galdós to Marías: Tradition and Nescience, Rupture, and Europeanization'. En: *South Central Review* 18 1–2 (primavera– verano): 45–65.
Montebello, Pierre. 2007. 'Matter and Light in Bergson's Creative Evolution'. En: *SubStance* 114, 36 (3): 91-99.

Mora, Miguel. 2004. 'Marías retuerce el tiempo de la novela'. En: *El País Cultura*. 16. 11. 2004.

Morissette, Bruce. 1970. 'International Aspects of the Nouveau Roman'. En: *Contemporary Literature* 11 2: 155–168.

Mullarkey, John. 1999. *The New Bergson*. Manchester: Manchester University Press.

Navarro Gil, Sandra. 2004. 'Una aproximación al estilo literario de Javier Marías'. En: *Revista de Filología* 22: 187-194.

Nietzsche, Friedrich. 1967a. *Werke in zwei Bänden*. Band I. München: Carl Hanser Verlag.

—. 1967b. *Werke in zwei Bänden*. Band II. München: Carl Hanser Verlag.

—. 1980. *Sämtliche Werke*. Kritische Studienausgabe. München: Deutscher Taschenbuch Verlag.

Órdovas, Julio José. 2003. 'Palabras al viento'. En: *Clarín* 43 (enero-febrero): s.p.

Ovidio. *Tristia*. Liber IV. En línea en: www.thelatinlibrary.com/ovid/ovid.tristia4.shtml (consultado mayo 2008).

—. 1968. *Tristes* (tr. Jacques André). Paris: Société d'Édition 'les belles lettres'.

Palmer, Richard. 1976. 'The Postmodernity of Heidegger'. En: *Boundary* 2 (4): 411-432.

Pániker, Salvador. 1999. *Filosofía y mística. Una lectura de los griegos*. Barcelona: Kairós.

—. 2008. *Asimetrías. Apuntes para sobrevivir en la era de la incertidumbre*. Barcelona: Random House Mondadori S.A.

Parejo, Ramón Pérez. 1998. 'La desconfianza en la inspiración y en el lenguaje poéticos'. *RLit* LX, 119: 5–30.

Paz, Octavio. 1991. 'La búsqueda del presente'. En: Tore Frängsmyr (ed.), *Les Prix Nobel. The Nobel Prizes 1990*. Stockholm. En línea en: http://www.nobelprize.org/nobel_prizes/literature/laureates/1990/paz-lecture-s.html (consultado 01.11.2010).

Paz Soldán, Eduardo. 2007. '*Tu rostro mañana* 3 Veneno y sombra y adiós'. En: *Letras libres* (nov): s.p.

Pearson, Keith Ansell. 2002. *Philosophy and the Adventure of the Virtual. Bergson and the Time of Life*. London and New York: Routledge.

—. 2005. 'The Reality of the Virtual: Bergson and Deleuze'. En: *MLN* 120.5 (dic): 1112-28.

Pertuiset, Nicole. 1990. 'The Floating Eye'. En: *JAE* 43 2 (invierno): 7-13.

Pittarello, Elide. 1996. 'Guardar la distancia'. En línea en: http://www.javiermarias.es/ESPECIALCTB/ElidePittarello.html (consultado mayo 2008).

—. 2003. 'Prólogo'. En: Javier Marías 2003: 15–22.

—. 2005. 'Haciendo tiempo con las cosas'. En: *Cuadernos de narrativa. Javier Marías*. Irene Andrés-Suarez, y Ana Casas (eds.). Madrid: Arco/Libros S. L.: 17-48.

—. 2006. '"No he querido saber, pero he sabido": Javier Marías y *Corazón tan blanco*'. En Javier Marías, *Corazón tan blanco*. Barcelona: Crítica: 5-15.

Pizarro Martínez, María José 1997. 'Ovidio y el exilio'. En: Antonio Alvar Ezquerra (ed.), *Exilio y elegía latina entre la antigüedad y el Renacimiento*. Huelva: Universidad de Huelva.

Polt, Richard. 2001. 'The Event of Enthinking the Event'. En: Charles E. Scout, Susan Schoenbohm et al (eds.), *Companion to Heidegger's Contributions to Philosophy*. Indiana: Indiana University Press: 81-104.

Ponte, Durant da. 1964. 'The Spanish Image of America'. En: *Hispania* 47.1 (marzo): 111-114.

Pope, Randolph. 1984. 'Benet, Faulkner, and Bergson's Memory'. En: Roberto Manteiga, David Herzberger et al (eds.), *Critical Approaches to the Writings of Juan Benet*. Hanover and London: University Press of New England: 111-119.

Poulet, Georges. 1963. *L'Espace proustien*. Paris: Gallimard.

Pozuelo Yvancos, José María. 2005. '*Tu rostro mañana* de Javier Marías: autoconciencia y sentido'. En: *Revista de Occidente* 286 (marzo): 124-36.

Ricoeur, Paul. 1980. 'Narrative Time'. En: *Critical Inquiry* 7.1 *On Narrative*: 169-190.

—. 1984. 'La Configuration dans le récit de fiction'. *Temps et récit II*. Paris: Éditions du Seuil.

Rilke, Rainer Maria. 1947. *Die Aufzeichnungen des Malte Laurids Brigge*. New York: Frederick Ungar Publishing.

—. 2008. *The Notebooks of Malte Laurids Brigge*. (tr. Burton Pike). London: Dalkey Archive Press.
Rodríguez Fischer, Ana. 2004. 'Siempre habrá nunca'. En: *Cuadernos Hispanoamericanos* 644 (feb): 61–76.
—. 2005. 'Una brillante indagación existencial'. Reseña de *Tu rostro mañana*. *Letras Libres* 41 (feb): s.p.
Rosenfeld, Alvin. 1976. 'The Being of Language and the Language of Being'. En: William Spanos (1976): 215-228.
Rushton, Richard. 2002. 'What can a Face do?: On Deleuze and Faces'. En: *Cultural Critique* 51: 219-37.
Sallis, John. 1980. *The Gathering of Reason*. Athens: Ohio University Press.
Sánchez Ferlosio, Rafael. 2005. *Las semanas del jardín*. Barcelona: Destino.
Savater, Fernando. 1981. *Caronte aguarda*. Madrid: Ediciones Cátedra, S.A.
Sawnor, Edna. 1972. 'Borges y Bergson'. En: *Cuadernos Americanos* 185, 6 (nov-dic): 247-254.
Scharm, Heike. 2009a. *El tiempo y el ser en el Ciclo de Oxford de Javier Marías*. Tesis Doctoral, Brown University. En línea en: http://repository.library.brown.edu:8080/fedora/objects/bdr:168/datastreams/PDF/content (consultado 01.05.2009).
—. 2009b. 'Javier Marías, monarca del tiempo: de la estética novísima hacia el compromiso ético'. En: Enric Bou y Elide Pittarello (eds.), *(En)claves de la Transición*. Madrid, Frankfurt: Iberoamericana/Vervuert: 283-308.
—. 2012. 'Rostros y trastornos: Marías, Bernhard y el género de la confesión'. En: *Ínsula* 785-786 (mayo-junio): 20-23.
Schoenbohm, Susan. 2001. 'Reading Heidegger's Contributions to Philosophy'. En: Charles E. Scout (ed.), *Companion to Heidegger's Contributions to Philosophy*. Indiana: Indiana University Press: 15-31.
Schumacher, John. 1989. *Human Posture: The Nature of Inquiry*. Albany, N.Y.: State University of New York Press.
Sebald, W. G. 1995. *Die Ringe des Saturn. Eine englische Wahlfahrt*. Frankfurt am Main: Eichborn.
—. 2002. 'La ficción contemporánea está dominada por el vacío de ideas'. Entrevista. En: *El Cultural* 2 (08. 01. 2002).

—. 2003. *Luftkrieg und Literatur*. Frankfurt: Fischer Taschenbuch Verlag.

Shakespeare, William. 1987. *The Complete Works*. W. J. Craig (ed.). London: Henry Pordes, 1987.

Sheehan, Thomas y Corinne Painter. 1999. 'Choosing One's Fate: a Re-Reading of *Sein und Zei*t § 74'. En: *Research in Phenomenology*. XXVIII: 63-83.

Simonsen, Karen Margrethe. 1999. '*Corazón tan blanco*: A Post-Postmodern Novel by Javier Marías'. En: *Revista Hispánica Moderna* 52.1 (jun): 193-212.

Spanos, William. 1976. *Martin Heidegger and the Question of Literature*: *Toward a Postmodern Literary Hermeneutics*. Indiana: Indiana University Press.

Stark, Herman. 1998. 'A Thematic Unity for Heidegger's *Was heisst Denken*'. En: *Twentieth World Congress of Philosophy* (agosto). En línea en: http://www.bu.edu/wcp/MainCont.htm (consultado mayo 2008).

Stavans, Ilan. 2001. 'The Spanish Mien'. En: *The Nation* 272: 32-35.

Steenmeijer, Maarten (ed.). 2001. *El pensamiento literario de Javier Marías*. Ámsterdam: Rodopi, 2001.

—. 2009. 'Tiempo rimado, tiempo cojo: una lectura bilingüe de Javier Marías'. En: Grohmann y Steenmeijer (2009): 133-148.

Steiner, George. 1978. *Martin Heidegger*. New York: The Viking Press.

Tcherepashenets, Nataly. 2002. 'Heidegger's Concept of Poetry in García Lorca's Poema del cante jondo'. En: *Mester* 31: 50-67.

Thiele, Leslie Paul. 1995. *Timely Meditations. Martin Heidegger and Postmodern Politics*. New Jersey: Princeton University Press.

Tolstoy, Leonid. 1912. 'After the Dance'. En: *The Forged Coupon, and Other Stories*. (tr. Charles Theodore Hagberg Wright). En línea en: http://books.google.com/ebooks/reader?id=7A58AAAAIAAJ&printsec=frontcover&output=reader&pg=GBS.PP1(consultado 01.12.2008).

—. 1963. 'After the Ball'. En: *Six Short Masterpieces* (tr. Margaret Wettlin). New York: Dell Publishing Co., Inc: 370-80.

Unamuno, Miguel de. 1966. *Obras completas* v. I. Madrid: Escelicer.
Valls, Fernando. 2003. 'Interpretar y narrar'. En: *Quimera* 224-225 (enero): 99-101.
Vásquez, Juan Gabriel. 2001. 'Tengo a veces la sensación de no estar vivo'. Entrevista. En: *Lateral* 82: 13-15.
Vaughan, Michael. 2007. 'Introduction: Henri Bergson's Creative Evolution'. En: *SubStance* 36.3: 7-24.
Vial, Fernand. 1940. 'Le Symbolisme bergsonien du temps dans l'œuvre de Proust'. *PMLA* 55.4 (dic): 191-212.
Ward, John. 1968. *Alain Resnais, or the Theme of Time*. New York: Doubleday & Co.
Williams, James. 2004. *Gilles Deleuze's* Différence et répétition*: a Critical Introduction and Guide.* Edinburgh: Edinburgh Press.
Wood, David. 2001. *Deconstruction of Time*. Illinois: Northwestern University Press.
Wood, Gareth. 2005. '"La nieve que cae": algunos antecedentes literarios y fílmicos de una imagen en *Mañana en la batalla piensa en mí* de Javier Marías". En: Irene Andrés-Suarez y Ana Casas (eds.), *Cuadernos de narrativa. Javier Marías*. (2005): 125-134.
Wyatt, Mason. 2005. 'A Man Who Wasn't There. The Clandestine Greatness of Javier Marías'. En: *The New Yorker* (10. 11. 2005): 90-4.
Young, Julian. 2001. *Heidegger's Philosophy of Art*. Cambridge: Cambridge University Press.
—. 2002. *Heidegger's Later Philosophy*. Cambridge: Cambridge University Press.
Zambrano, María. 1995. *El género de la confesión*. Madrid: Ediciones Siruela.
Ziarec, Krzysztof. 1989. 'The Reception of Heidegger's Thought in American Literary Criticism'. En: *Diacritics* (19): 114-127.

www.ingramcontent.com/pod-product-compliance
Lightning Source LLC
LaVergne TN
LVHW011126300926
849160LV00008B/530

* 9 7 8 9 0 4 2 0 3 6 2 2 2 *